无人系统技术与应用书系

无人系统军事运筹学

[美] 杰弗里·R. 凯尔斯（Jeffrey R. Cares）
约翰·Q. 小迪克曼（John Q. Dickmann，Jr.） 编
屈耀红　邢小军　赵金红　译

机械工业出版社

本书阐述了无人航行器（包括无人地面车辆、无人水下航行器、无人飞机等）在执行军事任务时的规划与决策系统知识，是目前少有的无人系统与军事运筹理论相结合的专业书籍。

由于无人航行器的发展涉及多个学科领域，书目结构安排也自然有多个方案。编者选择了这样一条结构布局思路：从单航行器问题到多航行器问题，再到无人系统的组织问题，最后到指挥与控制的概括性理论问题。

本书采用了专题章节分类的结构，共分 15 章。除第 1 章引言外，每章内容都是一个独立完整的主题。这种结构安排方便读者选择，无需阅读前文即可快速学习所感兴趣的主题。

图书在版编目（CIP）数据

无人系统军事运筹学/（美）杰弗里·R. 凯尔斯（Jeffrey R. Cares），（美）约翰·Q. 小迪克曼（John Q. Dickmann, Jr.）编；屈耀红，邢小军，赵金红译. —北京：机械工业出版社，2021.3（2025.1 重印）

（无人系统技术与应用书系）

书名原文：Operations Research for Unmanned Systems

ISBN 978-7-111-64802-4

Ⅰ. ①无… Ⅱ. ①杰… ②约… ③屈… ④邢… ⑤赵… Ⅲ. ①无人值守-军事运筹学 Ⅳ. ①E911

中国版本图书馆 CIP 数据核字（2020）第 232165 号

机械工业出版社（北京市百万庄大街 22 号 邮政编码 100037）

策划编辑：连景岩 责任编辑：连景岩 丁 锋

责任校对：肖 琳 封面设计：马精明

责任印制：单爱军

北京虎彩文化传播有限公司印刷

2025 年 1 月第 1 版第 4 次印刷

169mm×239mm · 17.25 印张 · 6 插页 · 356 千字

标准书号：ISBN 978-7-111-64802-4

定价：139.00 元

电话服务

客服电话：010-88361066

010-88379833

010-68326294

网络服务

机 工 官 网：www.cmpbook.com

机 工 官 博：weibo.com/cmp1952

金 书 网：www.golden-book.com

机工教育服务网：www.cmpedu.com

封底无防伪标均为盗版

致　　谢

在任何一本书出版之前，作者都要感谢那些曾经支持他们工作的人，这本书同样也不例外。正是由于编辑们的支持以及撰稿人的努力，这本书才得以正式出版。在这里，感谢他们倾注的时间和精力，以及在漫长的编辑和出版过程中表现出的耐心。当然，他们中每个人都有各自的感言，由于篇幅限制，在这里一并表示感谢。对于那些支持各位作者独立研究的人，我们也同样非常感激。

同时，感谢军事运筹学协会（the Military Operations Research Society，MORS）的支持。其中的四章，由 Han 和 Hill，Nguyen、Hopkin 和 Yip，Henchey、Batta、Karwan 和 Crassidis 以及 Deller、Rabadi、Tolk 和 Bowling 在他们的 *MORS* 期刊（一些重要主题的前沿研究首先在其上发表）中首次出版，在得到许可后，我们得以使用。

译 者 序

“零伤亡”无人化作战思想是未来战争的发展趋势，由此导致的世界各国军事发展战略及相关产业也蓬勃兴起，大有“山雨欲来风满楼”之势。目前，运筹学方面的书籍也有不少，但将无人作战中的专业科学技术系统化，以运筹学作为主题的书籍，估计本书尚属首例。

本书内容涉及面很广，从研究对象角度看，包括了无人车、无人飞机、无人水下航行器等，基本包含了目前所有的无人系统产品；从涉及的具体研究内容角度看，不仅涉及目标任务分配、数学建模、优化计算及战术编队等的具体方法，而且涉及无人系统的成本估算及后勤保障与组织管理方法。此外，本书还涉及了军事应用与环境保护中地面目标跟踪的共性技术问题。可以说，本书适合几乎所有从事无人系统研究的人员参考。

无人系统是一个庞杂的大综合概念，也是科技发展的新兴产物，具有明显的时代特色。译者在从事无人机相关研究工作时，也常常会由于找不到一本系统化参考书而烦恼。相信本书的出版能够为同行朋友提供些许帮助！

本书由屈耀红、邢小军和赵金红翻译，同时研究生王凯、牟雪、张峰、谷任能、赵文碧等同学为本书的翻译工作做出了重要贡献，在此对他们的付出表示衷心的感谢！

最后，由屈耀红对本书的翻译稿进行了校对与定稿。

目　　录

第1章　引　　言

1.1　概述

近几年无人系统越来越受到关注，而相关主题的书籍却仍未见出版，这似乎令人难以置信。即使是关于此类主题最粗略的互联网搜索，出现的也仅仅是专业期刊文章、行业专题会议或技术工程文本，而这些资料都对无人系统表示出了广泛的兴趣，同时也进行了大量的研究。然而，在互联网或图书馆则几乎搜索不到“运筹学”与“无人系统”相结合的主题。因此，可以说本书是目前该领域的第一本专业书籍。

事实上，军事史学家对此不会感到惊讶，因为他们明确指出了应用往往滞后于发明这种趋势。这种对工程和生产的过度关注完全可以理解，其效果通常是：延迟了解运营商如何以新的方式使用新硬件。正如第二次世界大战时著名的科学家P. M. S. Blackett所观察到的他那个时代的创新一样，“迄今为止，在新设备的制造上花费了相当多的努力，而在正确应用我们所拥有的设备方面却做得太少[1]。”更具讽刺意味的是，针对应用的研究是了解如何开发和改进新技术的最佳方法之一，但在创新研究的早期，工程化却最先受到关注。

众所周知，针对应用的研究不是工程师的职责。Blackett在大西洋的同行——Morse和Kimball指出：“工程涉及设备的建造和生产，而运筹学则涉及其应用。工程师是制造者、设备生产商的顾问，而运筹学研究者则是设备使用者的顾问[2]。”工程告诉你如何生产，而运筹学告诉你应该如何应用。然而，在开发新的军事硬件时，相对于运筹学研究，工程几乎总是处于领先地位。

在无人系统的开发早期，工程同样也被过度关注。而阻碍相关书籍的出版有以下三种原因。首先，大多数工程师尚未认识到无人系统可能不仅仅是没有人员的系统。这种以我们自己形象创造的拟人化是工程师的第一个沃土，这种方法的早期成功使得无人操作的概念与运筹学研究人员数十年的研究没有任何不同。

第二个原因，由于工程师设计的是实物，而不是运筹学研究，工程师改进运营的方法是改进实物。在现有的无人驾驶规划中已经可以观察到这种以工程为中心的解决方案，其增加了车辆的复杂性与成本，但没有考虑修改运营方案这种可能提高运营效能的更好方法。

第三个原因，因为人是现代军事系统中最昂贵的“总拥有成本（total cost of ownership，TOC）”，国防工业中一直倾向于依靠“避免人力成本”作为无人系统的首要价值主导。就目前而言，无人驾驶系统仅凭成本出售，项目经理没有理由回答尚未提出的有关运营价值的问题。工程师目前的任务是在一定的性能水平下保持开发与生产成本低于同等的人工系统，而不是探索绩效－成本交易空间。

军事史学家很快意识到，应用发明主要集中在成熟的初始阶段。预先占用生产的工程师和项目经理确实非常成功。在无人驾驶车辆还在开发的情况下，第二代和第三代升级型已经取代了车队、战场和航线中的原型或初始生产模型。主要的采购计划（如全球鹰和掠食者系统）已经过了全盛期。现在，精心设计的平台被广泛应用，越来越多的运筹学分析师需要回答操作的问题，即应用的问题。

虽然上面提到的三个原因是迄今为止阻碍无人系统与运筹学出版的原因，但它们也构成了运筹学的初步主题。我们称之为“无人系统的军事运筹学”，即：

- 无人化的优势：虽然从平台上移除人类的挑战仍然是多方面的，并且值得我们研究，但运筹学研究人员现在正在寻找低成本的无人系统，例如对人类的风险较小、更长的续航时间以及更高的 G－force 耐受度，为无人系统开发全新的操作并识别测量有效性的新方法。

- 改善行动：将大量无人驾驶车辆引入传统的战斗序列可能会以深刻的方式改变战争。一些研究者创造了“机器人时代”这个术语来指代这种转变，但从分析的角度来看，这个术语（又如“网络中心战”及其他类似的术语）仍然比运筹概念更具有规则性。虽然对这样一个新时代的全面了解可能仍然难以实现，但运筹学研究人员正在接近这项研究。通过对规模较小的车队进行仔细研究和实验，这些分析师开始为增加回报建立条件，并说明为什么以及如何获得。

- 无人系统的真实成本：当今无人系统中唯一的“无人”部分是运载体，人类已被转移到系统中的其他位置。平台可以节省生命周期成本，但整体系统更便宜吗？在一些系统中，集中式人工控制和认知可能是一种成本更高的方法，需要更多的技术投资、更多的人员配备以及比传统的有人系统具有更高容量的网络。这是运筹学研究的一个新领域。

1.2 研究背景与范围

20 世纪 90 年代末，无人驾驶平台仍然被视为是对世界领先的国防机构传统防御投资的威胁。除了最简单的军事任务之外，他们对战士价值最基本的认可也遭到了嘲笑、怀疑和抵抗。与此同时，更为基础的军队及其本土产业，不受长期采购策略而长期存在的需要，开始开发第一代无人驾驶平台和能力，而这些平台和能力已不再被更大的同行拒绝。

随着独立、安全的分布式网络和高速计算设备的创新，先进无人系统的两个最基本的构建模块，开始取得商业成功，使得军用无人驾驶平台作为车队中传统平台的补充看起来更可行。但是，虽然反恐作战的重点是使用监视无人机和爆炸处置机器人，但国防预算削减正在刺激更广泛地使用无人驾驶军事系统，而不是为他们提供成本节约或能力。

无人驾驶系统未来五年的发展是不确定的，但世界先进军队产生的每一个新的作战概念或服务理念都希望无人驾驶平台成为未来部队结构的主要组成部分。而哪些平台将获得最大投资、哪些技术突破将产生最大影响、哪些无人系统将首次获得改变战争规则的能力，这将是本书研究的主题。如果它们有助于将一些运筹的重点放在当前的作战讨论上，那么这本书将是成功的。

虽然通常认为随着更多无人驾驶硬件连接到更大的“网络化”系统中，回报肯定会有所增加，但工程师仍然专注于无人驾驶车辆，无法想象无人驾驶的整体可能表现得仅仅是所有车辆个体表现的总和。如果没有对集团运筹更好的分析，工程师提高整体效能的解决方案就是为整体中每个车辆设计更好的效能。网络工程师一直是“网络效应”的最大倡导者，但与硬件工程师一样，他们在很大程度上忽略了运筹学，致力于工程标准和互联协议。更糟糕的是，在很多情况下过程（工程活动）已成为产品。

本书将为读者提供有关如何使用和评估无人系统的新视角。由于没有其他地方可以借鉴这些类型的分析，本书将作为一个开创性的参考，建立应用于无人系统背景的运筹学，催化对无人平台价值的额外研究，并提供对无人系统工程领域的初步反馈。

良好的运筹学分析可以被运营商消化，也为专家提供参考，因此我们试图在两者之间取得平衡。幸运的是，几乎所有的国防领域运营商都有扎实的技术教育和培训（虽然有些过时）背景，并且遵循物理、统计和工程学。本书中的章节对此有简要介绍并将其纳入运筹环境。相比之下，国防工程师是适用他们的“硬件科学”的专家，但必须了解操作背景。本书应向技术读者确认作者理解最重要的技术问题，然后说明技术问题如何在运筹环境中发挥作用。本书将从这两个角度来看待这种学习经验。

1.3 主要内容

本书共分 14 章。由于无人系统的发展涉及多个学科领域，本书结构安排也自然有多种方案。编者选择了这样一条结构布局思路：单航行器问题到多航行器问题，再到无人系统的组织问题，最后到指挥与控制的概括性理论问题。对于许多读者来说，一些主题可能是全新的知识。出于这个原因，编者试图确保每章都有足够的基本背景，而对于有一些数学背景的读者，无论主题是什么都可以很好地消化每一章的内容。同时还希望能满足那些专业读者，例如关注无人驾驶车辆的路径规划技术，以便继续讨论测试与评估或总拥有成本。

美国空军理工学院的 Huang Teng Tan 和 Raymond R. Hill 博士撰写了第 2 章

“无人地面车警戒巡逻的目标覆盖问题”。人们可能很希望知道为什么空军研究人员需要关注无人驾驶地面车辆，答案很简单：美国空军在全球多个基地都有一项重要的部队保护任务。因为人力成本很高，而无人哨兵可以以更低的成本替代人类。本章讨论了如何有效解决无人地面车警戒巡逻的目标覆盖问题，换句话说，机器人哨兵“巡逻”的最佳方式是什么。这项研究在边境巡逻和民用安全方面同样有广泛的应用前景。

第3章“应用市场法对无人机目标的近优分配”，由 Elad Kivelevitch 博士、Kelly Cohen 博士和 Manish Kumar 博士撰写，是对传感 - 目标配对的“基于市场”的优化应用。这一系列的优化技术受到经济市场的启发，例如本章中无人驾驶车辆充当理性经济主体并使用估值和交易方案竞标目标。同时作者也展示了这种方法在高不确定性条件下获得快速、可靠的优化的好处和局限性。

第4章讨论了海军应用无人水下航行器的内容，“自主水下航行器的水雷搜索战术”，由 Bao Nguyen 博士、David Hopkin 博士和 Handson Yip 博士撰写，以研究如何评估商用产品（Commercial Off - The - Shelf，COTS）无人水下航行器搜索水雷的性能。他们提出了有效性的衡量标准，并对比了不同的搜索模式。

第5章“利用无人机对目标的光学搜索：动物监测专题研究”，由 Raquel Prieto Molina 等撰写。这是一个非常有趣的章节，可以追溯到第二次世界大战的一些早期运筹学研究工作。例如，熟悉考夫曼“搜索和筛选”[3]的读者会注意到这部分与第二次世界大战期间关于横向距离曲线和逆立方规律的研究之间的强烈相似性。两者都描述了视觉检测的基本理论（Prieto 等，处理人工视觉检测），以及它如何影响搜索模式和检测概率。

现代军事行动中存在许多情况，如果计算机中设计了合理的方案或算法，其在真实环境中投入运行时，情况会得到很好的处理。认识到这一点，Matthew J. Henchey 博士、Rajan Batta 博士、Mark Karwan 博士和 Agamemnon Crassidis 博士讨论了算法如何补偿环境因素的影响，即第6章“无人机飞行时间近似化建模：航路变化与风干扰因素的估计”。虽然是针对无人机的研究，但其适用于任何遇到延误或阻力的无人驾驶平台的操作（例如海上编队的漂游误差，陆上的通行性降低或对手的影响等）。

对于许多军队和公司而言，目前无人驾驶车辆被列为主要采购计划，因此需要对车辆以及人车混合系统进行替代品分析（Analyses Of Alternatives，AOA）。Fred D. J. Bowden、Andrew W. Coutts、Richard M. Dexter、Luke Finlay、Ben Pietsch 和 Denis R. Shine 为“无人地面车在联合武装作战中的作用”这类研究提供了模板。虽然是针对澳大利亚军方的分析，但本章对于有关部门和企业行政中的其他 AOA 也同样适用。

关于人车混合系统，机器实际应该分担多少人力工作，所有高级军官都会坚持人类必须始终处于循环中，但在许多情况下，这只是为了确认在使用武器之前的自动化解决方案。但是人在自动化解决方案中涉及多少，以及机器的“思考”有多可靠，Patrick Chisan Hew 撰写的第 8 章“信息的加工、利用与传输：军事应用中辅助/自动目标识别何时才算好?”为自动认知操作和道德影响的类似问题提供了严谨的数学分析。

同样探索人机交互的 David M. Mahalak，撰写了第 9 章“自主军事车辆编队战术的设计与分析”。本章利用后勤护航行动来展示自动化控制如何在日益智能的车辆编队中取代人的控制。其同样适用于更广泛的实体和操作。

Raymond R. Hill 博士（本章与美国空军理工学院的 Brian B. Stone 合作）的第 10 章“无人飞行系统分析中的试验设计：为无人飞行系统试验引入统计的严谨性”，继续沿着更高层次的组织问题，无人飞行系统测试的严谨性，解决了无人系统引入带来的新的运行测试和评估问题。

人们一直认为自动化系统比有人系统更便宜。然而，正如第 11 章所描述的那样，由于考虑无人系统的成本问题，这一点并没有得到很好的研究。Ricardo Valerdi 博士和美国陆军 Thomas R. Ryan Jr 上尉，解决了这一问题并撰写了第 11 章“总拥有成本：军用无人系统的成本估计方法”。

任何系统的总拥有成本的一部分都是与后勤和维护相关的。澳大利亚陆军的 Keirin Joyce 少校研究后勤运营建模技术，并重点关注当前后勤模型如何支持无人驾驶车辆的管理。在第 12 章“无人作战系统的后勤保障技术”中，Joyce 少校从当前的模型和运营中出发，以解决未来无人系统的后勤支持面临的挑战。

随着越来越多的自动化系统分散在整个战场或商业工作环境中，越来越需要了解集体网络如何有效地运行和控制。在第 13 章“网络化行动中提升效能的组织方法”中，Sean Deller 博士、Ghaith Rabadi 博士、Andreas Tolk 博士和 Shannon R. Bowling 博士结合生物化学中的互动模式概念与现代基于代理的建模技术，探索分布式网络系统中的命令和控制的一般模型。

Jeffrey R. Cares 对“集团作战效能分配的问题探讨”进行研究，他以职业棒球比赛为例，比较了个人和集体在比赛中的表现。在第 14 章“战斗力分配：齐射理论在无人作战系统中的应用”中，展示了当使用先进的无人驾驶车辆时，如何修改休斯齐射方程以评估大平台导弹战斗的结果。

参考文献

1. P. M. S. Blackett, originally in *Operational Research Section Monograph*, “The Work of the Operational Research Section,” Ch. 1, p. 4., quoted from Samuel E. Morison, *The Two Ocean War*, Little Brown, Boston, 1963, p. 125.
2. P. Morse & G. Kimball, *Methods of Operations Research*, John Wiley & Sons, Inc., New York, 1951.
3. B. O. Koopman, Pergamon Press, New York, 1980.

第2章 无人地面车警戒巡逻的目标覆盖问题

2.1 概述

美国空军理工学院（the Air Force Institute of Technology，AFIT）已开展的“自主机器人控制的导航系统可视最大化”（The Maximization of Observability in Navigation for Autonomous Robotic Control，MONARC）项目，其首要目标是开发一个在任何时间、任何地点都具有联网搜索、跟踪、识别、定位和摧毁能力的自主机器人。此项目的一个关键性问题是针对具有潜在入侵威胁的关键设施（Key Installations，KINs），使用自主无人地面车辆（Unmanned Ground Vehicles，UGVs）进行基本的安全保护任务规划。此任务规划不仅需要整合管理各个子系统和所获取的情报，同时也需要集中处理和传输指控（Command and Control，C2）信息。而来自KINs周围各个位置的传感数据被融合到一个公认的地面环境态势图（Recognized Ground Situation Picture，RGSP），并通过不同的情报机构对其进行处理与增强。另外，该项目由一个集中式指控中心实现实时系统的维护，并对无人地面车辆的准备状态进行管理。最终，由规划人员将安全需求，如关键监视点、潜在入侵点和交战规则（Rules of Engagement，ROE）等输入地面任务规划系统，为UGV集群提供监控方案。

对诸如空军基地这样大型KIN的保护，需要一组UGVs沿着预定的规划路线巡逻，以有效地覆盖多个潜在入侵点。安全防御任务的监控方法可以视为一个组合优化模型，其中多个实体必须在最短路径内巡查多个位置，并且要覆盖指定的潜在入侵点。当UGVs在其路径上感知到威胁时，便是巡逻的目标覆盖问题（Covering Tour Problem，CTP）[1-3]。CTP是具有集合覆盖问题（Set Covering Problem，SCP）结构的旅行商问题（Traveling Salesman Problem，TSP）。很自然可以拓展到多实体的情况，这在先前的CTP研究中没有涉及过，但在当前背景下非常适用，即沿着预设位置之间巡逻车辆的覆盖能力，这种警戒巡逻对当前任务规划很重要。多车辆巡逻覆盖问题（multiple vehicle Covering Tour Problem，mCTP）模型的新变体——警戒巡逻目标覆盖问题（Vigilant Covering Tour Problem，VCTP）被用作基本安全应用任务规划工具。通常通过评估单一车辆巡逻性能来评估VCTP的可行性。

2.2 研究背景

CTP模型已广泛应用于医疗保健行业，尤其是广泛应用于发展中国家的流动医疗机构[4]。由于基础设施、处理能力和成本等因素的限制，流动医疗机构只能进入有限数量的村庄，并不可能覆盖所有的村庄。因此，需要规划一条行进路线，以使未涉及的村庄在被涉及的村落的合理步行距离内，从而为需要医疗服务的人提供更便捷的服务。合理规划医疗机构的行进路线，可以减少不必要的行程距离，同时又确保涉及足够的村庄，以达到有效的医疗覆盖率。CTP 模型应用在流动医疗机构是在加纳的苏胡姆地区[5]由 Hachicha 等[6]实现的。

CTP 模型的另一个重要应用是邮箱位置的布置，以减少邮政递送服务的行程，同时确保最大的覆盖率[7]。合理布置邮箱位置能够很好地覆盖用户区域并且可以使用最佳路径分发邮件。同理，这种方法也适用于集中式邮局的管理，即邮局设置在人口较多的城市，而附近较小的城镇则由城市的邮局覆盖。

CTP 模型也被应用于交通运输行业，如双层、多层交通网络的设计[8]。对于诸如 DHL、FedEx 等快递服务商而言，最佳运输路线是指主要运输车辆（或者飞机）到配送中心所采用的路线，而覆盖半径则是指从配送中心到客户的最大距离。该路线是在确保能够为客户提供所需的配送服务的前提下，使配送成本最小化。

mCTP[6]被定义为一个完整的无向图 $G=(V,E)$，其中 V 表示由 $n+1$ 个顶点 $v_0,\cdots,v_n$ 构成的顶点集，$E=\{(v_i,v_j)\mid v_i,v_j\in V,i\neq j\}$ 是边缘集。顶点 v_0 是基站，$U\subseteq V$，是必须访问的顶点的子集（$v_0\in T$），W 是由目标点构成的集合，其中每个目标点能够覆盖由 $w_1,\cdots,w_p$ 形成的区域。V 和 W 中的每个元素的位置都可以由它们的 x 和 y 坐标确定。距离矩阵 $C=(c_{ij})$ 表示 E 中每个元素的边缘长度。最后一个参数为 c，其表示覆盖面的最大尺寸。mCTP 的解决方法在于定义一组 m 个总长度最小的车辆路线，所有车辆路线均开始并终止于基站，并且使得 W 中的每个目标都能被覆盖。如果车辆距 V 中的顶点的距离在 c 内，则满足目标覆盖范围。每个车辆唯一地访问其路线内的选定顶点，但顶点可能在各个车辆路线之间有重叠。虽然允许重叠，但是目标只需要被覆盖一次即可。

2.3　CTP 在 UGV 覆盖问题中的应用

MONARC 项目的一个目标便是保护 KINs 免受潜在威胁的入侵。其中 UGVs 的任务是保护 KINs，其监控能力通过安装的静态传感器得到增强。任务规划者可以使用 RGSP 来协助规划 UGV 的巡逻线路。而巡逻路线应该涵盖所有要求的检查点，并且使路线总长度最小。所有的 UGVs 由基站出发，除了必须巡查的检查点（通常是关键威胁点，需要特别监控），还可能检查一些其他的点。还有一些潜在入侵点，必须通过巡查位于固定临近距离内的检查点来覆盖。在所有检查点均被巡查过后，所有 UGVs 返回基站。

UGV 在访问一个检查点（顶点）时所覆盖的目标范围定义为固定半径的圆形区域，该区域内的任何目标都被该检查点覆盖，覆盖范围的圆形区域与 UGV 上的武器或传感器系统的有效范围类似。每个 UGV 都可视为在不同的最短巡视路线上行驶的独立个体。在巡逻过程中，UGV 在顶点处覆盖相应目标点，当所有目标点均被覆盖时，该路线则是整个问题的一个可行的解决方案。

在将基本防御安全方案进行 mCTP 建模时，有如下假设和约束：

1）所有 UGV 都是相同的，且在移动和覆盖范围方面具有同等能力。

2）UGV 根据需要可以长时间巡查尽可能多的顶点。

3）在顶点之间 UGV 沿直线行驶。

4）潜在入侵点在特定时间点是已知的或者是预先定义的。

实际上，UGV 或者任何传感器都可以在巡查时同步进行检测。仅在顶点处有覆盖是人为限制的，而合理的情形应该是在顶点间行驶时同步覆盖。从而 CTP 模型被扩展到包括行进间的目标覆盖问题。后续将依次讨论通用基本安全防御方案 CTP 的新变种 VCTP（其考虑了访问顶点和移动边缘的覆盖情况），以及 VCTP 扩展到多车辆警戒巡逻的目标覆盖问题（multiple vehicle Vigilant Covering Tour Problem, mVCTP）的情况。

2.4 警戒巡逻的目标覆盖问题（VCTP）

CTP 可对被分配用于保护关键设施的 UGVs 进行建模，但是，仍然有可能存在潜在入侵点未被任何顶点覆盖的情景，如图 2.1 所示，在这种情况下，CTP 是不可行的。

图 2.1 表示一个最小长度路径，其中所有需要覆盖的顶点均被巡视。然而，由于有一个未被覆盖的目标，该解决方案是不可行的。我们之前提到 UGV 可以在行进路线上检测目标，因此 CTP 模型被改进为允许 UGV 在行进时覆盖这些目标以达到理想的覆盖效果。

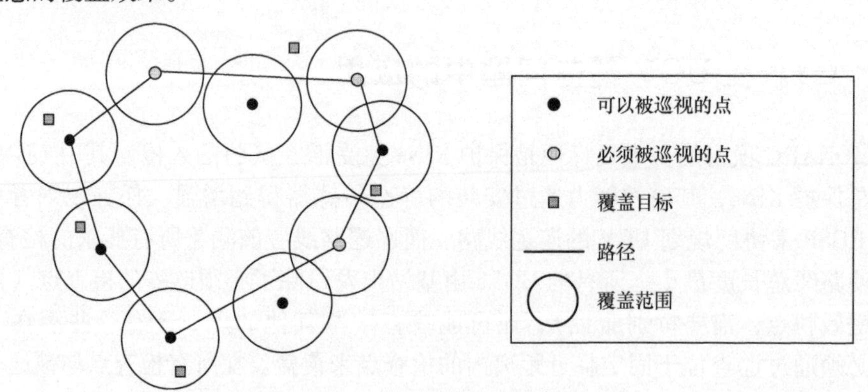

图 2.1　基于 CTP 的解决方案

考虑到行进覆盖是基本安全防御问题的逻辑假设，即 UGV 可以在检查点之间移动时覆盖潜在的入侵点。因此，当 UGV 在检查点之间沿着直线巡查时，其可以在一定的距离内通过并检测（或覆盖）目标点。将图 2.1 中不可行的结果与基于 VCTP 的解决方案进行了比较如图 2.2 所示。

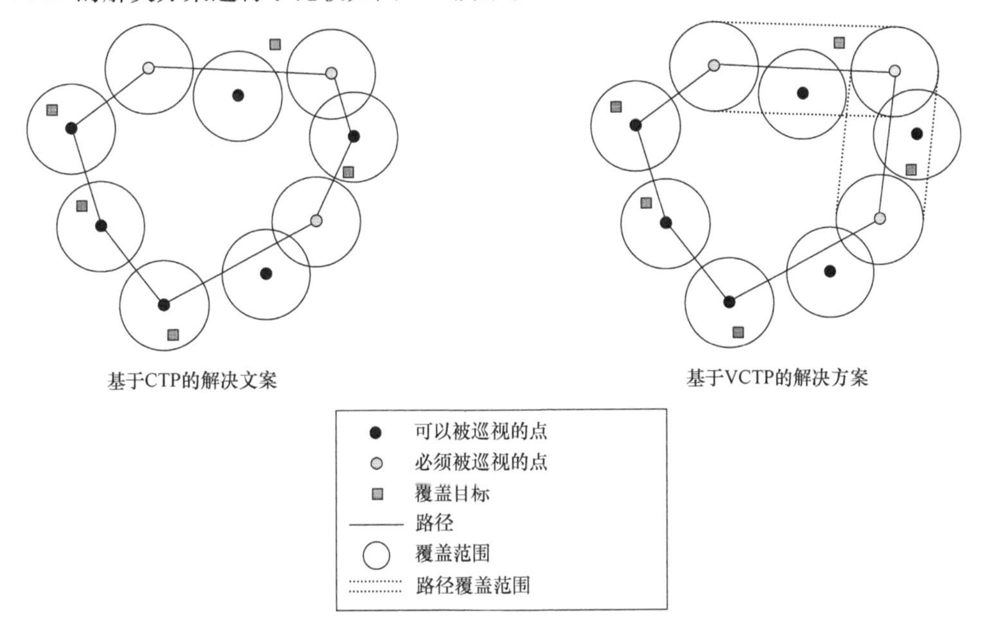

图 2.2　基于 CTP 和 VCTP 的解决方案对比

CTP 与 VCTP 模型有三个明显的区别。首先，在不需要更改路线的前提下，CTP 中未覆盖的顶点在 VCTP 中被覆盖，因为巡查过程中顶点和边缘都可以覆盖目标点，所以经修改的模型有效地增加了覆盖率；其次，修改后的模型可以缩短巡查路径长度，因为巡查边缘也包含了覆盖范围，所以 VCTP 模型巡查中不必巡查所有的顶点；最后，基于 VCTP 模型的解决方案是可行的。

如图 2.2 所示，顶点巡查的目标覆盖率因为边缘行进的覆盖而改变，如果考虑相同的顶点，则与 CTP 模型相比，VCTP 模型的解决方案将包括相等或数量更少的顶点，因此 VCTP 模型的最优巡视长度为 CTP 提供了下限。因为目标覆盖范围是边缘或者顶点，所以 VCTP 模型覆盖的目标为 CTP 提供了上限。

2.5　单体路径规划的理论分析

本节介绍了 VCTP 模型的数学推导。基本车辆路径优化问题（Vehicle Routing Problem，VRP）模型[9]被视为 VCTP 模型的基础。在单体 VCTP 模型中使用双指标公式[10]，并在 mVCTP 中扩展为三指标公式。双指标公式中使用的二元变量a_{ij}是n^2的高阶无穷小，二元变量b_i是 n 的高阶无穷小。定义如下：

$$a_{ij}=\begin{cases}1，边（v_i，v_j）在行进路径上\\0，其他\end{cases}$$

$$b_i=\begin{cases}1，顶点v_i在行进路径上\\0，其他\end{cases}$$

VCTP 的一个重要组成部分是引入了两个矩阵α_{ij}^k和β_i^k，并分别定义为行进时的边缘覆盖矩阵和顶点覆盖矩阵。

对任意一个目标 k，形成一个相应的 $i\times j$ 的边缘覆盖矩阵α_{ij}^k以确定边（v_i，v_j）能否完全覆盖目标。图 2.3 表示在以边（v_i，v_j）巡查时覆盖了目标点w_k，因为它位于与边（v_i，v_j）垂直距离小于 c 且在覆盖边缘范围之内。

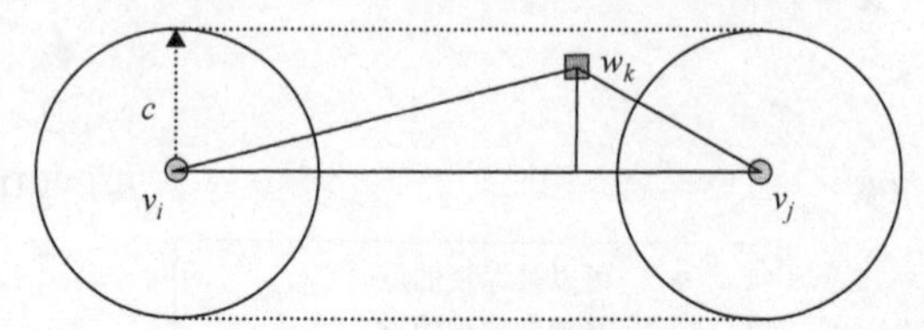

图 2.3 沿边（v_i，v_j）警戒巡逻覆盖目标点w_k示意图

构造矩阵时要特别注意，因为目标可以位于与边缘的垂直距离小于 c，但落在覆盖边缘范围之外，如图 2.4 所示，在这种情况下α_{ij}^k取值为 0。

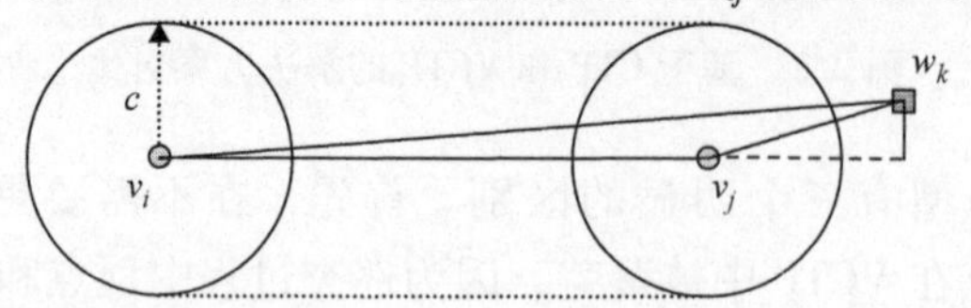

图 2.4 沿边（v_i，v_j）警戒巡逻未覆盖目标点w_k示意图

综上，如果我们考虑由边（v_i，v_j）和点w_k构成的三角形，那么覆盖边缘要包含目标点则必须同时满足两个条件：

1）目标点w_k必须位于与边（v_i，v_j）垂直距离小于 c 范围内。

2）顶点v_i和顶点v_j处的角度必须小于等于 90°。

因此，α_{ij}^k的取值定义为

$$\alpha_{ij}=\begin{cases}1，边（v_i，v_j）覆盖w_k\\0，其他\end{cases}$$

算法 2.1 定义α_{ij}^k矩阵的结构（边缘覆盖矩阵）

已知：v 个顶点的集合、w 个目标的集合，以及它们的坐标 x 和 y、距离矩阵 c

初始化矩阵$\alpha_{ij}^k=[0]$

i 从 1 到 n，j 从 1 到 n（$i\neq j$），k 从 1 到 p

构造坐标为(x_i,y_i)、(x_j,y_j)、(x_k,y_k)的三角形，使边长等于 x、y、z，其中

$x = c_{jk}$

$y = c_{ik}$

$z = c_{ij}$

$s = (x + y + z)/2$

$h = \frac{2}{c_{ij}} \sqrt{s(s-x)(s-y)(s-z)}$

若　$h \leqslant c$

$i = \arccos\left(\frac{y^2 + z^2 - x^2}{2yz}\right)$

$j = \arccos\left(\frac{x^2 + z^2 - y^2}{2xz}\right)$

若 $i \leqslant 90°$，$j \leqslant 90°$，则

　$\alpha_{ij}^k = 1$

else

　$\alpha_{ij}^k = 0$

end

　　　else

　　　　$\alpha_{ij}^k = 0$

　　　end

更新α_{ij}^k

end

顶点覆盖矩阵β_i^k也表示为一个二元矩阵。如果目标点w_k在以顶点v_i为圆心，c为半径的覆盖范围内，则元素（i，k）取值为 1[3]。

因此，单体 VCTP 模型中涉及的无向图 G，包含了顶点集 V、边缘集 E、距离矩阵 C、目标点集 W 以及新的覆盖指示矩阵α_{ij}^k和β_i^k。为了避免形成子回路，添加了子回路消除（Subtour Elimination，STE）约束[11]。

VCTP 模型的线性规划（linear program，LP）描述如下：

集合	
V	使用 i 和 j 索引的顶点集
W	使用 k 索引的目标点集
E	边缘集合$\{(v_i, v_j) \mid v_i, v_j \in V, i \neq j\}$
数据	
c_{ij}	距(v_i, v_j)边缘的距离
α_{ij}^k	如果目标 k 在边缘(v_i, v_j)内则为 1，否则为 0

（续）

β_i^k	如果顶点v_i覆盖目标 k 则为 1，否则为 0
二元决策变量	
a_{ij}	如果路径包含边缘(v_i,v_j)则为 1，否则为 0
b_i	如果路径包含节点v_i则为 1，否则为 0

目标函数，取最小值：

$$\sum_{(v_i,v_j)\in E} c_{ij}\, a_{ij} \tag{2.1}$$

限制条件：

$$\sum_{i\in V} a_{ij} = b_j\ \forall j \in V \tag{2.2}$$

$$\sum_{i\in V} \beta_i^k\, b_i + \sum_{(v_i,v_j)\in E} \alpha_{ij}^k\, a_{ij} \geqslant 1\ \forall k \in W \tag{2.3}$$

$$\sum_{i\in V} a_{ij} = \sum_{l\in V} a_{jl}\ \forall j \in V \tag{2.4}$$

$$\sum_{j=1}^{n} a_{1j} = 1, \sum_{i=1}^{n} a_{i1} = 1 \tag{2.5}$$

$$\sum_{i\in S}\sum_{j\in S} a_{ij} \leqslant |S| - 1, S \subset V, 2 \leqslant |S| \leqslant |V| - 1 \tag{2.6}$$

目标函数（2.1）使路径最小化，限制条件（2.2）设置了路线上的顶点，公式（2.3）确保所有的目标点都被顶点或边的覆盖范围所覆盖，公式（2.4）使通过每个顶点的车辆数相等，公式（2.5）确保起点和终点都为基站，公式（2.6）为子回路消除约束。

2.6　多体路径规划的理论分析

接下来我们将 VCTP 问题扩展到 mVCTP 问题。同 VRP 一样，在基站处有 m 辆相同的车，mVCTP 问题需要设计一条满足以下限制条件的最短的车辆巡查路线：

1）最多有 m 条车辆路线，且路线起点和终点均为基站v_0。

2）V 中每个顶点至多包含在一条路径中。

3）W 中的每个目标点必须被各路径的顶点或边缘覆盖范围所覆盖。

该陈述明确地指出穿过边缘的车辆，以便在路线中施加更多的约束并克服与双指标模型相关联的一些缺点。这里我们使用三指标公式，其使用的二元变量a_{hij}是n^2m 的高阶无穷小，二元变量b_{hi}是 nm 的高阶无穷小。定义如下：

$$a_{hij} = \begin{cases} 1, & \text{车 } h \text{ 的边}(v_i,v_j)\text{在行进路径上} \\ 0, & \text{其他} \end{cases}$$

$$b_{hi}=\begin{cases}1, & \text{车 } h \text{ 的顶点} v_i \text{在行进路径上}\\ 0, & \text{其他}\end{cases}$$

mVCTP 模型的线性规划描述如下：

集合与数据	
符号及含义与 VCTP 模型中一致	
二元决策变量	
a_{hij}	如果路径包含车 h 的边缘（v_i，v_j）则为 1，否则为 0
b_{hi}	如果路径包含车 h 的节点 v_i 则为 1，否则为 0

目标函数，取最小值：

$$\sum_{h=1}^{m}\sum_{(v_i,v_j)\in E} c_{ij}\, a_{hij} \tag{2.7}$$

限制条件：

$$\sum_{h=1}^{m}\sum_{i\in V} a_{hij} = \sum_{h=1}^{m} b_{hi}(\forall j \in V) \tag{2.8}$$

$$\sum_{h=1}^{m}\sum_{i\in V} \beta_i^k\, b_{hi} + \sum_{h=1}^{m}\sum_{(v_i,v_j)\in E} \alpha_{ij}^k\, a_{hij} \geqslant 1(\forall k \in W) \tag{2.9}$$

$$\sum_{i\in V} a_{hij} = \sum_{l\in V} a_{hjl}(\forall j \in V; h = 1,\cdots,m) \tag{2.10}$$

$$\sum_{j=1}^{n} a_{h1j} = 1, \sum_{i=1}^{n} a_{hi1} = 1(h = 1,\cdots,m) \tag{2.11}$$

$$\sum_{i\in S}\sum_{j\in S} a_{hij} \leqslant |S| - 1,(S \subset V; 2 \leqslant |S| \leqslant |V| - 1; h = 1,\cdots,m) \tag{2.12}$$

mVCTP 的目标函数和限制条件都与 VCTP 模型相似，只是增加了多车辆的指标。

2.7　实验验证

VCTP 和 mVCTP 模型提供的巡查成本和目标覆盖率均优于相应的 CTP 和 mCTP 模型。然而，这些优点仅仅来自于理论计算，因此需要设计实验验证 VCTP 模型的优势和成本。该实验改变了顶点和目标的数量，侧重于对单个车辆和固定传感器范围的讨论，并且针对操作过程中的细节，而不是 UGV 平台。其重点在于提供确切的解决方案，为后续的工作留下启发式搜索方法。

所描述的线性规划程序在文献［12，13］中编程，并在随机生成的测试问题上进行测试。在许多组合优化问题中，测试数据及其相应的最佳解决方案是可以获取的，但在这些问题中，CTP 模型数据库并不存在。因此，我们的测试数据均来自于 Solomon 标准数据集[14,15]，其是使用各顶点之间的欧氏距离、带有时间窗的 VRP。这些路径数据集被分为随机生成的数据点集 R1 和聚类数据点集 C1。顶点的任何聚类都是原始 Solomon 数据集中的聚类而不添加额外聚类。因为每个数据集包含 101 个点，所以我们随机选择在测试问题中要巡查的点以及被指定为目标的顶点。

对于本章引言中提到的 MONARC 项目，我们可以将潜在的入侵点分为随机数据点和聚类数据点，以符合测试问题的数据结构。对于边界未知的大型战场，我们假设对手也都以相同的方式出现，因此随机生成的数据点为其提供了很好的近似。在战场中分布着整个作战区域的高价值目标，这些目标可以被识别为某些聚类，并且这些聚类数据集合是合理的。因此，我们可以为每种类型的问题提供合理的理由。

STE 约束条件的一个不足在于其条件个数随顶点数的增长呈指数增长，即当存在 N 个顶点时，约有2^N 个约束条件。Miller、Tucker 和 Zemlin[16]引入了 STE 约束的另一个描述，其每增加 n 个变量时，约束条件增加n^2 个。然而，Dantzig 公式比 Nemhauser 等[17]所示的 Miller - Tucker - Zemlin（MTZ）公式更为严密。Desrochers 等[18]则将 MTZ 约束提升到 TSP 多面体的方式来修正 MTZ 公式。因此，Desrochers 的 STE 约束是 LINGO 代码，它在约束数量与其紧密度之间做到了的很好的折中。此外，该实验旨在验证 VCTP 整数线性模型的可行性，我们将仅计算小数据量的问题，从而避免 STE 约束的指数增长和计算时间增加的问题。

集合 V 和 W 通过从 Solomon 数据集中分别从第一个 $n+p+1$ 个点中随机选择 $n+1$ 和 p 个点来定义。V 中的第一个点被选中作为基站v_0。系数c_{ij}作为顶点间的欧氏距离，覆盖半径 c 设置为 10。为了便于比较，数据点分布在 80 × 80 的网格内。矩阵α_{ij}^k和β_i^k通过 Microsoft Excel 进行预处理并读入 LINGO。

对随机数据集和聚类数据集进行 n 和 p 不同组合的测试。具体对以下值进行测试：$n=20$，30；$p=5$，10。CTP 模型和 VCTP 模型用于检验其对不同数据集的鲁棒性。在2^2 的设计中，平均地使用随机数据集和聚类数据集，对于 10 个随机数据集，共使用 80 个测试问题。

为了比较两个模型，分别记录了它们的最佳行进成本、路径长度和计算工作量，还为 VCTP 模型记录了顶点和边缘所覆盖的目标数量。

其结果见表 2.1 ~ 表 2.4，表头定义为

路径长度	:	最佳路径长度
迭代	:	LINGO 11.0 中需要迭代的次数
路径顶点	:	经过的顶点数量（包括基站）
顶点覆盖	:	顶点覆盖的目标数量
边缘覆盖	:	边缘覆盖的目标数量

表 2.1　$n = 20 p = 5$ 时的结果

问题	CTP 模型			VCTP 模型				
	路径长度	路径点	迭代次数	路径长度	路径点	迭代次数	点覆盖	边缘覆盖
R102	124566	4	65062	124.566	4	87032	5	0
R102	不可行	—	—	118.6011	5	51037	2	3
R103	不可行	—	—	85.16839	3	14520	1	4
R104	不可行	—	—	133.1632	5	162410	3	2
R105	177.1577	5	120020	176.0813	5	178926	4	1
R106	140.7824	5	1783	136.6277	5	7233	4	1
R107	不可行	—	—	134.9327	5	118764	3	2
R108	不可行	—	—	121.5904	5	71216	3	2
R109	不可行	—	—	不可行	—	—	—	—
R110	不可行	—	—	139.4547	6	28749	4	1
R1 avg	147.50	4.67	62288	145.76	4.78	79987	3.22	1.78
C101	153.886	5	143137	153.6151	4	100712	4	1
C102	不可行	—		120.069	3	2708	1	4
C103	192.1403	5	16689	192.0509	4	31158	4	1
C104	177.3902	6	159729	173.2213	5	45544	3	2
C105	170.9239	5	238430	162.565	4	489711	4	1
C106	88.36234	4	10351	85.09786	4	44258	4	1
C107	不可行	—	—	179.8654	5	29998	3	2
C108	不可行	—	—	不可行	—	—	—	—
C109	不可行	—	—	不可行	—	—	—	—
C110	143.7321	4	114153	143.7321	4	114153	5	0
C1 vag	154.41	4.83	113748	151.71	4.13	107280	3.50	1.50

表 2.2　$n = 20 p = 10$ 时的结果

问题	CTP 模型			VCTP 模型				
	路径长度	路径点	迭代次数	路径长度	路径点	迭代次数	点覆盖	边缘覆盖
R101	133.0123	7	162318	127.0204	5	46268	8	2
R102	不可行	—	—	157.3024	5	6687	5	5
R103	不可行	—	—	184.0486	6	93927	6	4
R104	不可行	—	—	162.241	5	363884	4	6
R105	不可行	—	—	不可行	—	—	—	—
R106	不可行	—	—	182.347	6	9322	8	2
R107	不可行	—	—	213.2143	8	55003	5	5
R108	不可行	—	—	186.6751	5	100927	4	6
R109	不可行	—	—	不可行	—	—	—	—
R110	不可行	—	—	148.0407	6	11094	8	2

（续）

问题	CTP 模型			VCTP 模型				
	路径长度	路径点	迭代次数	路径长度	路径点	迭代次数	点覆盖	边缘覆盖
R1 avg	133.01	7.00	162318	127.02	5.75	85889	6.00	4.00
C101	220.2951	7	6131	216.273	5	7416	7	3
C102	不可行	—	—	227.401	6	141213	3	5
C103	229.1829	7	120279	223.3114	5	49836	7	3
C104	221.4393	7	225792	214.0772	5	206575	5	5
C105	不可行	—	—	170.9239	5	67945	7	3
C106	不可行	—	—	192.1624	7	35178	7	3
C107	不可行	—	—	179.8654	5	80666	5	5
C108	不可行	—	—	不可行	—	—	—	—
C109	不可行	—	—	不可行	—	—	—	—
C110	不可行	—	—	不可行	—	—	—	—
C1 avg	223.64	7.00	117401	217.89	5.43	84118	5.86	3.86

表 2.3　$n=30p=5$ 时的结果

问题	CTP 模型			VCTP 模型				
	路径长度	路径点	迭代次数	路径长度	路径点	迭代次数	点覆盖	边缘覆盖
R101	124.566	4	2110132	124.566	4	4582202	5	0
R102	81.31466	4	71233	81.31466	4	85620	5	0
R103	不可行	—	—	85.16839	3	90267	1	4
R104	116.5963	6	273980	115.5935	5	457159	4	1
R105	165.3386	5	8075691	165.3386	5	24509374	5	0
R106	140.679	5	65905	136.6277	5	185.6	4	1
R107	不可行	—	—	117.1561	5	141753	2	3
R108	117.1231	5	4815096	117.1231	5	11537324	5	0
R109	不可行	—	—	102.6575	5	341768	2	3
R110	147.754	5	1632075	136.8977	6	5601861	3	2
R1 avg	127.62	4.86	2434873	125.35	4.70	4753299	3.60	1.40
C101	150.652	5	12639563	150.652	5	12496739	5	0
C102	116.0504	5	71723	109.0399	4	188004	3	2
C103	191.3442	6	10465191	191.3354	4	16372338	4	1
C104	174.7859	6	21694919	173.1091	5	20295879	3	2
C105	170.9239	5	22827889	162.565	4	16574573	4	1
C106	72.82747	3	238103	72.82747	3	4000078	5	0
C107	不可行	—	—	175.747	5	4769732	2	3

（续）

问题	CTP 模型			VCTP 模型				
	路径长度	路径点	迭代次数	路径长度	路径点	迭代次数	点覆盖	边缘覆盖
C108	163.7361	6	6327886	163.7307	5	5056208	4	1
C109	171.6362	6	29558883	166.9823	3	35535858	2	3
C110	120.7869	4	75859	120.7869	4	120336	5	0
C1 avg	148.08	5.11	11544446	145.67	4.20	11180975	3.70	1.30

表 2.4　$n=30p=10$ 时的结果

问题	CTP 模型			VCTP 模型				
	路径长度	路径点	迭代次数	路径长度	路径点	迭代次数	点覆盖	边缘覆盖
R101	132.5805	7	120200	127.0204	5	262229	8	2
R102	160.3054	8	138887	157.3024	5	352454	5	5
R103	不可行	—	—	178.5465	6	461902	6	4
R104	177.7494	10	35179360	162.241	5	37613680	4	6
R105	不可行	—	—	183.5834	5	1435766	5	5
R106	162.0383	7	185151	159.0077	6	81644	7	3
R107	不可行	—	—	189.0305	8	411934	5	5
R108	138.9221	8	12843343	134.9712	7	32451923	8	2
R109	不可行	—	—	132.0172	6	357727	7	3
R110	161.7819	9	294380	148.0407	7	390280	8	2
R1 avg	155.56	8.17	8126887	148.10	6.00	7381954	6.30	3.70
C101	215.9099	7	8112801	212.0746	5	17819282	7	3
C102	216.4693	8	4427765	204.0802	6	1556739	5	5
C103	226.3285	7	12494718	220.4994	5	8249504	7	3
C104	218.2831	7	69249875	214.0772	5	78678647	5	5
C105	不可行	—	—	170.9239	5	2965931	7	3
C106	不可行	—	—	170.5045	5	2292541	7	3
C107	不可行	—	—	175.747	5	9761083	4	6
C108	163.9464	7	2493496	163.7307	5	5356536	5	5
C109	207.3529	8	55206267	194.5455	5	25891461	3	7
C110	180.1757	7	2300252	177.4336	4	7855860	5	5
C1 avg	204.07	7.29	22040739	198.06	5.00	16042758	5.50	4.50

从表 2.1 ~ 表 2.4 中我们发现如下一般规律：

1）对于有 CTP 和 VCTP 模型的可行解决方案的数据集，VCTP 行进路线不会更长。

2）顶点覆盖占主导地位，边缘覆盖在 VCTP 中会用到。

3）当使用边缘覆盖时，更多问题变得可解。

比较 CTP 和 VCTP 模型，C101 和 R101 数据组的行进路线方案的图形示例分别如图 2.5 和图 2.6 所示。

图 2.5 表示了随机数据集 C101，$n=30$，$p=10$ 的散点图，其中 CTP 和 VCTP 模型的解决方案清楚地说明了覆盖范围的差异。可以观察到，CTP 模型需要七个行程顶点，其巡视路径相对较长。而 VCTP 模型只需要五个顶点即可实现更完整的覆盖，而且巡视时间较短。

图 2.6 所示的随机数据集 R101，$n=30$，$p=10$，我们发现 CTP 和 VCTP 模型之间的最佳巡查路线同样存在显著差异。原始模型需要七个行进顶点来覆盖所有的十个目标。VCTP 模型仅利用五个顶点便可以覆盖目标。

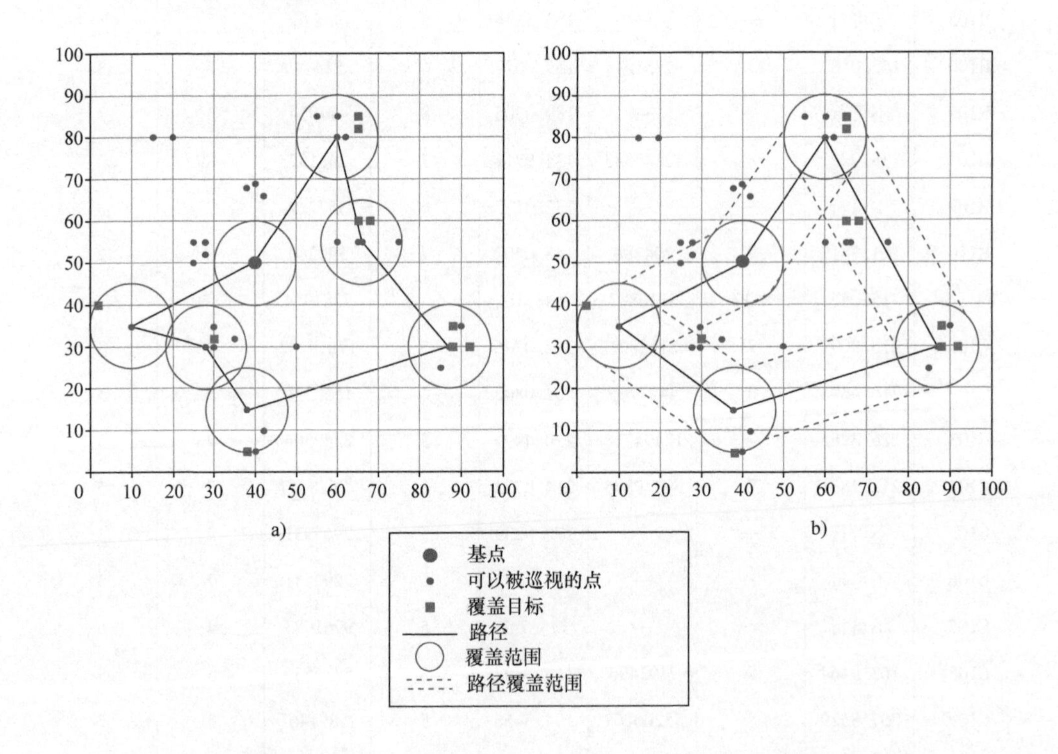

图 2.5　数据集 C101 的 CTP 模型（a）和 VCTP 模型（b）解决方案对比

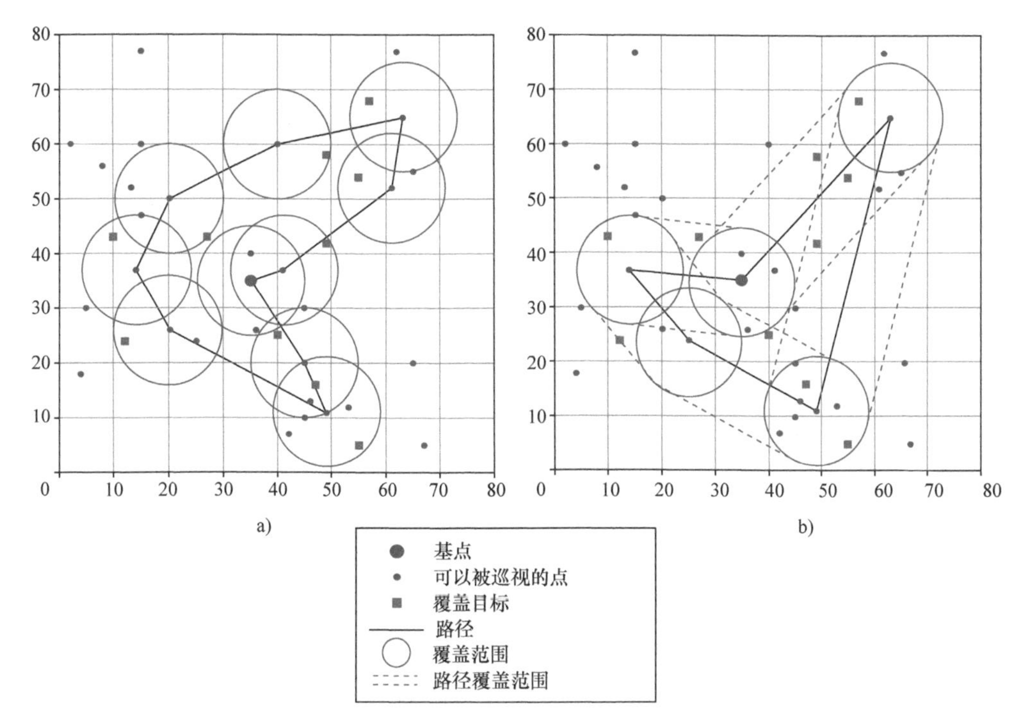

图 2.6　数据集 R101 的 CTP 模型（a）和 VCTP 模型（b）解决方案对比

2.8　结果分析

对于原始结果，为进一步比较两种模型的性能，我们计算了以下绩效指标（Measures of Performance，MOP）：

1）VCTP 模型的巡视长度比原始 CTP 模型巡视长度短的次数。

2）平均巡视长度节省的百分比。

3）边缘覆盖目标的平均百分比。

4）计算效率（以迭代次数计）。

通常，在不考虑计算负担的情况下，VCTP 模型在运算性能方面优于 CTP 模型。表 2.5 列出了每种组合测试运行中不可行解决方案的数量。

在 80 个问题中，使用 VCTP 模型只有 8 个是不可行的。然而，使用 CTP 模型有 38 个是不可行的。而其不可行性主要发生在 $n=20$，$p=10$ 的情况下，这种不可行性是合理的，因为给定覆盖距离时，可用顶点的数量可能不足以覆盖相当大数量的目标。

我们还根据生成的最佳巡视长度来进行比较。较短的巡视长度意味着更好的性能。原始数据结果表明 VCTP 模型在 63 个实例中性能比 CTP 模型更优。表 2.6 列出了 VCTP 模型相对于 CTP 模型性能更优、性能相同以及不可行的次数。

表 2.5 VCTP 模型与 CTP 模型在每种测试运行中不可行解决方案的数量

问题	n	p	CTP 模型	VCTP 模型
R1	20	5	7	1
C1			4	2
R1		10	9	2
C1			7	3
R1	30	5	3	0
C1			1	0
R1		10	4	0
C1			3	0
总计			38	8

表 2.6 VCTP 模型与 CTP 模型性能比较

问题	n	p	更好的性能	相同的性能	均不可行
R1	20	5	8	1	1
C1			7	1	2
R1		10	8	0	2
C1			7	0	3
R1	30	5	6	4	0
C1			7	3	0
R1		10	10	0	0
C1		10	0	0	
总计		63	9	8	

尽管表 2.6 中的值已经体现出了 VCTP 相对于 CTP 在性能上的提升，但我们可以使用非参检验对结果进行更进一步的统计分析。基于表 2.6 的结果，以两种模型性能相同作为零假设，性能不同作为备选假设进行非参二项检验。

$$H_0：\text{CTP 性能} = \text{VCTP 性能}$$
$$H_1：\text{CTP 性能} \neq \text{VCTP 性能}$$

对于 $\alpha = 0.01$，临界区在置信区间 $72\left(\frac{1}{2}\right) \pm 2.326\ \sqrt{72} = [26.1,\ 45.9]$之外；当置信度为 99% 时，我们看到有 63 个实验 VCTP 模型性能更优，故推翻零假设，即认为 VCTP 模型较 CTP 模型性能更优。

同时我们还观察到，随着目标数量的增加，VCTP 模型的性能更好，这是由于顶点和边缘覆盖的互补能力，因为 CTP 仅凭顶点无法覆盖相当数量的目标点。

以原始 CTP 模型的平均行进长度为基础，计算出每个已解决问题的平均行进长度以比较 CTP 和 VCTP 的性能，表 2.7 表示平均行进长度节省的百分比。

可以看出，整体平均行进长度节省了 2.64%。对于每组实验，我们观察到 VCTP 模型的最佳行进长度始终小于或等于原始的 CTP 模型。这与我们先前提到的 VCTP 模型为原始 CTP 模型解决方案提供了下限一致。同时，我们观察到，当目标数量更多时，VCTP 模型产生了更高的平均行进长度节省的百分比。

接下来我们比较 VCTP 模型由边缘覆盖能力所提升的覆盖范围。我们计算了边缘覆盖目标的百分比，结果见表 2.8。

边缘覆盖目标的平均比例为 35.2%。在目标数量较多情况下，VCTP 模型通过边缘提供更多覆盖。正如预期的那样，边缘覆盖能力在路线规划时被充分利用。

通过所需的迭代次数比较两个模型的计算效率。该指标只对原始 CTP 和 VCTP 模型都能给出可行解决方案的情况进行了比较。计算效率的计算方式为两个模型之间的迭代次数之差除以 CTP 模型的迭代次数。计算效率的总体百分比是基于每个问题集的实例数的加权平均值。计算效率的比较见表 2.9。

表 2.7　平均行进长度节省百分比

问题	n	p	平均节省路径长度率（%）
R1	20	5	1.18
C1			1.74
R1		10	4.50
C1			2.57
R1	30	5	1.78
C1			1.63
R1		10	4.80
C1			2.94
总计			2.64

表 2.8　边缘覆盖目标的百分比

问题	n	p	平均边缘覆盖目标率（%）
R1	20	5	35.6
C1			30.0
R1		10	40.0
C1			39.7
R1	30	5	28.0
C1			26.0
R1		10	37.0
C1			45.0
总计			35.2

表 2.9 两种模型迭代次数的百分比

问题	n	p	平均迭代次数		计算效率提高率（%）
			CTP 模型	VCTP 模型	
R1	20	5	62288	91064	-46.20
C1			113748	137589	-20.96
R1		10	162318	46268	71.50
C1			117401	87942	25.09
R1	30	5	2434873	6708458	-175.52
C1			11544446	11893335	-3.02
R1		10	8126887	11858702	-45.92
C1			22040739	20772576	5.75
总计					-38.30

因为边缘覆盖计算的附加α_{ij}^{k}相关变量，VCTP 模型使用n^2p 个参数，故 VCTP 模型需要更多的计算量来产生最佳巡视长度。这可能会为决策者在考虑 VCTP 模型时提供更多的选择。我们没有考虑每个线性规划的计算时间，但充分预计 CTP 和 VCTP 之间的时间是可比较的，因为每个模型中约束和变量的数量是保持不变的。因此，我们可以仅使用迭代次数来关注计算差异。如在 $n=30$，$p=10$ 的情况下，CTP 和 VCTP 模型中分别有 970 和 9970 个变量和参数。

2.9 其他扩展问题

VCTP 是通用基本安全防御方案的基准模型。我们可以很自然地讨论其他扩展问题以提高计算效率和对问题的描述。如下是一些可进一步研究的领域。

1）启发式方法：VCTP 是非确定性多项式时间（non - deterministic polynomial - time hard，NP）问题。此外，我们研究的结果表明这些问题在实践中很难处理。启发式算法是一种多项式时间算法，可在某些输入下产生最优或近似最优解[19]。对于一个相对较小的 $n=30$，$p=10$ 的实例，可以观察到 LINGO 11.0 需要进行 7800 万次迭代。对于 n 可能变得非常大的真实场景，精确求解是不切实际的，应该设计启发式方法。由于 VCTP 是具有 SCP 结构的 TSP，潜在的启发式方法是将 TSP 的 GENIUS 启发式[20] 与覆盖启发式[21] 的 PRIMAL1 集合的修改版本相结合，以说明额外的边缘覆盖能力。

2）多车拓展：TSP 受到了很多研究的关注，但多实体 TSP 更适合模拟真实情况[22]。同样，应该对 VCTP 模型的多车实体拓展问题进行进一步研究。

3）动态路径：基于对 VCTP 所做的假设，它是一个静态的确定性问题，其中所有输入事先已知，并且路径在执行期间不会改变[23]。真实情况的应用程序通常包含两个重要方面：信息的更迭和质量。更迭意味着信息可能在执行路线期间发生变化，质量则反映了可用数据的不确定性。因此，对于动态随机的 VCTP，基于改变路线顶点和随机目标的出现，可以以连续的方式重新定义巡查路线。

2.10 本章小结

新定义的 VCTP 应用程序用于建模分配给基本安全保护的 UGVs。VCTP 具有附加边缘覆盖能力，以便在警戒巡逻时对 UGVs 的检测功能进行建模。

研究表明，VCTP 模型在所有场景组合中表现更好。具体而言，如果需要覆盖更多目标，则表现会更好。对于相同的问题数据集，与 CTP（80 个中 42 个可行）相比，VCTP 更可靠，能够产生更多可行的解决方案（80 个中 72 个可行）。所有 VCTP 最佳巡查路径也等于或短于 CTP 模型，平均巡视长度可节省 2.64%。VCTP 的边缘覆盖能力占目标覆盖率的 35.2%。然而，VCTP 需要 38.3% 的计算时间来生成巡查路径。

进一步的研究领域，例如对于大型问题开发出高质量、快速运行的启发式解算器至关重要，研究多实体拓展和动态路径，以更好地模拟选定的现实情况。这项工作的主要贡献是提供一个新的模型，展示顶点和边缘覆盖的重要性和实用性，并将其用作 MONARC 基本安全问题的第一个任务规划优化工具。

参考文献

1. Current, J. R. 1981. Multiobjective Design of Transportation Networks, Ph.D Thesis, Department of Geograph and Environmental Engineering, The John Hopkins University.
2. Current, J. R. & Schilling, D. A. 1989. The covering salesman problem, Transportation Science 23, 208–213.
3. Gendreau, M., Laporte, G. & Semet, F. 1995. The covering tour problem, Operations Research 45, 568–576.
4. Hodgson, M. J., Laporte, G. & Semet, F. 1998. A covering tour model for planning mobile health care facilities i Suhum district Ghana, Journal of Regional Science 38, 621–628.
5. Oppong, J. R. & Hodgson, M. J. 1994. Spatial accessibility to health care facilities in Suhum district, Ghana, Th Professional Geographer 46, 199–209.
6. Hachicha, M., Hodgson, M. J., Laporte, G. & Semet, F. 2000. Heuristics for the multi-vehicle covering to problem, Computers and Operations Research 27, 29–42.
7. Labbé, M. & Laporte, G. 1986. Maximizing user convenience and postal service efficiency in post box location, Belgian Journal of Operations Research Statistics and Computer Science 26, 21–35.
8. Current, J. R. & Schilling, D. A. 1994. The median tour and maximal covering tour problems: formulations and heuristics, European Journal of Operational Research 73, 114–126.
9. Dantzig, G. B. & Ramser, J. H. 1959. The truck dispatching problem, Management Science 6, 1, 80–91.
10. Toth, P. & Vigo, D. 2002. The Vehicle Routing Problem, SIAM Monographs on Discrete Mathematics and Applications, SIAM.
11. Dantzig, G. B., Fulkerson, D. R. & Johnson, S. M. 1954. Solution of a large-scale traveling-salesman problem, Journal of the Operations Research Society of America 2, 4, 393–410.
12. LINDO Systems Inc. LINGO Version 11.0.
13. Microsoft. Microsoft Excel 2007.
14. Solomon, M. 1987. Algorithms for the vehicle routing and scheduling problems with time window constraints, Operations Research 35, 2, 254–265.
15. Solomon VRPTW Benchmark Problems. 2012. http://web.cba.neu.edu/~msolomon/problems.htm, last accessed 9 May 2012.

16. Miller, C. E., Tucker, A. W. & Zemlin, R. A. 1960. Integer programming formulation of traveling salesman problems, Journal of the ACM 7, 4, 326–329.
17. Nemhauser, G. & Wolsey, L. 1988. Integer and Combinatorial Optimization, John Wiley & Sons.
18. Desrochers, M. & Laporte, G. 1991. Improvements and extensions to the Miller-Tucker-Zemlin subtour elimination constraints, Operations Research Letters 10, 1, 27–36.
19. Feige, U. 2005. Rigorous analysis of heuristics for NP-hard problems, In Proceedings of the 16th Annual ACM-SIAM Symposium on Discrete Algorithms, 927–927.
20. Gendreau, M., Hertz, A. & Laporte, G. 1992. New insertion and postoptimization procedures for the traveling salesman problem, Operations Research 40, 1086–1094.
21. Balas, E. & Ho, A. 1980. Set covering algorithms using cutting planes, Heuristics and Subgradient Optimization: A Computational Study, Mathematical Programming 12, 37–60.
22. Bektas, T. 2006. The multiple traveling salesman problem: an overview of formulations and solution procedures, Omega 34, 209–219.
23. Pillac, V., Gendreau, M., Gueret, C. & Medaglia, A. L. 2013. A review of dynamic vehicle routing problems, *European Journal of Operations Research* 225, 1–11.

第3章　应用市场法对无人机目标的近优分配

3.1　概述

在军事任务中，无人机集群技术作为提高战斗速度、缩短搜索到射击的时间、全面提升现代军事能力的一种方法，已被各军事机构推荐用来针对时敏目标[1]。为此要解决的一个重要的问题是：将无人机集群分配给给定的目标群的最佳方法是什么？在考虑各种附加作战性能时，该问题会变得更加复杂，如战场环境动态变化、目标寿命较短、最小化耗油量等。

在过去十年中，该问题及其相关课题已经被许多团队所研究[2-5]。虽然现有文献的研究范围非常广，但仍然可以将各种方法划分为两大类：数学优化法和启发式优化法。

数学优化法的优点是可以保证最优化或者保证得到的解与可能的最优解之间的距离绝对值最小。其通常使用混合整数线性规划法（Mixed Integer Linear Programming，MILP），并且依靠提升商用 MILP 解算器和计算机的处理能力来应对日益扩大的问题规模[2,3]。然而，由于该问题的基础结构被认为是非确定性多项式时间（non - deterministic polynomial - time hard，NP）问题，这些方法都受到了“维数的诅咒（Curse of Dimensionality）”[4]，即这些方法所能得到的最优分配的 UAVs 和目标的数量会受限，并且在变化率较高的动态场景下的解会变得较为困难，因此限制了数学优化法的应用。

启发式优化法是多种多样的[6-19]。其主要优点是能够较快地得到一个解决方案，这使得启发式优化法能够应用在动态且变化率较高的情况下，同时也更容易实现更大的 UAVs 集群对目标群的监测。但是，解的质量通常不能得到保证（与最优解的距离），很多情况下解的质量可能会随着问题规模的扩大而变差。

需要注意的是数学优化法和启发式优化法通常适用于特定类型的问题，也就是说，二者的算法在减少执行全部任务的时间或减少整体耗油量方面存在着不同。在某些情况下，对全部的目标进行处理是必要的，但在另一些情况下，由于资源有限，仅允许处理高优先级目标。从作战的角度来说，因为任务灵活性的要求，使得现有文献在很多情况下求解这些方程时使用完全不同的算法。

因此，对 UAVs 进行目标分配方案的要求主要有：

1）质量：该方法应能比数学优化法和其他启发式优化法提供更加近优的结果。

2）实时性：该方法应能即时得到与执行的任务相关的解决方案。

3）可测量性：该方法应能在保证质量的前提下，对大量 UAVs 及目标在多项式时间内进行测量。

4）通用性：该方法对不同的优化目标应能互相通用。

5）适应性：该方法应能适应任务中的动态变化，例如机队中的 UAVs 或目标群中目标的增加或减少。

本章我们介绍了一种基于市场法的解决方案，其中每个飞行器都由一个软件代理[20]。这些代理模仿市场中的个体进行多种交易活动，其目标是提高个体从交易中获得的收益。通过形成定义代理作用的一种方法，他们的交易将导致一种紧急行为，这种行为将获得接近最优的分工。

本章内容如下：首先，我们给出了作战问题的理论分析（MILP 公式在本章附录中给出），接着对典型优化方案进行了整理，然后定义了基于市场的优化方法，并通过实验验证了基于市场法的三种情况，最后得出相应的结论，提出相应的建议。

3.2 问题描述

本节我们将对作战问题进行理论分析，即将问题公式化。本章附录中给出了 MILP 规划法的描述。

3.2.1 输入量分析

我们从定义输入量开始：给定 m 架 UAV，每架 UAV 从初始位置开始运动，这些初始位置被称为基站，其坐标为（x_k^0，y_k^0），$k=1$，…，m。在任务开始时基站位置是已知的，并已知基站位置对整个任务来说很重要。假设飞行结束时每架 UAV 都将返回各自的基站。

存在 n 个已知的目标位置，用（x_i，y_i），$i=1$，…，n 表示。给定第 i 个目标的收益函数b_i（t），它是时间的函数，表示该目标在整体任务中的优先级。图 3.1a 是三个基站和八个目标的分布图，图 3.1b 描述了每个目标的时变收益，其表示了一个可能存在的短寿命目标，它的优先级在一开始可能会很高，但是一段时间后会降低。

3.2.2 目标函数

每个基站和目标之间的距离可用欧几里得范数计算：

$$d_{ki}^0 = d_{ik}^0 = \sqrt{(x_k^0 - x_i)^2 + (y_k^0 - y_i)^2}, \forall k = 1,\cdots,m, i = 1,\cdots,n \tag{3.1}$$

同样地，每两个目标之间的距离可计算为

$$d_{ij}=d_{ji}=\sqrt{(x_j-x_i)^2+(y_j-y_i)^2},\forall i,j=1,\cdots,n \tag{3.2}$$

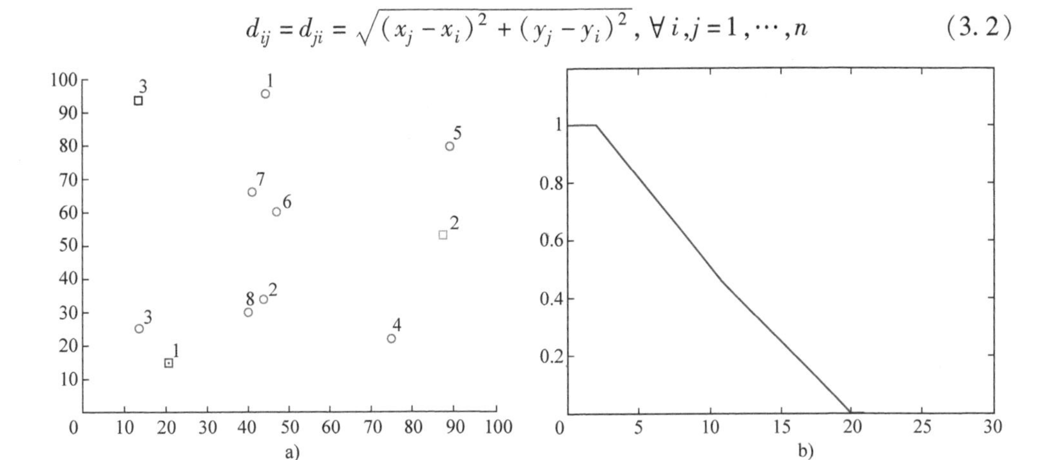

图 3.1（a）三个基站用方块表示，八个目标用圆圈表示的地图（b）时变目标收益值，其中收益随时间下降，由此限制了目标的寿命

第 k 个 UAV 从基站到一系列目标再到返回基站飞行行程的成本如下：

$$J_k = d_{p_1k}^0 + \sum_{j=2}^{n_k} d_{p_{j-1}p_j} + d_{kp_{nk}}^0 \tag{3.3}$$

其中，假定第 k 个 UAV 的规划行程如下：

$$\{基站\rightarrow目标p_1\rightarrow目标p_2\rightarrow\ ...\ \rightarrow目标p_{n_k}\rightarrow基站\}$$

UAV 经由所有分配的目标，总行程产生的整体收益为

$$B_k = \sum_{j=1}^{n_k} b_{p_j}(t_{p_j}) \tag{3.4}$$

由上述定义可以实现三种目标，如下：

1）油耗最小化：假设油耗和距离之间的关系是线性的，并且所有 UAV 的耗油量相等，则通过减少所有 UAV 的航行距离的和来实现最小油耗。需要注意的是每一个目标都要被访问到。我们称这种情况为“最小 - 和（Min - Sum）”，其本质与传统的多基站车辆路径问题（Multi - Depots Vehicle Routing Problem，MDVRP）类似。

2）时间最小化：同上，每一个目标都要被访问到，不同的是这样做可以减小 UAV 返回各自基站所需的最长时间。假设 UAVs 的速度相等，此时最大航程会减到最小。我们称其为“最小 - 最大（Min - Max）”，且与最小 - 最大多基站车辆路径规划问题（the Min - Max Multi - Depots Vehicle Routing Problem，MMMDVRP）类似。

3）效益最大化：当 UAVs 到目标点的航行成本最小时，积累的总收益达到最大。需要注意，此时 UAVs 无需对所有目标点进行访问，仅需对收益（优先级）足够高的目标进行访问。显然，如果所有目标都具有足够高的时不变收益，那么它们

都会被访问，并且都能够通过减少航行成本实现效益最大化，这与第一种情况类似。如果收益足够高但收益随着时间变化，则需要尽快到达目标点以实现效益最大化。由于该方法允许我们忽略一些较低优先级的目标，重点针对更高优先级的目标，因此比前面两种情况更具有普遍性。我们称这种情况为“最大－效益（Max－Pro)”，这与有变效益 MDVRP 类似。

应用公式（3.3)、公式（3.4)，将以上三种情况定义如下：

$$\text{“最小－和”}: J^*_{\text{MinSum}} = \min\left(\sum_{k=1}^{m} J_k\right) \tag{3.5}$$

$$\text{“最小－最大”}: J^*_{\text{MinMax}} = \min J_{k^+}$$
$$k^+ = \arg\max_{k\in\{1,\cdots,m\}} J_k \tag{3.6}$$

$$\text{“最大－效益”}: J^*_{\text{MaxPro}} = \min\left(\sum_{k=1}^{m} (J_k - B_k)\right) \tag{3.7}$$

式（3.5）和式（3.6）与 Shima 等[19]的定义相同。式（3.7）是 Feillet 等提出的对多基站和时变情况下的相似扩展方程[3]，“最小－和”和“最小－最大”的情况在该约束下是最优的，即每架 UAV 飞行一次且每个目标都必须仅被访问一次。“最大－效益”在以下约束下为最优：每架 UAV 都飞行一次，假定目标收益至多能被收集一次，即同样的目标不会被重复访问。更详细的 MILP 公式请参考附录。

正如包括 Shima 等[19]所作的许多工作描述的那样，若要列举所有可能解决方案的数量，可表示为

$$N_a = m^n n! \tag{3.8}$$

这使得该问题和其他车辆路径规划问题（VRP）一样变成 NP 问题。例如，由 5 架 UAVs 和 30 个目标组成的一个相对小型的问题，其具有 2.47×10^{53} 种不同的排列组合。很显然，数量庞大的排列使得绝大部分问题分析效率低下。因此，需要能够快速找到合适方案的算法。

3.2.3 输出量分析

为目标点分配 UAVs 的算法，其输出为一系列的 UAVs 路径。这些路径定义了分配给每架 UAV 的目标点 ID 序列，即 UAVs 是整体任务的一部分，接着将目标点 ID 与目标点位置进行匹配，目标点位置序列可以作为制定 UAV 飞行计划的基础。显然，在飞行计划中每架 UAV 都拥有自己的内部方案以及执行方法，但是这不在本章的研究范围内。

3.3 典型优化方案综述

正如一些研究所做的那样，我们将为目标点分配 UAVs 的问题作为 MDVRP 的

变体进行研究[15-19]。本小节介绍与此问题相关的典型优化方案，以及对应用在经济市场下的多代理系统（the multi - agent system，MAS）技术进行综述。应该注意，由于 MDVRP 与其他相关问题是工程和应用数学领域最受关注的研究课题，因此本节只介绍与我们的构想和方案最相关的工作。

3.3.1　MDVRP 解决方案

我们从最著名的、研究最完善的旅行商问题（Traveling Salesman Problem，TSP）开始。TSP 问题简单描述如下：给定一组城市，找到最短路径，保证每个城市有且仅有一次被访问且保证商人最终回到起始城市。关于 TSP 的说明及其各种解决方案见文献［2］。由于使用动态规划法能够找到保证 TSP 最优解的最好的解决方案，并且 TSP 具有非多项式复杂度，因此 TSP 被认为是 NP 问题[4]。尽管如此，应用 MILP 法进行数学公式的设计，并最终形成著名的 Concorde[21] TSP 解算器。而基于 Lin - Kernighan 算法的近优启发式优化法是 TSP 求解器中居于第二的方法[2,14]。

VRP 中有多架飞行器，且飞行器从基站起飞并最终返回基站，也就是说飞行器不能沿任意路径选择城市，从这个意义上来说 VRP 是 TSP 问题的扩展。此外还有很多其他的问题超出了本章研究范围，比如时间窗问题、集送货问题、飞行器容量问题等。

VRP 问题有两个目标：一是使所有飞行器的总行程最小，二是使任一飞行器的最长路径最短（“最小 - 最大”）[11]。此外，VRP 问题（以及与它密切相关的多旅行商问题）有效益的变体见文献［3］所述。

MDVRP 是对 VRP 更进一步的扩展，其中飞行器在几个基站之间往返，而不像之前那样局限于一个基站。同上，该问题也有几个目标：总行程最小化（“最小 - 和”）、最长路径最小化（“最小 - 最大”）和效益最大化（“最大 - 效益”）。由于 MDVRP 是对 VRP 的扩展，那么它也是对 TSP 的扩展，也就是所说的 NP 问题。这三种情况下都有对应的数学优化法和启发式优化法的解决方案。

Bektas 在文献［5］中对“最小 - 和”情况下的相关公式进行了很好的分析并给出了求解过程，若读者对各种求解过程的更多细节感兴趣可以阅读参考文献。简要地说就是 MTSP 和 VRP 问题中的基于 MILP 的数学公式能得到保证最优化的解决方案。此外还提出了多种启发式优化法来解决 MTSP/VRP 问题，其中包括对 Lin - Kernighan 启发式优化法[22]、遗传算法[23]、模拟退火法[24]、禁忌搜索法[26]和人工神经网络法[27-29]的扩展。

由于“最小 - 最大”情况适用于注重按时执行任务的场景[6]，因此比起“最小 - 和”来说研究得较少，但是研究仍很完善。文献［30］提出了解决此问题的两种数学公式和解决方案。同时也有许多启发式方案，如 Carlsson 等人在文献［7］中提出的常见启发式优化法、蚁群优化算法（Ant Colony Optimization，ACO）[31]、模糊逻辑聚类[32, 33]，以及带有禁忌搜索算法的遗传杂交算法[34,35]。概括来说，这些方法通过区域划分将一系列目标点公平地分配给 UAVs，使得每架 UAV 都将选择并按照这片区域的目标点对其路径进行优化。

比起该问题的其他变体，对有效益的 TSP、MTSP 和 VRP 一般研究得较少。这在多基站的情况下，特别是当目标点的收益时变时尤为明显。有效益的 VRP 存在三种变体：第一个是我们正在解决的，其目的是使 UAV 能通过访问一组目标点来实现集群效益最大化（“最大－效益”），其中的效益等于积累的总收益减去总行程；第二个是“定向运动问题（Orienteering Problem）”的变体，它对最大总行程施加约束，UAVs 在不违反约束的情况下尽量收集尽可能多的收益；第三种是将约束施加到收集的最小收益上，并尽力使为收集收益而经过的总行程最小，该问题被称为“奖励收集旅行商问题（Prize Collecting TSP）”。以上三种研究得最多的是定向运动问题[8,9,36－38]。

Feillet 等[3]提出了针对具有恒定效益的单架飞行器在“最大－效益”情况下的数学公式，并由 Kivelevitch 等在文献［39］中扩展到了多基站的情况。虽然具有时变效益问题的数学公式已经被试着提出来，但它们的成立条件是假设收益和时间之间存在特定的关系，比如线性递减[40－42]等。此外，这些问题中通常只有一个基站。

总结以上文献，可以看到两个主要的不同。

第一，我们定义的三个不同的目标，受研究人员的关注程度不同，每种解决方案都是为特定的情况制定的，也就是说优化“最小－最大”情况的解决方案并不适用于其他两种情况。从作战角度来看，这对军事力量所需的灵活性来说是一种约束，该约束用来决定何时针对哪个目标。然而，这种灵活性对军队来说很重要，因为军队可能会希望今天能在耗油量最小（“最小－和”）的情况下操纵 UAVs 集群，明天又要求必须增加目标点的攻击率（“最小－最大”），后天可能又会限制只能针对高优先级的目标点（“最大－效益”）。

第二，各种情况的可用方法存在差距。由于“最小－和”得到了很好的研究，其他两种情况研究较少，与数学优化法相比，启发式优化法的解决方案没有经过检验。这就留下了一个未知的最优差距，即启发式优化法与数学优化法相关得有多好。

本章的研究旨在通过提供基于市场通用和可靠的方法弥补这些差距。下个小节将解释为什么要选择这么做。

3.3.2 基于市场的最优化概念

本节简要介绍了基于市场的最优化概念，为此，首先要定义软件代理的概念及其应用。

软件代理（software agent），或简称为代理（agent），由 Wooldridge[20]定义：

“代理是一种存在于某种环境中的计算机系统，它能够在该环境中自主行动，以满足其设计目标。”换言之，软件代理具有对周围环境的感知能力，经由传感或通信技术，推理出形势以及捕获其中目标点的方法，并按照上述推导行动。与面向对象的程序设计中的“对象”相类似，代理是一种封装的实体，但它有能力操纵周围环境[20]。

建立包含多个代理的系统是很普遍的，例如创建一个 MAS。MAS 中的代理彼此可以通过改变环境进行显式或隐式通信，例如蚂蚁为彼此铺设信息素信号。各代理间既能合作，也存在竞争，或二者兼具。当需要模拟从简单的目标点查询代理出现的复杂行为时，MAS 尤为有用。此范式适用于各种不同应用，包括 ACO、Flocks 和 Swarms 等。在我们的解决方案中，我们用 MAS 来模拟理性或自负性的代理，使其在市场环境下的收益实现最大化。

和前面小节中讨论的许多算法相似，传统的资源配置问题是以集中的方式进行的[43]。对于这些已经完善优化的方案来说，执行优化的中心节点需要有关正在进行优化的系统的完善信息[44]。这需要系统针对所有资源向中心节点汇报其性能和状态，并接受中心节点做出的决定，如果其计划出现偏差，同样需要向中心节点汇报。系统中的资源越多，任务需求就越高，中央处理也就越复杂。此外，对一个复杂系统，中心节点在优化进程中使用的单一系统级度量标准很难定义[44]，而且，此问题就以下情形而言是动态的，即新任务到达和离开系统时，或在作战期间新资源被加入系统或从系统中排除时。

在许多情况下，如此复杂的问题在集中分配机制里解决起来很棘手[44]。

最终提出了分布式资源分配机制。在分布式资源分配机制的极端情况下，每种资源都试着优化一个指标，被称作效用函数，其定义了自身的一组目标点集。这些资源尝试达成共识，这将允许它们都能通过给定的约束集使效用最大化。分布式方案的一种类型是基于经济市场模型的优化方案。

在这样的模型中，任务被表示为买方代理，资源则被表示为卖方代理[45]。正如上面讨论的那样，代理封装了它们代表的参数选择和实体的运作方式，并且仅使用效用函数传递其参数选择的抽象概念[45]。

使用刚刚描述的经济模型的动机来自于有效的经济市场的假设，其中许多代理自发地采取行动使它们自身的收益最大化。正如我们知道的那样，经济市场是科学已知的最复杂的系统，然而数千年来经济市场被用来“完成工作”，在对立的目标点之间达到了平衡，并且对系统不同的变化做出反应[46]。在某种程度上，这是基于市场中的代理的自我推理：两代理之间的交易只有在至少有一个能从中获得什么且另一个至少不会失去时才会发生。它有可能快速有效地求出帕累托最优解（Pareto - optimal solution）[47]。

因此，基于市场的解决方案（Market - Based Solutions，MBSs）被提出，用以解决各种的资源配置和优化问题[43,44,46-51]。特别是一些工作中提到了 MBSs 在这些问题上的应用与我们所提出的类似，但还存在两个主要的限制条件：①它们只尝试解决此问题的一种变体，而非解决全部三种问题；②它们只使用一种类型的经济交易行为而忽略了其他，也就是说，它们既会用“对等”交易，也会用“竞价拍卖”，但绝不会二者都不用。正如在我们的方法中所示的那样，两种类型的交易都使用在近优方案上更快的收敛。

3.4 基于市场优化法的解决方案

现在我们准备描述用于解决上文定义的三种情况的 MBS：“最小 - 和”“最小 - 最大”和“最大 - 效益”。我们用三步完成这件事：首先，描述基本的未经分级的 MBS，并且每个软件代理都能完成这项动作；接着，描述 MBS 的一种扩展，它应用目标点的分级聚类，极大地提高了 MBS 在“最小 - 最大”下的整体性能；最后，介绍了解决“最大 - 效益”问题所需做的小改动。但需要注意的是，最终带有分级和修改的结果可被用于解决全部三种情况下的问题。换句话说，我们用来解决全部三种情况下问题的 MBS 是带有修改的层次化市场，它允许上述讨论的灵活性。

算法 3.1 基本市场

要求：m 个代理，n 个任务，r 个聚类比

可选：以前的任务，集群

```
1：if 没有之前的任务 then   %以前的任务可能来自更高的层次结构运行
2：for all 任务  %使用区域的近邻法分区进行初始化
3：    将任务分配给最近的代理
4：end for   %以前的运行将集群分配给代理
5：else
6：    for 所有的集群
7：    for 集群中的所有任务
8：        任务.任务 = 集群.任务
9：        end for
10：end for
11：end if
12：while 迭代≤迭代数
13：step 1：市场竞价
14：step 2：代理 - 代理交易
15：step 3：代理开关
16：step 4：代理放弃任务
17：end while
```

返回：最佳代理，分配，集群，成本，运行时间

3.4.1　基本市场法

通过定义市场的基本结构和市场上每个代理采取的行动对 MBS 进行描述。本方案中，UAVs 由在模拟经济市场中对任务进行投标和交易的软件代理所代表，这些任务是代表目标点并将关于目标点的全部信息，尤其是其位置和收益与时间的关系的信息封装起来的软件代理。

MBS 从对代理任务的快速近邻法分配开始。这种分配方法是为了将市场初始化为一个合理的解决方案，而不是一个随机的解决方案，但我们在文献［52］中可以看到，这种初始分配与最优的市场方案之间仍有很长的距离。位于初始分配之后的 MBS 是一种迭代过程，且每个迭代代理执行一组动作，详见算法 3.1。

第一步：市场拍卖。在每次迭代的开始，代理接到可用任务，每个代理都会计算该任务被分配给它所产生的额外的成本，并对该成本竞价。某种程度上说该成本是通过将任务嵌入已有路径中来计算的，它通过这些已经被分配给代理的任务以最短的距离增加现有的路径，而且如果没有分配其他任务，成本就是从基站出发到达任务点并返回的行程。选择最低出价的代理人进行任务。这是一个经典的竞价拍卖机制，在之前的很多工作中都有应用，例如文献［53］。

第二步：代理间交易。一个代理随机选择下一个代理。第一个代理查询第二个代理的任务列表，并计算这些任务的行程成本。若第一个代理能够服务第二个代理任务列表中的一个任务且比第二个代理的成本更低，则将任务分配给第一个代理。这种做法和分包代理很相似。代理间机制由 Karmani 等人在文献［54］中提出，但是他们没有使用我们在第一步中用到的拍卖进程。

第三步：代理转换。到目前为止前两步可能导致解达到局部极小值，第三步则是另一种对等进程，但它与第二步有所不同。因为它允许所得结果避开局部极小值。这一步也是将“最小 - 最大”的目标点与其他选择进行区分的唯一步骤。在“最小 - 最大”的情况下，两个代理被随机选择，且它们的路径都被检查，若两种路径的形式彼此相交，则代理会交换任务以解开交叉。需要注意的是，虽然某些情况下无法得到更好的整体解决方案，但却是对达到局部最小值的方案的一种改进方法。在“最小 - 和”和“最大 - 效益”的情况下，提出快速解出局部最小值的方法，即简单地用一个代理接管其他代理的全部任务。我们随机选择两个代理完成这项工作。每次动作之后，每个代理会调用单个 TSP 求解器。我们可以在方案中使用任意 TSP 求解器，并使用 Concode[21] 解决大型的 TSP 实例，使用 Lin - Kernighan[14] 解决中等问题，以及用最近邻凸包法（Convex Hull with Nearest - Neighbor Insertion，CHNNI）解决较小型的问题。尽管每种求解器都能保持 TSP 方案的质量合格，但还是要选择这些求解器以得到最佳运行性能。当然最快的求解器是 CHNNI，但当在一次行程中任务量超过 50 个时，其方案的质量会变差，因此它仅仅被用于任务量最多达到 50 的 TSP 行程。Lin - Kernighan 比 Concorde 更快，但其处理问题的能力更加有限，因此我们仅在处理最大型的 TSP 路径时选择 Concorde，其每小时可处理 500 个任务。

第四步：代理放弃任务。最终，代理释放随机选择的任务并准备下一次市场迭代。释放一个任务的概率与该任务已产生的额外成本成正比。通过释放任务的方法，我们允许避免局部最小值的可能性以及最佳梯度的利用。当迭代的数量因上次的改进而大于参数时，市场中止。改进可以被定义为以下任意一种：①更低成本（取决于具体情况）或②相同成本，但比所有路径的和更小。后者对改善其他代理的路径来说十分必要，它打开了在接下来的市场迭代中进一步改善最长路径的大门。

3.4.2 市场分级法

3.4.2.1 分级的动机与原理

上述 MBS 对于目标点和 UAVs 的比值相对较低的问题起作用，当比值变得更高时，尤其是当目标点总数增加时，MBS 更加难以找到对目标点和 UAV 的好的分配。

改进的办法之一是通过获得又快又好的目标点分区来实现，就像 Carlsson[4] 和 Narasimha[2,20] 所做的工作一样。接着，通过对每个子区域调用 TSP 求解器以简化 MMMDVRP，从而解决一组 TSP 问题（优选、并行）。然而，重要的是理解将问题像这样从内部分隔开并人为地为全局优化增加约束——子区域之间的边界。如果分区是比较完善的，这些约束就不会使最佳成本增加，但是若分区不完美，则可能会增加整体成本。

据我们所知，没有快速的方法能够非常完善地执行这种分区。该工作提出分层市场背后的基本原理是为了递归地改善该问题的分区，而不对该问题加入硬性的人为约束。我们这样做的目的就是逐渐将任务聚集成越来越大的任务集合，并通过在区域中央的单个任务来代表每个区域的方式故意忽略高分辨率。需要注意的是，基站并不是该聚类的一部分，每个聚类层面上的基站保持一致。未来的一个发展趋势很有可能会是聚类基站。

算法 3.2　分层市场

要求：m 个代理，$n^{(0)}$ 个任务，r 个聚类比

1：i = 0

2：while % 递归过程

3：　i = i + 1

4：　$n^{(i)} = n^{(i-1)}/r$ % 使用 Matlab 进行四舍五入

5：　使用 k - means 集群将任务集群化到 $n^{(i)}$ 个集群

6：　任务←集群 % 每个集群都成为下一个层次结构中位于其中心的单个任务

7：end while % 在这一点上，常规市场可以运行。在最高层级中，没有以前的任务。市场将使用默认的最近邻赋值进行初始化。一旦在一个层次结构中有了以前的赋值，下一个赋值将从获取每个集群的任务并将其在更高层次结构中分配给集群的代理开始

8：while % 直到解决方案在单个任务级别上运行为止

9：　　调用 Market（算法 2）将任务分配给代理

10：　　i = i - 1

11：end while

举例来说，假设目标点表示均匀分布在美国的真实的城镇。严格的分区是沿着州界线，或者按照一些主要的地形特征分开，如流域等，但是有些州（或流域）比其他的更大，这将导致分区不均匀。结果会使某些行程比其他行程更长，而且会导致“最小 - 最大”成本增加。

我们的方案以不同的分区方式工作。首先，将城镇组成小区域，例如，我们将俄亥俄州的辛辛那提、梅森和代顿组成一个名为 SW Ohio 的小区域，作为俄亥俄州门罗附近的任务。第二步是将小区域组成更大的区域，如取出前面形成的 SW Ohio 区域并将其和哥伦布的 Central Ohio 区、路易斯维尔和列克星敦的 Central Kentucky 区及 SE Indiana 区一同组成 Ohio - Kentucky - Indiana（OKI）区，并将其视为辛辛那提区的任务。我们继续将较大的区域组成地区，比如整个俄亥俄峡谷。持续上述分区，直到其中所包含的分区数量足够少，以使我们能够迅速地将大的分区分配给基站。

实际上，这是在基站之间划分区域的一种快速的方法。这种方法可以作为分区的一个基准，但未必是最佳的分区方法。所以我们的想法就是逐步通过重新提出更好的分配方案来改善分区。

回到前面说的例子，假设我们最初将俄亥俄峡谷这一地区分配给在俄亥俄州哥伦布的基站，将中东部地区分配给在田纳西州孟菲斯的基站，这意味着这些地区的所有城市最初都被分配到哥伦布或孟菲斯。然而，考虑到更小区域的等级，我们发现如果将俄亥俄峡谷地区内最南部的区域重新分配给孟菲斯的基站，其中该区域由在本等级的单个任务表示，则所产生的“最小 - 最大”的成本将会改善，因此将这片区域重新分配给孟菲斯。这种重新分配通过市场算法实现（算法 3.1），直到方案得到确定。然后我们通过运行子区域的市场法再次对其改善，这个过程会一直持续，直到完成单个任务级别的分配。接着，每次当市场法在更好的方案下运行时，就会存在多种新的重新分配的可能，因为主要在分割线附近完成重新分配，所以在粗糙的分辨率水平下实现的底层基准解决方案可以防止许多这样的排列。

例如，图 3.2 表示的是将 5 架 UAV 分配给 200 个目标点。其中图 3.2a 表示的是非常大的目标群针对 UAVs 的初始分配，在这个级别上每架 UAV 只有两三个目标群，每个目标群代表 12 ~ 25 个目标点。已经能够得出 UAV5 被分配在地图的西北角，UAV2 在地图的东北角，UAV4 在东南角，UAV3 在西南方向，而 UAV1 则被分配在地图的中间。

一旦初始分配完成，在图 3.2b 中进行的下一等级分配是对更小目标群的分配，但是因为其基于初始分配，所以地理分区不发生变化。这样直到后一个聚类级别群，其中在这一点每个目标群有两三个目标点，见图 3.2c。虽然地理分区仍然保持不变，但是更精细的目标群等级允许更均衡的分工，正如每个图右上方的文字所表示的那样。最后，图 3.2d 展示了不同目标点对 UAVs 的最终分配，它仍然保持相同的初始地理分区。需要注意的是在本次分配中 UAV5 航行的最长距离仅比

UAV3 航行的最短距离约长 10 个单位，占比 4%。这样均衡的分配，也是所有“最小 - 最大”方案最终的目标。

因此，我们实现了通过分割问题减少排列数量的目标点，但也允许从一个分区到另一分区的重新分配，同时也不对优化施加约束。

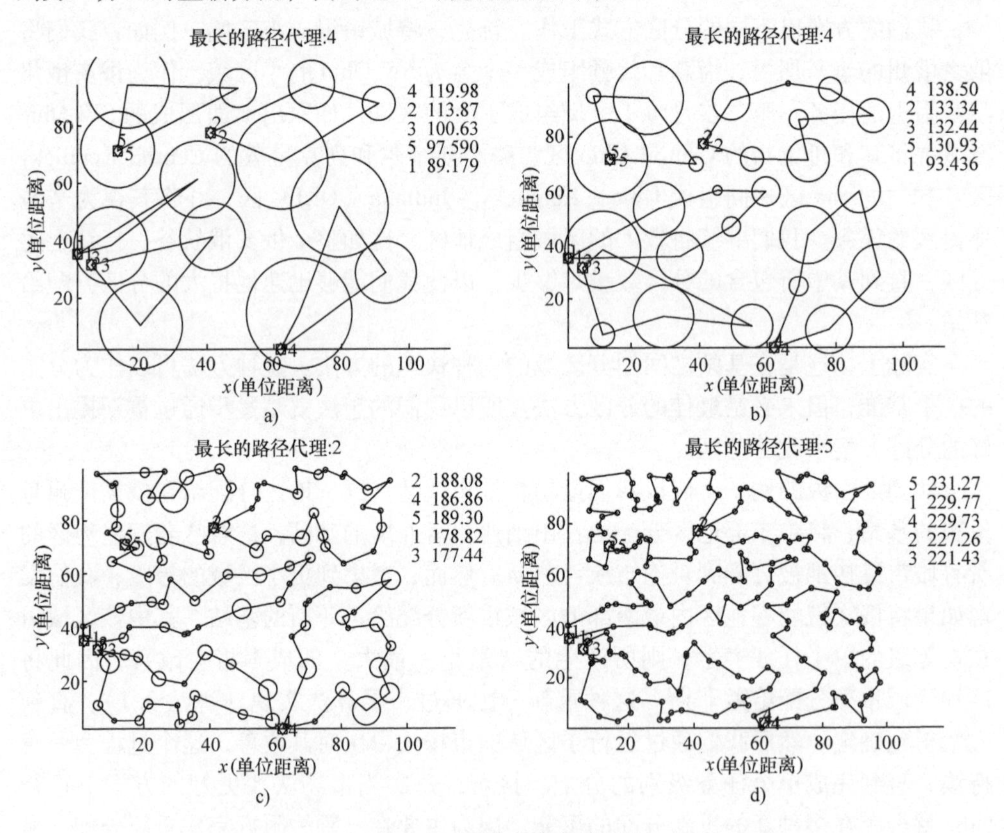

图 3.2 解决方案的改进

a）带有粗糙集群的初始方案 b）更精细集群的分配 c）小集群分配

d）最终方案和各种目标点的分配。圆的半径与集群中城市的数目成比例

3.4.2.2 市场分级的详细算法

该机制是基于将任务聚集成更大任务束的一种递归聚类，其中每一个任务束都由其质心处的新的任务来表示，然后再对这些任务束进行处理。我们将 $r>1$ 定义为聚类比，通常表示每个目标群聚类中的任务数。

聚类比的合理取值在 2 到 5 之间，其中当聚类比为 2 时通常会提高求解的质量，但是需要更多的时间。聚类比越大，一般会使计算时间减少，但会增加求解质量的可变性。

该方法可以参考算法 3.2。随着算法的每次递归，市场法需要解决的任务数量将减少一个因子，该因子等于聚类比，结束于在最聚合的情况下处理少量任务。市场法可以非常快地找到这些任务的解决方案，它代表一个可能包含许多任务的子区域，接着，这些聚合任务中每个都被分解为允许代理处理更小的任务束。继续这样做直到市场法应用于具体的单个任务。

显然，r 是一个设计参数，它可以用来在每次递归的同时调整任务束的数量，并且在结果上改变算法运行时的递归数量。

大的聚类比需要的递归数量较少，同时使运行时间更短。但是随着从一个递归到下一个递归的运行，市场法对求解更多的任务束有更高的自由度，这可能导致下一个递归随着市场法向更大的解空间的探索，而使其运行时间更长。

另一方面，大聚类比也意味着分区刚度较低，因此，至少在理论上更容易找到更合适的解决方案。然而，由于市场法受到迭代次数的限制，在搜索空间的适当区域内进行搜索也会影响寻找更好的解决方案。因此，对于 r 应该取多大并没有准确的答案。

经验上发现对于更复杂的问题，即涉及每个代理任务的比率更高且任务总体数量更多，此时需要保持 r 小一些，而对于更简单的情况，r 可以取得大一些。

3.4.3 “最大 - 效益”的适应性

“最大 - 效益”与其他两种情况的不同之处在于，它不需要将所有任务都安排给一个代理。在作战的意义上，这意味着一个目标点要么优先级太低，要么消失得太快，也就是说，如果 UAV 不能及时发现目标点，那么它就无法获得消灭它的收益。

为了适应这种新的情况，我们对分层市场做了微小调整：引入空代理。该方法中，任务集群也会造成收益，代理对从成本中扣除收益的任务进行投标，且路径的生成必须对非 TSP 优化的可能的路径做出说明。

最值得注意的是空代理。该代理被加入到代表 UAV 的 m 个代理的集合中，并且充当“垃圾回收器”。它的动作非常简单：对所有任务的出价都为零，得到其他代理不期望的任务，并在所有的代理放弃它们的任务时将这些任务返回到市场。因此，无论是代表一架 UAV 的代理还是空代理，任务总会被分配给代理。这使得我们能够运行上述定义的分级市场。

其余的调整都是次要的：当集群任务在分级市场中时，就会收集它们的收益。即使每个单独的目标点不是高优先级，确定一个任务集群是否被访问也是重要的。每个代理在第一步给出出价：市场竞价将任务收益考虑在内。这样，只有有效益的任务才会得到高于 0 的出价，结合空代理，可以保证只有有效益的任务才能分配给代理。

最后，如果任务收益是时变的，则在序列中访问任务或许更有利，该序列没有将行程最小化而是将效益最大化。图 3.2 给出了这类例子，在向其他目标点移动之前最好先访问离基站更近的所有的三种目标点。所使用的 TSP 求解器通过在其结果上执行 k - opt 转换来得到增强。

3.4.4 小结

本节我们介绍了分级市场，解决了上述三种情况。因为使用的算法相同，我们能够灵活地应对所有的三种情况，这相对于其他文献中所描述的解决方案来说是独一无二的。接着，我们通过实验，验证在解决这些情况时算法运行的质量。

3.5 实验验证

本节我们在上节所述的三种情况下运行 MBS，并对主要结果做出总结。因为算法具有随机性，所以 MBS 将在随机产生的不同场景中多次运行算法使问题得到解决。

一个场景指的是单个基站和目标点的集合（包括位置和收益）。基站和目标点的位置都被统一在 100×100 的方格中。运行指的是通过 MBS 对一个场景进行求解。

应用两种指标对比 MBS 的结果与其他方法的结果：运行算法所需要的时间和结果的质量，由最优差距来衡量：

$$\in = \frac{J_{\mathrm{MBS}} - J^*}{J^*} \tag{3.9}$$

其中，J^* 是数学最优法得出的最优结果，J_{MBS} 是 MBS 得出的结果。如果数学最优法无法应用，则比较各种不同的启发式优化法，并将 J^* 定义为由任意启发式方法得到的最佳结果。发现其他启发式方法之间的差距与 J^* 相似。

由本章附录中提到的 MILP 公式计算得到最优结果。用 MATLAB 生成问题矩阵，并通过著名的、应用广泛的商业数学最优求解器 IBM CPLEX [56] 求解。

CPLEX 是一种最优化的软件工具，它在所有的 CPU 上运行可执行代码，而 MATLAB 代码仅在一个 CPU 上按照实时解读的方式运行。两种代码在执行模式上的差异意味着 CPLEX 在快速获得结果方面有着固有的优势。基于对可用的计算机语言之间的相互比较，我们预期在 CPU 上并行运行的可执行语言将使 MBS 的执行时间提高至少一个量级[57]。下文可以看到，实现该期望在目前来说不是问题。

为了减少运行时结果对实际硬件的依赖，我们在同种设备上同时运行两种代码，并做运行时间之比：

$$\tau = \frac{t_{\mathrm{MBS}}}{t_{\mathrm{CPLEX}}} \tag{3.10}$$

当比较其他由 MATLAB 编写的启发式优化法时，我们将直接比较运行时间。

所有代码的运行都是在装有 Windows 操作系统的 PC 机上完成的，具体的硬件和操作系统是随着实际情况变化的，但是在每种情况下是确定的。

3.5.1　优化耗油量（最小 - 和）

考虑到耗油量最优的情况下 MBS 的性能，我们运行了具有 20 架 UAV 和 100 个目标点的 10 个场景。此时排列的理论值是 1.183×10^{288}。

这些场景使用 CPLEX 求解，其目的是获得可以作为比较基准的数学最优解。所有程序都是在配置 Intel i5、2.5GHz、6GB RAM 的笔记本电脑上运行的。由 CPLEX 获得的 MILP 解决方案的运行时间为 68 ~ 392s，这也显示了商业优化的实力。

图 3.3 描述了 MBS 的性能与数学优化法的对比。从成本的角度来看，MBS 得到的中位数比二进制编程成本高约 1.7%，最差也要高出 4.8%。在 99.7% 的运行中，MBS 的运行时间比 CPLEX 的运行时间短。运行时间的中值归一化结果为 0.125，即 MBS 的运行时间比 CPLEX 的运行时间大约快了 8 倍。这些结果特别让人印象深刻，原因是该市场法是由 MATLAB 编写的，且并没有进行优化和编译，如商用求解器 CPLEX。

由这些结果可以推断，MBS 在计算成本上可以与二进制编程相媲美，并且相对于二进制编程显著地降低了运行时间。由于 MBS 的规模优于数学优化法（如 3.4 节所述），因此 MBS 的性能优势仅在数据量较大的情况下才能体现出来，并且由于数学优化法被认为是解决该问题的最新方法，因此 MBS 提供的近优结果证明了该方法的优势。

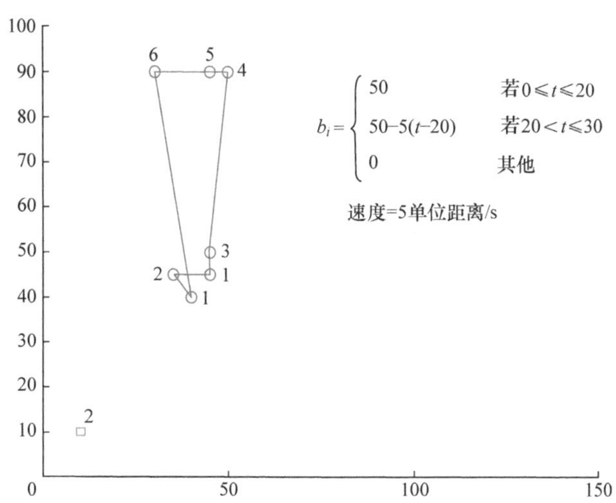

图 3.3　最大收益路径不是最小成本路径的例子。坐标轴表示单元之间的距离

3.5.2　优化耗时（最小 - 最大）

在多数场景中，使用“最小 - 最大”法将导致 UAVs 之间的目标点分配很不均

衡：其中一架 UAV 会得到绝大多数的目标点，而剩下的 UAV 只能分到很少的目标点。由于其中一架 UAV 上的负载过重，导致执行完全部任务需要花费很长时间。

对非常紧急的任务，我们希望尽量减少执行整个任务所需的时间。这可以通过减少每架 UAV 所需的最长路径（和时间）最小来实现。这意味着访问全部目标点所需的负载需要尽可能公平地分配给 UAVs。为了达到这一目的，我们使用“最小－最大”公式。该情况的结果被分成了两部分。第一部分与上文提到的“最小－和”的结果相似，对 MBS 的结果和数学优化法的结果进行比较。但是这只能在很小的场景中实现。因此，对 MBS 的结果与最新的启发式优化法之间的比较做了额外的分析，包括 Carlsson[7]、Narasimha 等的 ACO[31]，以及 Ernest 和 Cohen 的模糊聚类（Fuzzy Clustering，FCL）[32,33]。

图 3.4 是 MBS 与数学优化法所得结果的比较，本次比较的三种情况是被认为能在 6GB RAM 的 PC 机内存发生故障之前被 CPLEX 可靠地解决的最大规模的问题间进行的，分别为：3 架 UAV，12 个目标点；6 架 UAV，12 个目标点；8 架 UAV，12 个目标点。这也体现出数学优化法在这类优化问题中的作用是多么有限。为了实现每种规模运行 MBS 的总数为 2000 次，我们对每种规模的问题都在 20 个场景下运行 100 次，总计运行 6000 次。

如图 3.4 所示，MBS 在 80% 以下的情况能够得到很好结果（零差距），这些情况包括：3 UAV 场景下 81.25%，6 UAV 场景下 78.63%，8 UAV 场景下 79.5%。90% 的运行完成后其最优差距不高于 3%。3 UAV 和 6 UAV 的场景下运行最差的占 18%，在 8 UAV 的场景下占 22%。

图 3.4b 描述了标准的运行时间，可以清楚地看到所有的值都比 1 小，也就是说，MBS 方法比数学优化法更快。每一类中最差的情况为：8 UAV 时 0.19，6 UAV 时 0.15，3 UAV 时 0.02。这些表示运行时间分别按系数 5、6 和 50 得到改进。每一类的平均运行时间比为：8 UAV 时 0.00367，6 UAV 时 0.00119，及 3 UAV 时 0.00077。这些表示运行时间分别按照系数 272、840 和 1299 得到改进。因此，MBS 运行速度至少要快一个数量级，且在半数情况下，哪怕很小的问题，甚至在考虑由商业数学优化工具运行数学最优问题的情况下，速度都会快两到三个数量级。这允许多次运行 MBS，以便在比运行数学最优所需时间更短的时间内得到完美的解。

然而这些问题都是“理想情况”，因为它们不能代表任何现实的情况。遗憾的是，因为内存的限制，更大的问题在数学上无法得到解决。因此我们比较了 MBS 的结果与其他启发式方法的解决方案，这些方案中没有一个（包括 MBS）能够保证得到最优解。

表 3.1 给出了 MBS 与其他方法的平均最优差距。在所有情况下，通过比较针对每个场景运行所有方法的结果来获得最优性差距，以获得最佳已知结果。在所有的情况下，MBS 都能得到最好的结果。但是在所有的情况中都会有几架 UAV 从同

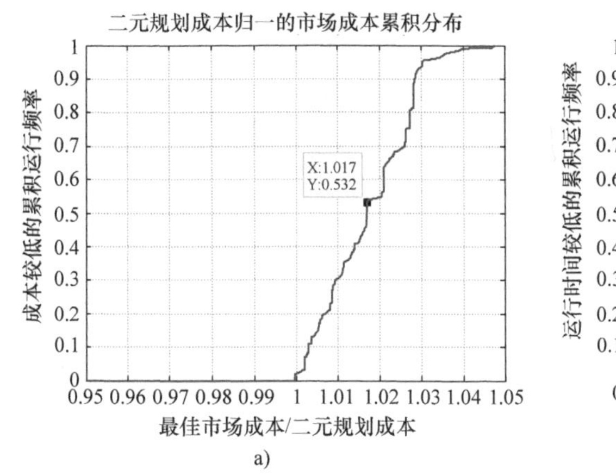

a)

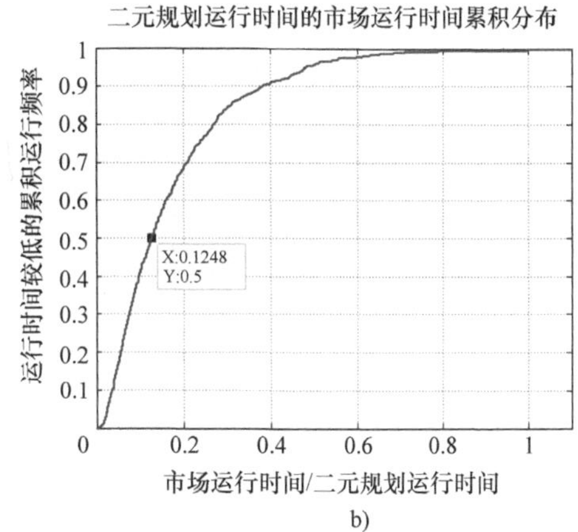

b)

图 3.4　最小 - 和情况下 MBS 与数学优化法的比较

a）最优差距　b）相对运行时间

一个基站出发。

结果表明，MBS 不仅能在每种情况下都能得到最优结果，而且这些结果是一致的。平均 MBS 最优差距是最佳结果的 1.7% ~5.2%。ACO 在性能方面处于第二位，并且超过了 Carlsson，但其性能仍然比 MBS 要差，其最优差距在 7.4% ~37.9%之间，Carlsson 算法得到的平均最优差距为 24.4% ~73.1%。如此大的差距值下将需要更长的时间来完成紧急任务的计算。

表 3.2 列出了每种方法得出解所需要的时间。显然最快的是 Carlsson 方法，该方法的运行速度要比 MBS 快一个数量级，而 ACO 是最慢的方法，且其运行速度要比 MBS 还慢一个数量级。尽管 Carlsson 和 MBS 之间的计算速度差别很明显，但是二者之间的优化差距对现实中 Carlsson 方法的应用提出了挑战。

对于包括 10 架 UAV 和上千甚至更多目标点的大规模问题，我们比较了 MBS 与 Carlsson 算法，以及正在由 Ernet 和 Cohen 开发的新方法——FCL 方法[32,33]。因为对更大型问题的可扩展性有限，所以没有使用 ACO 法。

表 3.1　由 Carlsson 提出的基于市场的方案（MBS）得出的平均最优差距与最小 - 最大情况下的蚁群优化算法（ACO）之间的比较

情况	基站数	UAVs 数	目标数	Carlsson	ACO	MBS
1	3	6	80	0.396	0.187	0.017
2	3	9	140	0.244	0.24	0.027
3	4	8	80	0.438	0.379	0.032
4	4	12	140	0.453	0.205	0.019
5	5	12	140	0.291	0.074	0.017
6	5	15	140	0.731	0.156	0.052

表 3.2 Carlsson 的基于市场的方案（MBS）所需的短时间内的平均运行时间与最小－最大情况下的蚁群优化算法（ACO）之间的比较

情况	基站数	UAVs 数	目标数	Carlsson	ACO	MBS
1	3	6	80	1.78	245.95	40.07
2	3	9	140	4.42	602.49	47.35
3	4	8	80	2.14	225.75	20.31
4	4	12	140	1.76	484.53	60.28
5	5	12	140	4.10	432.60	51.00
6	5	15	140	5.58	443.86	55.98

为了适应 FCL 方法的现有需求，一个具有 4 个基站、16 架 UAV 和 100 个目标点的问题应运而生。基站的位置为［250，250］、［250，750］、［750，250］和［750，750］。每个基站有 4 架 UAV，100 个目标点和 4 个基站随机分布在 1000 × 1000 的区域内。这种布置对 FCL 来说是有利的，但 FCL 在对基站位置随机分布的处理上仍然具有局限性。

表 3.3 列出了该情况下三种算法的结果。该情况下最常用的方法是通过 MBS 获得 1603.2 个单元。MBS 的计算成本再一次在最佳运行和均值方面成为三种算法中最好的。Carlsson 和 FCL 的最优差距为 0.1672 和 0.1015。Carlsson，FCL 和 MBS 的平均差距分别为 0.255、0.1022 和 0.0212。这表明即使对于较大型的问题，MBS 的结果也是一致的。

表 3.3 Carlsson 的基于市场的方案（MBS）与最小－最大情况下的模糊集群（FCL）在 4 个基站、16 架 UAV 和 1000 个目标点下的比较

度量标准	Carlsson	FCL	MBS
最优差距	0.1672	0.1015	0
平均差距	0.2550	0.1022	0.0212
平均时间	35.2	16.225	1419.4

尽管 MBS 在整体和平均上都实现了具有更好质量的解，但是其运行时间比其他方法要多两个数量级。然而该缺点在实际中是可以容忍的，因为每架 UAV 在运行 TSP 算法上花了大部分时间，且在系统中所执行的这些计算都能被并行执行。可以采取与飞行器数目（该情况下为 16）相近的系数缩短计算时间。

图 3.5 描述了一个 10 架 UAV、5000 个目标点的大型问题的运行结果。运行该过程的目的是按照运行时间和最优性从视觉上检验 MBS 的可扩展性。所有 UAV 的路径长度在图 3.5b 中列出，该图也展示了四个最长的路径，它们小于每一个的 1%。这意味着未来对于该方案进行改进会受到限制。空间在交叉点很少的路径之

间被几近完美地分割，这是另一种高质量的“最小 - 最大”解决方案。该实例在配置第二代 i7、3.4GHz CPU、16GB RAM 的高端台式 PC 机上运行，其对具有大约 4.23×10^{21325} 种排列的问题的运行时间低于 12000s 或 3h20min。

类似的运行还在具有 100 架 UAV 和 5000 个目标点的场景下进行，在同样的 PC 机上运行 76477s（约 21h）。其结果是相似的，只在上方的 20 架 UAV 的成本上有 0.3% 的不同。该问题有 4.23×10^{26325} 种不同的解。

结果表明，在“最小 - 最大”情况下，根据其解决方案最优性和在大型问题上处理速度的考虑，将 MBS 作为主要方法是可行的。同时，对整个 UAVs 编队来说，作为一个整体最优控制器，MBS 也是合适的选择。

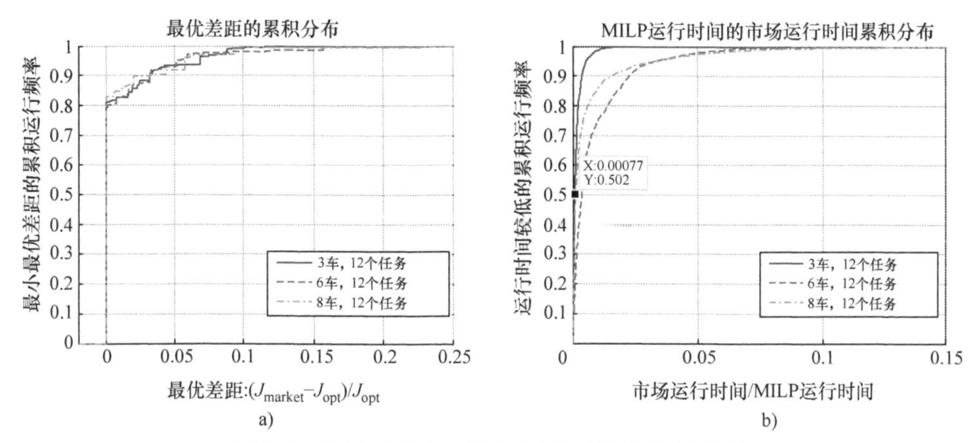

图 3.5　MBS 与最小 - 最大方案的数学优化法比较

a）优化差距　b）相对运行时间

3.5.3　优化优先目标点（最大 - 效益）

本节我们讨论无需将全部目标点都分配给 UAVs 的情况，其中决定是否将 UAV 分配给目标点取决于目标点的重要性及距离其他目标点的远近程度。我们将该问题作为“最大 - 效益” MDVRP 问题来研究。一个目标点的收益（即优先级）可以是时不变的也可以是时变的，因此有三种可能的情况。

1）收益相等且时不变：该情况与“最小 - 最大”情况最为相似，尤其是当收益足够高使得所有的目标点都能得到分配时。尽管如此，随着与单个目标点相关的收益的减少，更多的目标点的收益将变得更少，且最优解也不会将它们包含在 UAVs路径中。

2）收益不相等且时不变：这与现实世界中的作战场景最为相似，其中目标点不是由时间决定，而是由对整个任务的重要性来决定的。高优先级目标点需要先被分配给 UAVs，中优先级目标点仅仅在其距离路径足够近时才会被分配，低优先级目标点最有可能被忽略，除非它们恰好在距离 UAV 路径非常近的地方。

3）收益时变：这与具有时间先决目标点的现实作战场景最为相似。一个目标点被赋予一个确定的初始收益值，且在短时间内保持不变，但接着收益就会随着时间的推移而减少，最终减小至0。例如，一个高机动目标点的情况，该情况下目标点一旦被发现就必须立即做出决策，否则可能再次消失。

前两种情况（时不变收益值）可以被数学优化法很容易地解决，但据我们所知第三种情况无法被任何算法解决。

为了测试收益相等且时不变的情况，我们随机生成了20个均匀的100×100的区域场景，每个场景随机分布了10架UAVs和100个目标点。平均来说，每10×10的单格就有一个目标点，或者目标点之间的平均距离约为14个单位。一共用了三个收益值：22.5，此时足以保证绝大多数目标点被分配给UAVs，但不是全部；12.5，此时对UAVs分配相对较少的目标点；位于中间的17.5。

每个场景都由数学优化法解决，然后通过MBS对每个场景运行100次，总计2000次运行。

我们再一次比较了在MATLAB中运行的MBS方案与使用CPLEX得到的数学优化法方案，二者均在装有Intel i5、2.5GHz CPU、6GB RAM的笔记本电脑上运行。性能指标还是最优差距和相对运行时间。

如图3.6所示，正如预想的那样，MBS的难点在于要解决收益值最低的情况，该情况下剩余很多目标点仍未被分配。但即使在这种情况下，仍有1.38%的最优差距，最坏的情况不到10%。在最好的情况下，约有10%的MBS运行达到了完美的分配（零差距）。其他两种收益值情况下的结果甚至会更好。

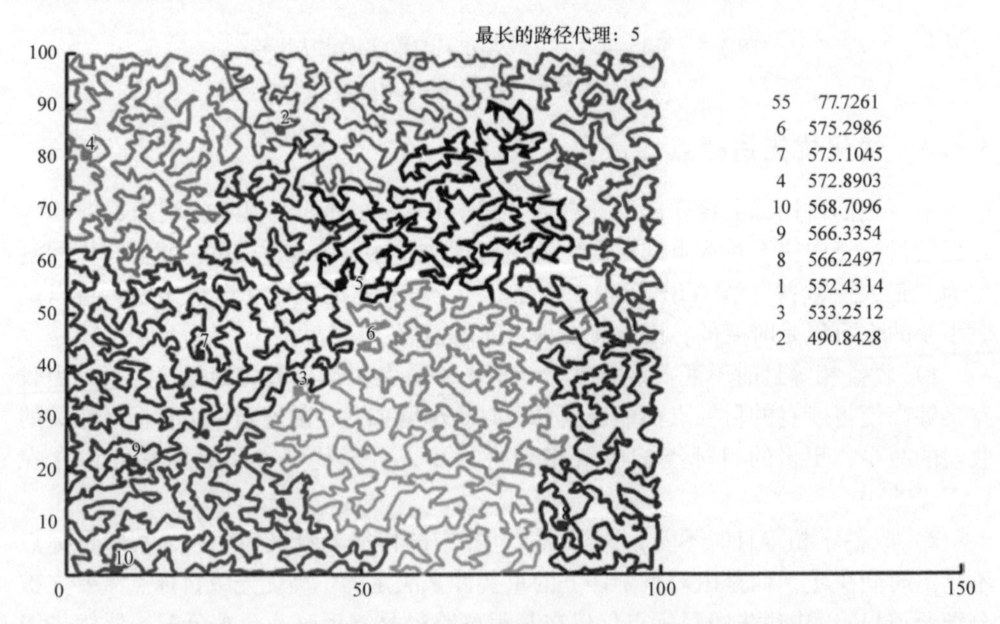

图3.6　10架UAVs和5000个目标点的“最小－最大”方案
在配置为i7、3.4GHz CPU、16GB RAM的计算机上运行时间约为12000s

按照相对运行时间，MBS 在全部三个收益值下的执行速度大约比数学优化法快 5 ~ 10 倍，最差的情况下也会快 2 倍多。

具有不同收益值的时不变的情况用以下方法进行检验：同样随机生成了 20 个均匀的 100 × 100 的区域场景，每个场景随机分布了 10 架 UAVs 和 100 个目标点。目标被随机分配给三个可能的收益值：高（17.5）、中（12.5）和低（7.5），以便对高优先级、中优先级和低优先级目标分别进行仿真。每个场景都首先由 CPLEX 求解，然后由 MBS 求解 100 次，共运行 2000 次。

图 3.7 描述了本次比较的结果。中值最优差距约为 0.7%，最差时略大于 3.1%。在约 10% 的运行中能够得出完美的零差距的最好结果。在运行时间方面，中值为 0.5305，与 CPLEX 的运行时间相比，改善系数为 18.85。最差的相对运行时间为 0.3205，约比数学优化法快 3 倍。

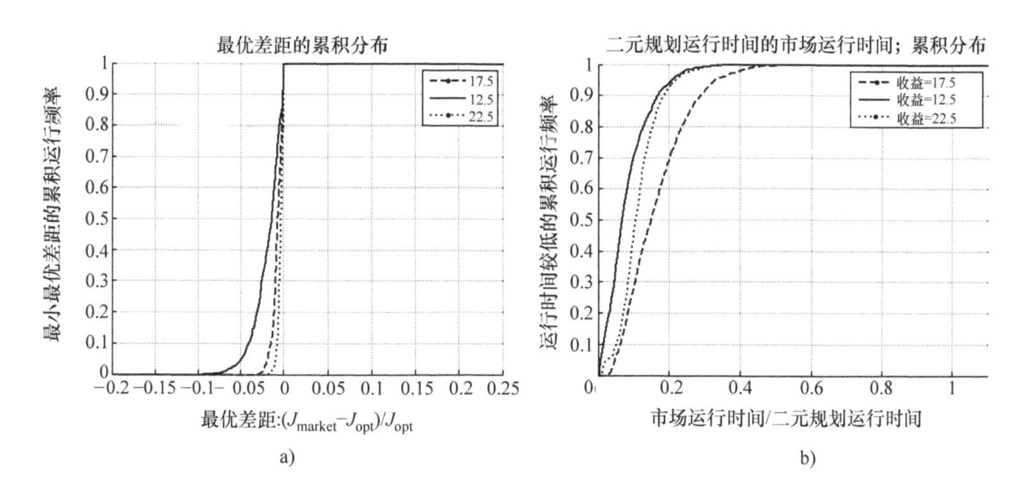

图 3.7　在最大效益情况下 MBS 与数学优化法对时不变和等收益值的比较

a）最优差距　b）相对运行时间

基于这些结果，我们再次看到，MBS 在求解的质量上与数学优化法相当，但速度要快得多。特别是当考虑在 MATLAB 中实现的 MBS 与在商业优化软件上运行的数学优化法之间对比时的运行时间差异。

图 3.8 所示是具有时不变目标点收益的 MBS 运行的例子。5 架 UAVs 和 30 个目标点均匀分布在 100 × 100 的区域中。所有的目标点被赋予 50 个单位的最大收益值，这意味着它们都有非常高的优先级。不过这些目标点都是由时间先决的：收益值从 t = 20 时的 50 个单位迅速减少至 t = 30 时的 0。因此，虽然所有的目标点都具有高优先级，但是并非所有的目标点都能被分配给 UAV，正如我们在图 3.9 中看到的那样，地图的左下角用代理 6 表示的一个空代理，得到了一个无法被任何代理及时发现的目标点。

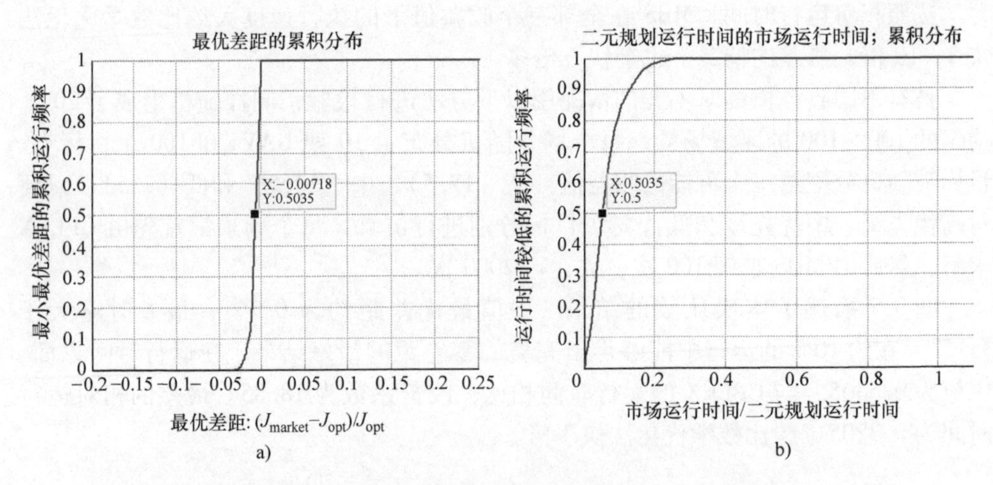

图 3.8 带有时不变和三种收益值的最大效益情况下的 MBS 与数学优化法的比较

a）最优差距 b）相对运行时间

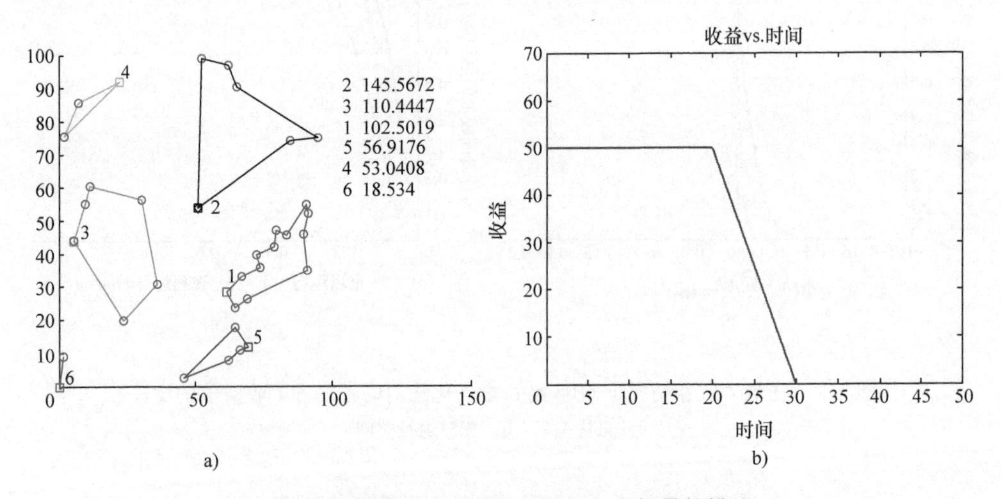

图 3.9 对带有时变目标点收益的一个场景的描述

a）按 MBS 得到的解 b）目标点收益与时间之比的值

该问题试图使分配涉及尽量多的目标点，只要这些目标点有收益，其与“最小－最大”问题就十分相近。因此，UAVs 在其间进行分工。

遗憾的是，虽然 MBS 能够解决这些问题，但我们还没有在数学或启发式优化法的文献中找到任何其他的解决方案。因此，我们能够做的唯一的比较是非常小的情况，而不是直接列举所有可能的解决方案。后者在能够解决的问题的规模上非常有限，但当 MBS 实现近优结果时，该比较就变得微不足道。

3.6 结果分析与建议

本节我们将对这类系统的执行提供一些建议以便创建作战系统。MBS 需要两样东西：态势图和通信。态势图包含可用资源（UAVs）的列表和已知目标点的列表。两个列表基于收集到的数据进行不断更新，这些数据来自 UAV 程序包在有收益的区域的目标点上收集到的数据、通过 UAV 程序包外的资源收集的情报、来自 UAV 的健康监测数据，以及来自中央指挥控制中心的任务命令得到的数据，该任务命令可以根据更高级别的决策将 UAV 转移到包中和从包中转移出来。

可以理解，任何执行建议实质上都非常笼统，应进一步适应有关组织和本组织的运作方式。实际上一些组织更加集中，另外一些则更加分散，因此实时作战系统的执行必须解决这些限制。

图 3.10 描述了一种常用情形：UAV 程序包被部署在某个远程位置，经由卫星与起控制作用的指挥、控制、通信、计算机、情报及监视与侦察（C4ISR）系统相

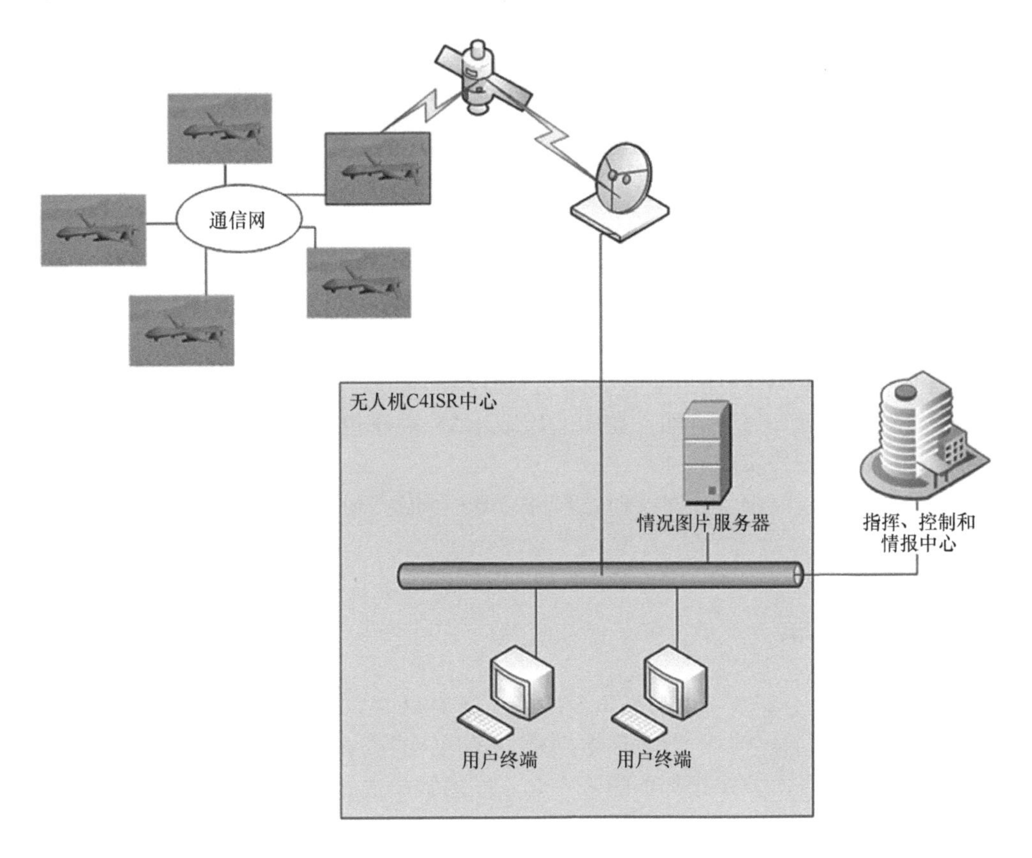

图 3.10　生成实现方案

连接。假定 C4ISR 系统连接到一些组织范围内的指挥、控制和情报（C2I）中心，该中心使用其他信息源产生更高等级的态势图。

在完全集中化的组织中，UAV C4ISR 中心作为所有数据的中心进行服务，这些数据来自经由卫星处理该信息的 UAV 程序包，并与更高等级的态势图进行融合。基于该集中态势图，任务算法开始运行。这种方案的好处是能够根据来自所有来源的信息创建一个统一的情境感知，因此该算法可以在最完整和准确的态势图上运行。此外，人工操作可能会介入并能在提交时改进任务算法。局限性为需要不断地维护 UAV 程序包和 C4ISR 中心之间的卫星链路，这使得卫星链路成为整个系统的单点故障，造成包中的 UAV 收集信息的延迟。

在完全的分散化的组织中，UAV 程序包通过搭载在 UAV 上的传感器将数据集中起来，这些数据经由本地通信网进行共享。UAV 可以根据数据合并和融合的可用协议，独立地对传感器进行数据融合，且每架 UAV 会得到自己的态势图。在本方案中，包中的 UAV 将运行搭载的 MBS 系统，并使用通信手段在 UAV 之间共享目标点和交易已知的目标点的信息。该方案的主要优势为卫星链路的相对独立性，不存在单点故障，且数据的处理和操作具有尽可能少的延迟。需要注意的是缺少统一的态势图，以及需要不断地保持局域网的正常连接和 UAV 之间的一致。这些局限性中，有一些通过像基于一致性的捆绑算法（CBBA）得到处理[53]。

混合集中 - 分散方案可能会改进上述方案。在该方案中，根据集中式 C2I 中心得到的全部可用信息和 UAV 程序包收集的数据，C4ISR 中心周期地生成更高等级的态势图。UAV C4ISR 中心在该集中图像上运行 MBS 系统并建立一个与 UAV 程序包通信的任务基准。当 UAV 程序包被执行时，基于收集的数据现场进行局部决策，UAV 进行局部适应，直到新的基准从地面传达，或者直到基准的变化被认为太大，UAV 程序包才向 UAV C4ISR 中心请求新的基准。通过这种方式，卫星链路只能周期性地使用，而 UAV 程序包能够在无卫星链路的情况下足够自治地工作，所以该链路不会单点故障。另一方面，在中心层或 UAV 程序包中新的进展能基于统一的态势图以中心的方式实时处理。

自然，这些建议仅仅是对实时系统中 MBS 可能实现的描述，并且需要进一步的考虑。

3.7 本章小结

将 UAV 集群分配给一堆目标点的问题，是 UAV 在未来战场上所能影响的作战研究中最基本的问题之一。存在很多问题公式化，它们在集群应实现的目标点函数上存在不同，且每次公式化都伴随着一套不同的数学法和启发式求解法。从作战的角度看，一个庞大的 UAV 机队的指挥官需要对各种不同的目标点做出灵活的规划。对大量的 UAV 和大的目标点群，最优化必须要设计好。而且，当无法保证最优化时，最优化的质量应能与设计的不是很好的数学最优法相比。

本文提出了一种基于经济市场的解决方案，它能够快速地找到近优解。我们将每架 UAV 表示成一个代理，每个目标点表示成一项任务。我们应用一组经济行为使代理竞争任务，用一种快速，高效且有效的途径达成分配。我们的方法允许灵活地使用各种不同的目标点函数，这在非常大型的任务中非常适用，并且能通过并行处理和编译语言的执行进一步得到改进。

虽然使用 UAV 集群的好处仍然不甚明了，但我们相信这项工作值得作为一个军事和民事应用中 UAV 领域的基准，在未来作战研究中应用。这项工作表明，有一些方法可以将大型 UAV 组分配给目标点，并且有增加收益，以及如何获得这些收益的证据。

附录 3. A　混合整数线性规划（MILP）简述

这里我们将三种情况作为 MILP 问题进行公式化。令 $N=\{1, 2, \cdots, n\}$ 为目标点位置的指数集，$D=\{n+1, n+2, \cdots, n+m\}$ 为基站位置的指数集。注意，若某一基站被用作一架以上 UAV 的起始位置，则该基站的指数将被重复的次数和该站内 UAV 数目相同。令 $N_0=N\cup D=\{1, 2, \cdots, n, n+1, n+2, \cdots, n+m\}$ 为基站和目标点的所有指数的集合。

令 d_{ij} 为任意两个目标点之间 $i, j\in N$ 的欧几里得距离，d_{ki}^0 和 d_{ik}^0 为基站 $k\in D$ 和目标点 $i\in N$ 之间的欧几里得距离。b_i 为与目标点 i 有关的时不变收益。我们假定该问题对称：

$$d_{ij}=d_{ji}\ \forall i,j\in N \tag{A1}$$

$$d_{ki}^0=d_{ik}^0\ \forall i\in N,k\in D \tag{A2}$$

此外，我们假定该问题满足三角不等式，所以：

$$d_{ij}+d_{j1}\geqslant d_{il}\ \forall i,j,l\in N_0 \tag{A3}$$

若 UAV 沿其路径从位置 k 移动到位置 j，则令 x_{ijk} 为等于 1 的二进制变量，否则为 0，其中 $k\in D$，i、$j\in N_0$。我们假设对于阻止 UAV 从一个位置沿其路径最终回到同一位置的运动的所有 i 和 k。

基于上述定义，单架 UAV 的路径长度为

$$L_k=\sum_{j=1}^{n}x_{kjk}d_{kj}^0+\sum_{i=1}^{n}\sum_{j=1}^{n}x_{ijk}d_{ij}+\sum_{i=1}^{n}x_{ikk}d_{ik}^0 \tag{A4}$$

式（A4）的第一项表示从基站到达路径中第一个目标点的旅行成本，第二项为沿路径从一个目标点移动到下一个目标点的所有距离的和，最后一项表示从路径的最后目标点返回基站的成本。

正如在 3.1 节定义的那样，存在三种主要的目标点："最小 - 和""最小 - 最大"和"最大 - 效益"。在这里用公式表示：

$$\text{“最小－和”: Minimize} \sum_{k=1}^{m} L_k \tag{A5a}$$

$$\text{“最小－最大”: Minimize } L_{\max} \tag{A5b}$$

$$\text{“最大－效益”: Minimize}\left(\sum_{k=1}^{m} L_k - \sum_{i=1}^{n} \left(\sum_{k=1}^{m} x_{kik} + \sum_{j=1}^{n} \sum_{k=1}^{m} x_{jik} \right) b_i \right) \tag{A5c}$$

总之，式（A5a）设定的目标点是所有路径长度之和；式（A5b）为任意 UAV 的最大行程，式（A5c）是从总行程中减去与完成目标点相关的收益。

该优化受到以下约束：

$$\sum_{k=1}^{m} x_{kik} + \sum_{j=1}^{n} \sum_{k=1}^{m} x_{jik} \leqslant 1 \; \forall i \in N \tag{A6}$$

$$x_{kik} + \sum_{j=1}^{N} x_{jik} - \left(x_{ikk} + \sum_{j=1}^{n} x_{ijk} \right) = 0 \; \forall i, j \in N, k \in D \tag{A7}$$

$$\sum_{i=1}^{n} x_{kik} \leqslant 1 \; \forall k \in D \tag{A8}$$

$$\sum_{i=1}^{n} x_{kik} - \sum_{i=1}^{n} x_{ikk} = 0 \; \forall k \in D \tag{A9}$$

$$L_k \leqslant L_{\max} \tag{A10}$$

子路径消除约束

式（A6）的约束保证了每个目标点都至多被分配一次。在“最小－和”和“最小－最大”的情况下，我们用等号代替不等号，使得目标点刚好被执行一次。式（A7）确定了若目标点得到分配，则被分配给该目标点的相同的 UAV 将继续它的行程。式（A8）保证了一架 UAV 至多能旅行一次。UAV 可能不会分配任何目标点，这在“最小－和”和“最小－最大”的情况下很常见，离开基站和去目标点的成本使很多 UAV 没有分配目标点。式（A10）的约束仅仅用于“最小－最大”的情况。子路径消除约束确定了目标点子集不会被分配给不以基站起航或结束的子路径。应该注意的是，子路径约束的数量是求解该数学公式所需计算时间的主要驱动力。尤其是在“最大－效益”和“最小－最大”的情况下，聚集在基站附近的目标点往往会形成子巡查路径，需要消除这些子路径，尤其是在与该目标点有关的收益很低的时候。

需要注意的是“最小－最大”和“最大－效益”（收益恒定）情况下的公式化本质上是二进制编程问题。另一方面，由于包含在成本函数中，则“最小－最大”公式化问题就变成了 MILP 问题。

参考文献

1. Department of Defense (DOD). "Unmanned Systems Integrated Roadmap FY 2013-2038", Reference Number: 14-S-0553, published online in 2013 http://www.defense.gov/pubs/DOD-USRM-2013.pdf, retrieved June 3, 2014.
2. Applegate DL, Bixby RE, Chvatal V, Cook WJ. "*The Traveling Salesman Problem: A Computational Study*", 1 ed., Princeton Series in Applied Mathematics, Princeton University Press, Princeton, NJ, 2006.
3. Feillet D, Pierre D, Michel G. "Traveling salesman problem with profits". *Transportation Science* 2005;**39**(2):188–205.
4. Held M, Karp RM. "A dynamic programming approach to sequencing problems". *Journal of the Society for Industrial and Applied Mathematics* 1962;**10**(1):196–210.
5. Bektas T. "The multiple traveling salesman problem: an overview of formulations and solution procedures". *Omega* 2006;**34**(3):209–219.
6. Campbell AM, Vandenbussche D, Hermann W. "Routing for relief efforts". *Transportation Science* 2008;**42**(2):127–145.
7. Carlsson J, Ge D, Subramaniam A. "*Lectures on Global Optimization*", illustrated ed., vol. 55 of Fields Institute communications, ch. "Solving the Min-Max Multi-Depot Vehicle Routing Problem", 31–46, American Mathematical Society, Providence, RI, 2009.
8. Chao IM, Golden BL, Wasil EA. "A fast and effective heuristic for the orienteering problem". *European Journal of Operational Research* 1996;**88**(3):475–489.
9. Chao IM, Golden BL, Wasil EA. "Theory and methodology: the team orienteering problem". *European Journal of Operational Research* 1996;**88**(3):464–474.
10. Dorigo M, Maniezzo V, Colorni A. "The ant system: optimization by a colony of cooperating agents". *IEEE Transactions on Systems, Man, and Cybernetics–Part B* 1996;**26**(1):29–41.
11. Golden BL, Laporte G, Taillard ED. "An adaptive memory heuristic for a class of vehicle routing problems with minmax objective". *Computers & Operations Research* 1997;**24**(5):445–452.
12. Kennedy J, Eberhart R. "Particle swarm optimization". *IEEE Int'l Conference on Neural Networks* 1995;**IV**:1942–1948.
13. Kirkpatrick S Jr, Gelatt CD, Vecchi MP. "Optimization by simulated annealing". *Science* 1983;**220**(4598): 671–680.
14. Lin S, Kernighan BW. "An effective heuristic algorithm for the traveling salesman problem". *Operations Research* 1973; **21**(2):498–516.
15. Passino K, Polycarpou M, Jacques D, Pachter M, Liu Y, Yang Y, Flint M, Baum M. "Cooperative control for autonomous air vehicles". In Proceedings of the Cooperative Control Workshop, Orlando, FL, 2000.
16. Rasmussen S, Chandler P, Mitchell JW, Schumacher C, Sparks A. "Optimal vs. heuristic assignment of cooperative autonomous unmanned air vehicles". In: Proceedings of the AIAA Guidance, Navigation and Control Conference, Austin, TX, 2003.
17. Schumacher C, Chandler P, Pachter M. "UAV Task Assignment with Timing Constraints", AFRL-VA-WP-TP-2003-315, 2003, United States Air Force Research Laboratory.
18. Schumacher C, Chandler PR, Rasmussen S. "Task allocation for wide area search munitions via network flow optimization". In: Proceedings of the 2001 AIAA Guidance, Navigation, and Control Conference, Montreal, Canada, 2001.
19. Shima T, Rasmussen SJ, Sparks AG, Passino KM. "Multiple task assignments for cooperating uninhabited aerial vehicles using genetic algorithms". *Computers & Operations Research* 2006;**33**(11):3252–3269, Part Special Issue: Operations Research and Data Mining.
20. Wooldridge M. "*An Introduction to Multi-Agent Systems*", 1 ed., John Wiley & Sons, Chichester, England, 2002.
21. Applegate DL, Bixby RE, Chvatal V, Cook WJ, "Concorde", can be downloaded online at http://www.tsp.gatech.edu/concorde/index.html, 2004.
22. Potvin J, Lapalme G, Rousseau J. "A generalized k-opt exchange procedure for the MTSP". *INFOR* 1989;**27**(4):474–81.
23. Zhang T, Gruver WA, Smith MH. "Team scheduling by genetic search". In: Proceedings of the Second International Conference on Intelligent Processing and Manufacturing of Materials, Honolulu, Hawaii. vol. 2, 1999. p. 839–844.

24. Yu Z, Jinhai L, Guochang G, Rubo Z, Haiyan Y. "An implementation of evolutionary computation for path planning of cooperative mobile robots". In: Proceedings of the Fourth World Congress on Intelligent Control and Automation, Shanghai, China. vol. 3, 2002. p. 1798–1802.
25. Song C, Lee K, Lee WD. "Extended simulated annealing for augmented TSP and multi-salesmen TSP". In: Proceedings of the International Joint Conference on Neural Networks, Portland, Oregon. vol. 3, 2003. p. 2340–2343.
26. Ryan JL, Bailey TG, Moore JT, Carlton WB. "Reactive tabu search in unmanned aerial reconnaissance simulations". In: Proceedings of the 1998 Winter Simulation Conference, Washington, DC. vol. 1, 1998. p. 873–879.
27. Goldstein M. "Self-organizing feature maps for the multiple traveling salesmen problem". In: Proceedings of the IEEE International Conference on Neural Network. San Diego, CA, 1990. p. 258–261.
28. Torki A, Somhon S, Enkawa T. "A competitive neural network algorithm for solving vehicle routing problem". *Computers and Industrial Engineering* 1997;**33**(3–4):473–476.
29. Modares A, Somhom S, Enkawa T. "A self-organizing neural network approach for multiple traveling salesman and vehicle routing problems". *International Transactions in Operational Research* 1999;**6**:591–606.
30. Kivelevitch E, Sharma B, Ernest N, Kumar M, Cohen K. "A hierarchical market solution to the min–max multiple depots vehicle routing problem". *Unmanned Systems* 2014;**2**(1):87–100.
31. Narasimha KV, Kivelevitch E, Sharma B, Kumar M. "An ant colony optimization technique for solving minmax multi-depot vehicle routing problem". *Swarm Evolutionary Computing* 2013;**13**:63–73.
32. Ernest N, Cohen K. "Fuzzy logic clustering of multiple traveling salesman problem for self-crossover based genetic algorithm". In: Proceedings of the IAAA 50th ASM. AIAA, Nashville, TN, January 2012.
33. Ernest N, Cohen K. "Fuzzy clustering based genetic algorithm for the multi-depot polygon visiting dubins multiple traveling salesman problem". In: Proceedings of the 2012 IAAA Infotech@Aerospace. AIAA, Garden Grove, CA, June 2012.
34. Ren C. "Solving min-max vehicle routing problem". *Journal of Software* June 2011;**6**:1851–1856.
35. Ren C., "Heuristic algorithm for min-max vehicle routing problems". *Journal of Computers* April 2012;**7**:923–928.
36. Tang H, Miller-Hooks E. "A tabu search heuristic for the team orienteering problem". *Computers & Operations Research* 2005;**32**(6):1379–1407.
37. Vansteenwegen P, Souriau W, Van Oudheusden D. "The orienteering problem: A survey". *European Journal of Operational Research* 2011;**209**:1–10.
38. Boussier S, Feillet D, Gendreau M. "An exact algorithm for team orienteering problems". *4OR: A Quarterly Journal of Operations Research* 2007;**5**:211–230.
39. Kivelevitch E, Cohen K, Kumar M. "A binary programming solution to the multiple-depot, multiple traveling salesman problem with constant profits". In: Proceedings of 2012 AIAA Infotech@ Aerospace Conference, Garden Grove, CA. 2012.
40. Ekici A, Keskinocak P, Koenig S. "Multi-robot routing with linear decreasing rewards over time". In: IEEE International Conference on Robotics and Automation, Kobe, Japan. 2009. p. 958–963.
41. Erkut E., Zhang J. "The maximum collection problem with time-dependent rewards". *Naval Research Logistics (NRL)* 1996;**43**:749–763.
42. Li, J. "Model and Algorithm for Time-Dependent Team Orienteering Problem", "*Advanced Research on Computer Education, Simulation and Modeling*" (S Lin, X Huang, eds.), Communications in Computer and Information Science, vol. **175**, 1–7, Springer, Berlin, Germany, 2011.
43. Baker AD. "*Market-Based Control: A Paradigm for Distributed Resource Allocation*", no. 9810222548, ch. "Metaphor or Reality: A Case Study Where Agents Bid with Actual Costs to Schedule a Factory", 184–223, World Scientific Publishing, Singapore, 1996.
44. Ferguson DF, Nickolaou C, Sairamesh J, Yemini Y, "*Market-Based Control: A Paradigm for Distributed Resource Allocation*", no. 9810222548, ch. "Economic Models for Allocating Resources in Computer Systems', 156–183, World Scientific Publishing, Singapore, 1996.
45. Kuwabara K, Ishida T, Nishibe Y, Suda T. "*Market-Based Control: A Paradigm for Distributed Resource Allocation*", no. 9810222548, ch. "An Equilibratory Market-Based Approach for Distributed Resource Allocation and Its Application to Communication Network Control", 53–73, World Scientific Publishing, Singapore, 1996.
46. Clearwater SH. "*Market-Based Control: A Paradigm for Distributed Resource Allocation*", no. 9810222548, ch. Preface, v–xi, World Scientific Publishing, Singapore, 1996.
47. Beinhocker ED. "*The Origin of Wealth*", 35–36, Harvard Business School Press, Cambridge, MA, 2007.
48. Gagliano RA, Mitchem PA. "*Market-Based Control: A Paradigm for Distributed Resource Allocation*", no. 9810222548, ch. "Valuation of Network Computing Resources", 28–52, World Scientific Publishing , Singapore,

1996.
49. Harty K, Cheriton D. "*Market-Based Control: A Paradigm for Distributed Resource Allocation*", no. 9810222548, ch. "A Market Approach to Operating System Memory Allocation", 126–155, World Scientific Publishing, Singapore, 1996.
50. Kulkarni AJ, Tai K, "Probability collectives: A multi-agent approach for solving combinatorial optimization problems". *Applied Soft Computing* 2010;**10**:759–771.
51. Wellman MP. "*Market-Based Control: A Paradigm for Distributed Resource Allocation*", no. 9810222548, ch. "Market-Oriented Programming: Some Early Lessons", 74–95, World Scientific Publishing, Singapore, 1996.
52. Kivelevitch E, Cohen K, Kumar M. "A market-based solution to the multiple traveling salesmen problem". *Journal of Intelligent & Robotic Systems* October 2013;**72**(1):21–40.
53. Choi H-L, Brunet L, How JP. "Consensus-based decentralized auctions for robust task allocation". *IEEE Transactions on Robotics* August 2009;**25**:912–926.
54. Karmani RK, Latvala T, Agha G. "On scaling multi-agent task reallocation using market-based approach". In: Proceedings of the first IEEE International Conference on Self-Adaptive and Self-Organizing Systems, Boston, MA. July 2007. p. 173–182.
55. Giaccari L. Tspconvhull, MATLAB Central (12, 2008).
56. IBM, Cplex Web, 2012, http://www-01.ibm.com/software/integration/optimization/cplex-optimizer/.
57. Andrew T. "Computation Time Comparison Between Matlab and C++ Using Launch Windows", available online at http://digitalcommons.calpoly.edu/aerosp/78/
58. Somhom S, Modares A, Enkawa T. "Competition-based neural network for the multiple traveling salesmen problem with minmax objective". *Computers and Operations Research* 1999;**26**(4):395–407.

第4章　自主水下航行器的水雷搜索战术

4.1　研究背景

当今配备侧扫声呐的商用产品（Commercial - Off - The - Shelf，COTS）自主水下航行器（Autonomous Underwater Vehicles，AUVs）相当经济实惠，其在水下的可用性也很强，这已经开始改变反水雷（Mine Countermeasures，MCM）作战的策略。这些 AUVs 相比于传统设备而言更高效且更准确，并且对操作人员的人身安全几乎没有任何风险。另外，COTS AUVs 因其快速部署能力和极低的后勤要求，深受军方青睐。

反水雷作战中一个繁重的任务是“反水雷侦测”（也称为“反水雷搜寻”）。其目的是为了在一个作战区域内确定是否存在水雷。这是在潜在水雷区域部署任何高价值目标之前必须进行的步骤，在反水雷工作期间检测到水雷并对其进行分类和识别后，进行排雷作业。

AUVs 在反水雷侦测中的应用就目前来说，是相对较新的一项技术。因此，如何高效地利用 AUVs 去完成任务还没有完备的理论指导。在本章，我们将重点讨论两个关键性的指标，用以描述在作战中 AUVs 的效率和有效性。第一个指标是在搜索区域内存在水雷的置信度，第二个指标是达到目标置信度水平所需要的时间。

任何搜索策略必须考虑到当前操作人员的操作习惯、操作方法以及当前 AUV 系统的技术水平。进行大面积探索性搜索的首选方法是进行区域分割，将大区域分割成若干小区域，而小区域则可以在一系列小任务的侦测下完成。通常操作人员会精准设定每台 AUV 的任务，从而确保在数小时内能带回原始数据。如图 4.1 所示，在这次试验中，将试验区域分为 16 块 3km×3km 的小区域。表 4.1 概述了方案的参数，同时也展示了由加拿大国防研究与发展中心开发的 Dorado 自主水下航行器的部分性能。图 4.2 所示为该 AUV。

表 4.1　方案参数

参数	值
目标区域：16 个分割网格	12km×12km
分割网格区域	3km×3km
AUV 速度	9kn
AUV 续航	30h

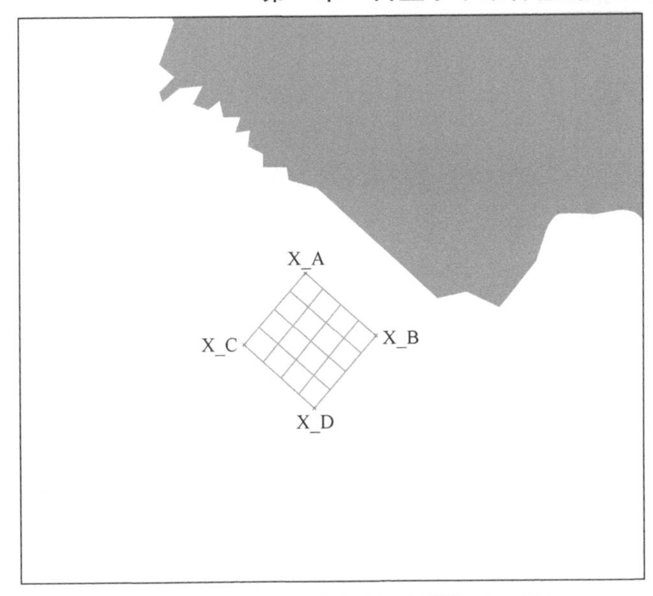

图4.1 搜索区域（意大利-拉斯佩齐亚湾）

图4.2 Dorado

4.2 基本假设

本章我们假定 AUV 配备侧扫声呐，侧扫声呐因其性能远优于其他传感器，在反水雷侦测中占有重要地位。杂波、复杂成分和结构等海底条件对传感器的检测性能有很显著的影响。然而，在第一次尝试分析 AUVs 侦测的有效性时，我们假设有良好的海底条件和高目标强度的水雷（high - target - strength mines）。这样的情况下可以对传感器性能做出合理的假设，特别是侦测并确定水雷的概率很高（约100%），误判的概率非常低（约为0）。

在图 4.3 中矩形框内的搜索区域，其中实线表示 AUV 路径，而小圆圈表示水雷。搜索区域里的箭头代表 AUV 的运动方向。AUV 从左下角开始，从左往右到最右端之后，再向上航行一段，然后从右往左航行至最左端，再向上航向一段，周而复始，航线如图 4.3 所示。

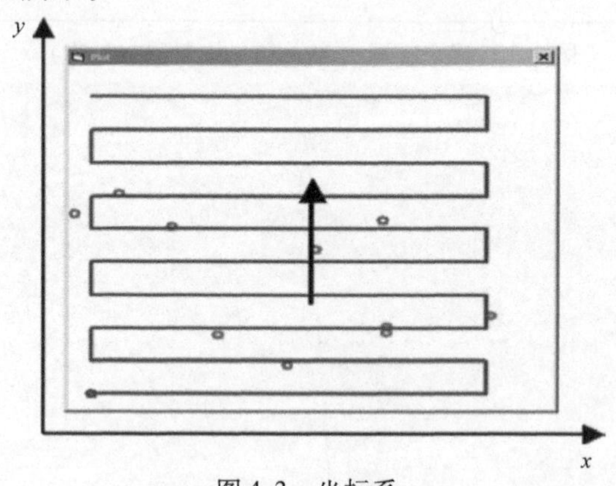

图 4.3　坐标系

图 4.3 所示的 AUV 路径是称为“割草模式”或“平行搜索模式”的典型搜索模式。这种或者说每种搜索模式的特征在于各自的效能指标（Measures Of Effectiveness, MOEs）。这些指标包括侦测概率、覆盖范围、重叠范围和搜索时间等。它们可以通过侦测环境的几何特性和声呐的性能指标（Measures Of Performance, MOPs）来确定。

4.3 性能指标

为了评估反水雷行动的效果，我们需要了解声呐的性能指标：如图 4.4 左侧图所示，将侦测概率作为距离的函数；如图 4.4 右侧图所示，将侦测概率作为视线角的函数（视线角为声呐束与圆柱形水雷对称轴之间的角度）。我们假设距离和视线角的概率各自独立。

距离侦测概率函数表示侧扫声呐的特征，而视线角侦测概率函数表示水雷的特征。通过使用约翰逊分布建模得到这些概率曲线，使用表 4.2 中的值对方程 (4.1)[1] 进行运算。如下所示的比例 λ 是约翰逊分布的一个因子，使得每个曲线的最大值等于 1。

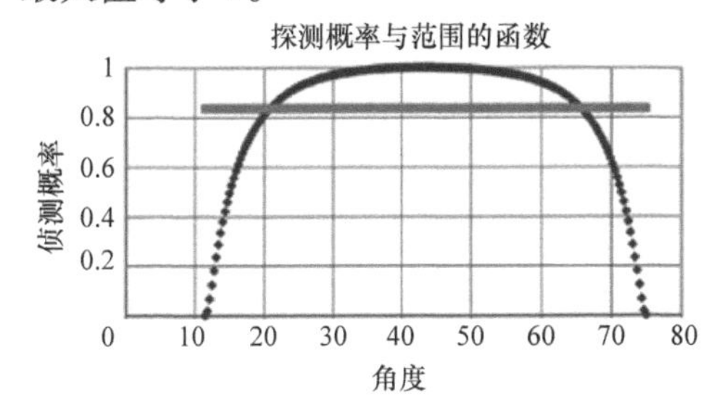

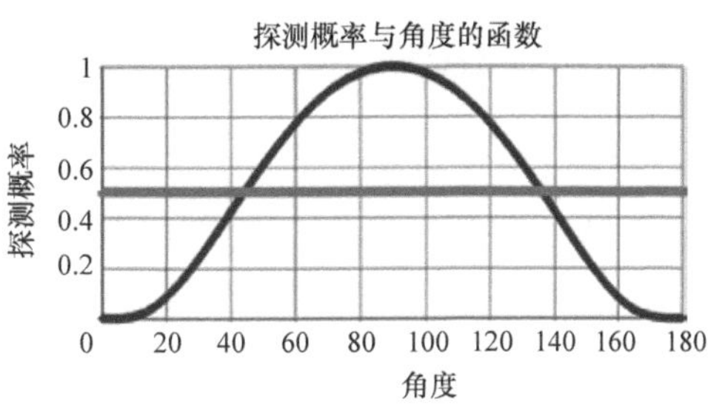

图 4.4　侦测概率分别作为距离和视线角度的函数

表 4.2　距离和视线角的约翰逊概率曲线参数

	约翰逊参数	
范围概率曲线	$\alpha_1 = 0$，$\alpha_2 = 0.75$	$x_1 = 11.5\text{m}$，$x_2 = 75\text{m}$
角度概率曲线	$\alpha_1 = 0$，$\alpha_2 = 1.25$	$x_1 = 0$，$x_2 = \pi$

约翰逊分布曲线可表示为

$$f(x) = \begin{cases} \dfrac{\lambda \alpha_2 (x_2 - x_1)}{(x - x_1)(x_2 - x)\sqrt{2\pi}} \mathrm{e}^{-\frac{1}{2}\left(\alpha_1 + \alpha_2 \ln\left(\frac{x - x_1}{x_2 - x}\right)\right)^2}, & x_1 < x < x_2 \\ 0, & \text{其他} \end{cases} \tag{4.1}$$

距离概率曲线意味着：如果一个水雷位于最小距离和最大距离之间，则将以接近 100% 的概率检测到。我们将小于最小距离的区域称为盲区，这意味着如果一个水雷位于声呐和其最小检测距离之间，则不会被检测到。视线角概率曲线意味着：当水雷的角度方向垂直于侧扫声呐波束时，水雷的侦测概率达到最大值；当角度偏离垂直方向时，侦测概率对应地减小。

从图 4.4 可以看出，视线角与 90°的差值越大，则侦测概率越低。这种概率衰退的影响如图 4.5 所示。在图 4.5 左图中，以 85°的角度观察到一个水雷，经验丰

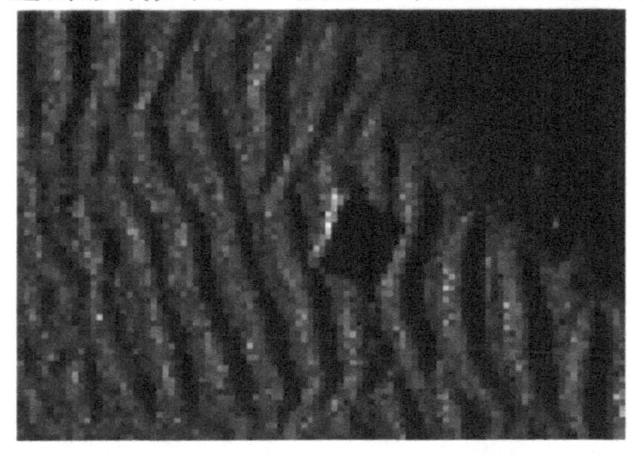

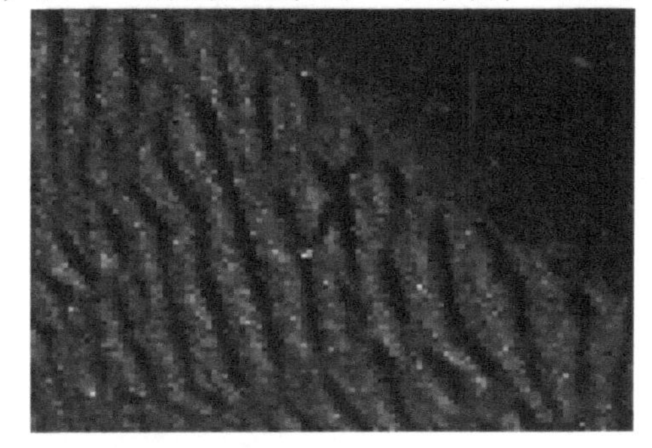

图 4.5　左图为 85°检测图，右图为 0°检测图

富的操作员毫无疑问可将其识别。但在图 4. 5 右图中，以 0°的角度观察到相同的水雷，根本不可能被识别。

4. 4 初步结果

如果我们假设图 4. 3 所示的平行搜索模式的两条水平相邻路径之间的间距通常等于最大侦测距离的两倍，那么在两条连续的水平路径之间的侦测范围是没有重叠的。我们观察到侦测的平均距离概率约为 80%（图 4. 4 左图），而侦测的平均视线角概率约为 50%（图 4. 4 右图），因此最终侦测到水雷的概率为二者的乘积，即 40%。

通常平行搜索模式存在两个问题。首先，效能指标受侦测盲区的影响；第二，由于视线角的影响，侦测概率有很大的下降。下一节将详细介绍这些问题的具体解决方案。

4. 5 方案思路

4. 5. 1 盲区的改善

如果 AUV 执行不均匀的平行搜索模式，如图 4. 6 所示，那么它将消除搜索盲区。这种平行搜索模式相对于其他搜索路径除了尽量减少重复搜索区域和搜索时间外，更是提供了 100% 的搜索区域的覆盖。考虑到这一点，我们得出水平搜索路径之间的最小间距必须等于最大检测范围减去最小检测范围（$r_{max} - r_{min}$），而它们之间的最大间距必须等于最大检测范围的两倍（$2\ r_{max}$）。注意，如表 4. 2 所示的参数，只有$r_{max} \geqslant 3\ r_{min}$，才能满足这个解决方案。

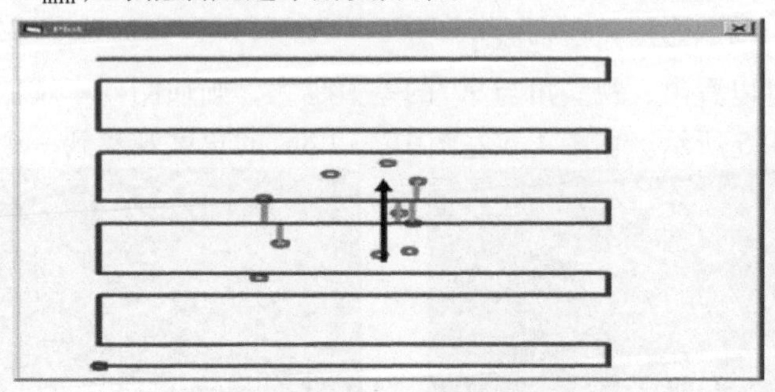

图 4. 6　非均匀平行搜索模式

4. 5. 2 视线角侦测概率的改善

通过综合不同视线角多次的观测，可以减小上一节所述的视线角侦测概率的降低[2-4]。假设从两个角度观察到圆柱形水雷：30°和60°。根据图4.4右图所示的概率曲线，这两个观测值的融合将搜索概率提高了6%。可以计算出，第一条侦测路径的搜索概率为$P_1=77\%$，而第二条侦测路径的搜索概率等于$P_2=24\%$，则综合搜索概率变为$P_{1-2}=1-(1-P_1)(1-P_2)=83\%$，相对于$P_1=77\%$，提高了6%。

4.6 两个不同视线角搜索下的优化

如果AUVs可以从两个不同的视线角观察同一个水雷，那么自然会考虑两个视线角应该如何相互关联，使得搜索概率是最佳的。我们定义P_1是由一个搜索路径所产生的视线角平均侦测概率，而$P_2(\phi)$是由两个搜索路径所产生的视线角平均侦测概率，计算它们之间的角度ϕ的函数。当$\phi=\pi/2$时，$P_2(\phi)$达到最大值。也就是说，为了使两次不同角度观察的搜索概率最大化，两个角度之间的差必须为$\pi/2$。

证明如下。为了方便起见，重新定义视线角θ将其向左移动$\pi/2$，使得检测的最大角度概率发生在0rad。

为了获得P_1和P_2，我们假设：一颗水雷同时位于两个AUVs搜索路径的最小和最大距离之间。我们通过将视线角侦测概率（图4.4左图）从$-\pi/2$到$+\pi/2$进行积分，然后除以π进行平均，计算出P_1的平均值。我们以相同的方式计算P_2。

$$P_1=\frac{1}{\pi}\int_{-\frac{\pi}{2}}^{+\frac{\pi}{2}}\mathrm{d}\theta f(\theta) \tag{4.2}$$

$$P_2(\phi)=1-\frac{1}{\pi}\int_{-\frac{\pi}{2}}^{+\frac{\pi}{2}}\mathrm{d}\theta(1-f(\theta))(1-f(\theta+\varphi)) \tag{4.3}$$

其中，$f(\theta)$是约翰逊分布函数，其参数在表4.2中定义。一般情况下，由于视线角侦测概率曲线的分布具有对称性，P_2在$\phi=\pi/2$时达到最大值。则计算在$\phi=\pi/2$时$P_2(\phi)$的导数为

$$\frac{\mathrm{d}}{\mathrm{d}\phi}P_2(\phi)\Big|_{\phi=\frac{\pi}{2}}=\frac{1}{\pi}\int_{-\frac{\pi}{2}}^{+\frac{\pi}{2}}\mathrm{d}\theta(1-f(\theta))\frac{\mathrm{d}}{\mathrm{d}\phi}f(\theta+\phi)\Big|_{\phi=\frac{\pi}{2}} \tag{4.4}$$

由于$f(\theta)$是θ的偶函数，因此$1-f(\theta)$也是θ的偶函数。另外，$\frac{\mathrm{d}}{\mathrm{d}\phi}f(\theta+\phi)\Big|_{\phi=\frac{\pi}{2}}$是$\theta$的奇函数。因此，式（4.4）在$\phi=\pi/2$时为奇函数，即$\frac{\mathrm{d}}{\mathrm{d}\phi}P_2(\phi)\Big|_{\phi=\frac{\pi}{2}}=0$。因此，$P_2(\phi)$在$\phi=\pi/2$时达到极大值。

附录4.A进一步表明，该值不仅仅是一个极大值，实际上也是全局最大值。根据表4.2所示的参数，我们得到$P_1=0.50$和$P_2(\phi=\pi/2)=0.88$。

4.7 多个不同视线角搜索下的优化

推广上一节的结果。也就是说，我们能够确定视线角，使得当从相同距离观察到 N 次时，视线角检测概率是最佳的。即如果 $\phi_i = i\varphi$，其中 $i = 0, \cdots, N-1$，$\phi = \pi/N$，则所得到的视线角平均侦测概率是最大的。例如，如果有三个视线角观测值，则当 $\phi_0 = 0$、$\phi_1 = \pi/3$、$\phi_2 = 2\pi/3$ 时，视线角平均侦测概率最大。

为了证明这个结论，我们只需要证明 $\left(\frac{\partial}{\partial\phi_0}P_{\mathrm{N}}(\overrightarrow{\phi})\right)_{\phi_i = i\theta} = 0$，因为我们总是可以选择这样一个坐标系，通过旋转后使 i、ϕ_i 为零。$\left(\frac{\partial}{\partial\phi_0}P_{\mathrm{N}}(\overrightarrow{\phi})\right)_{\phi_i = i\theta}$ 可以表示为

$$\left(\frac{\partial}{\partial\ \phi_0}P_{\mathrm{N}}(\overrightarrow{\phi})\right)_{\phi_i = i\theta} = \int_{-\frac{\pi}{2}}^{+\frac{\pi}{2}} \frac{\mathrm{d}\theta}{\pi} g'(\theta) g(\theta + \varphi), \cdots, g(\theta + (N-1)\varphi) \quad (4.5)$$

如果 $g'(\theta)$ 为奇函数，$g(\theta+\varphi)g(\theta+2\varphi), \cdots, g(\theta+(N-1)\varphi)$ 为偶函数，则上式的值为0。因为被积函数为奇函数，并且积分区间为 $-\pi/2$ 到 $\pi/2$，所以积分结果为零。

由于 $g(\theta)$ 是偶函数，推知 $g'(\theta)$ 是奇函数。此外，

$$\begin{aligned}
& g(-\theta + \varphi) g(-\theta + 2\varphi), \cdots, g(-\theta + (N-1)\varphi) \\
& = g(\theta - \varphi) g(\theta - 2\varphi), \cdots, g(\theta - (N-1)\varphi) \\
& = g(\theta - \varphi + N\varphi) g(\theta - 2\varphi + N\varphi), \cdots, g(\theta - (N-1)\varphi + N\varphi) \\
& = g(\theta + (N-1)\varphi) g(\theta + (N-2)\varphi), \cdots, g(\theta + \varphi)
\end{aligned}$$

因为 $g(\theta)$ 是偶函数，所以第一个等式成立；因为 $g(\theta)$ 是周期函数，其周期为 $N\varphi = \pi$，所以第二个等式成立；第三个等式成立表明结果是一个偶函数。因此，式（4.5）是奇函数，其积分为零。在实际中，考虑到性能指标，我们可以确定最佳探测视线角数量，使得视线角侦测概率实现期望的极大值。文献［5］中有证据表明，利用星形搜索模式搜索目标区域可以实现最大化整体侦测概率。在这种情况下，由直路径组成的星形搜索模式，其角度相对于彼此偏移 $\pi/3$。一方面，采用诸如星形搜索模式的多重搜索模式产生的搜索区域重叠增加了搜索时间；另一方面，搜索区域重叠又将显著提高检测水雷的可能性，从而为海底作战提供更高的侦测概率。这与文献［6］中涉及区域重叠的搜索策略提高检测的可能性相一致。

4.8 仿真建模

现在我们已经找到消除覆盖距离盲区的解决方案，减少了因视线角导致的侦测概率的降低，我们将在蒙特卡罗模型和确定性模型中验证这个方案。蒙特卡罗模型

使用 Visual Basic（VB）编码，而确定性模型则用 Mathcad。这两个模型虽然不同但是等价，可以通过将蒙特卡罗仿真结果与确定性模型的仿真结果相比较，来验证措施的有效性。

4.8.1　蒙特卡罗模拟仿真

AUV 每次运行都使用相同的搜索路径，而水雷的位置和视线角是使用先验分布生成的。然后，仿真使用距离概率曲线和视线角概率曲线计算搜索概率。当同一个水雷被多条搜索路径或多个 AUVs 检测到时，模型将会融合所得数据。程序将每次运行的结果进行统计，并输出到效能指标。

我们利用切诺夫界[7]来确定所需的蒙特卡罗运行次数（m），使其满足给定精度（ε）和预定置信水平（$1-\delta$）条件：

$$m \geqslant \frac{1}{2\varepsilon^2}\ln\left(\frac{2}{\delta}\right)$$

这意味着：

$$P(|\hat{P}-P_{\mathrm{T}}| \leqslant \varepsilon)=1-\delta$$

其中 $\hat{P}$ 是从运行 m 次蒙特卡罗仿真中收集的估计概率，P_{T}是真实概率。例如，为了达到 5% 的精度和 95% 的置信水平（$\delta=0.05$），我们需要运行 738 次。

4.8.2　确定性模型

我们将搜索区域划分为 200×200 的网格单元。AUV 每搜索一段，我们查看并确定每个单元格是否位于 AUV 的最小和最大检测距离之间。如果是，那么我们使用概率曲线和水雷的概率密度来计算检测到水雷的概率。

例如，如果水雷在整个搜索区域上均匀随机分布，则单元格的概率密度等于其面积除以搜索区域的面积。每个单元格对总侦测概率相应贡献等于（ΔP_{g}）$/A$，其中 A 是搜索区域的面积，Δ 是单元格的面积，P_{g}是该单元格基于距离、视线角和 AUV 搜索路径检测到水雷的概率。概率 P_{g}可以表示为 $P_{\mathrm{g}}=1-\prod_{i=1}^{d}(M_i)$，其中 d 是单元格所包含 AUV 搜索路径的数量，M_i（$\leqslant 1$）是第 i 个搜索路径错过同一单元格的概率。一般来说，P_{g}随着 d 的增加而增加。

在 Nguyen 等人的研究中[8]，我们基于蒙特卡罗模型和确定性模型计算确定检测水雷的概率。而且尽管模型设计不同，但两个模型提供了相同的统计结果，这证明我们的计算是正确的。另外，蒙特卡罗模型更具有灵活性，例如，我们可以通过仿真来模拟海床的细节。我们将使用此功能来加强仿真效果，并在以后的论文中详细介绍。

4.9 AUVs 的随机搜索方案

在介绍上述模型的结果之前，我们将得出一个 AUV 进行随机搜索的侦测概率公式，该公式可对随机搜索与新的搜索模式的有效性进行比较。而侧扫声呐的性能指标（图 4.4）表明侦测概率并不完善，实际上其取决于距离和视线角，因此我们需要修改 Koopman 公式[9]来确定 AUV 随机搜索的侦测概率。相关推导如下。

我们将搜索长度 L 划分为 n 个搜索段，每个搜索段的长度为 L/n。最大检测范围$r_{\max}$，最小检测范围$r_{\min}$。每个搜索段的长度覆盖两个单元格。由于概率密度均匀分布，在该单元格中的水雷侦测概率等于

$$P_{\mathrm{K}}(\theta) = \frac{L}{n} \frac{2\int_{r_{\min}}^{r_{\max}} p(r)\,\mathrm{d}r}{A} p(\theta)$$

其中 $p(r)$ 是距离 r 的侦测概率函数，如图 4.4 左图所示，而 $p(\theta)$ 是视线角 θ 的侦测概率函数，如图 4.4 右图所示。（K 代表 Koopman）在随机搜索模式中，因为水雷的位置是随机的，所以视线角 θ 是随机的，相当于 AUV 相对于固定位置的水雷随机变化的过程。回顾上文所述，通过λ_{r}标度的约翰逊概率密度分布模型，可得到距离的侦测概率函数，从而进一步简化上述结果。其中λ_{r}由式（4.1）表征：

$$\int_{r_{\min}}^{r_{\max}} p(r)\,\mathrm{d}r = \int_{r_{\min}}^{r_{\max}} f(r)\,\mathrm{d}r = \lambda_{\mathrm{r}} \int_{r_{\min}}^{r_{\max}} f_{\mathrm{J}}(r)\,\mathrm{d}r = \lambda_{\mathrm{r}}$$

那么水雷位于单元格的概率可以写成

$$P_{\mathrm{K}}(\theta) = \frac{2(L/n)\lambda_{\mathrm{r}}}{A} p(\theta)$$

该水雷位于此单元格外的概率为

$$q_{\mathrm{K}}(\theta) = 1 - p_{\mathrm{K}}(\theta)$$

在进行了 n 段独立和随机的搜索段之后，如果 AUV 仍漏测某颗水雷，那么只可能在每个搜索段中都漏测了那颗水雷。因此，n 个搜索段的侦测概率等于：

$$P_{\mathrm{K}} = 1 - \prod_{i=1}^{n} (q_{\mathrm{K}}(\theta_i)) = 1 - \prod_{i=1}^{n} \left(1 - \frac{2\lambda_{\mathrm{r}}(L/n)}{A} p(\theta_i)\right)$$

展开为

$$\begin{aligned} P_{\mathrm{K}} &= 1 - \left(1 - \frac{2L\lambda_{\mathrm{r}}}{nA} \sum_{i=1}^{n} p(\theta_i) + \cdots\right) \\ &= 1 - \left(1 - \frac{2L\lambda_{\mathrm{r}}}{A\pi} \frac{\pi}{n} \sum_{i=1}^{n} p(\theta_i) + \cdots\right) \\ &= 1 - \left(1 - \frac{2L\lambda_{\mathrm{r}}}{A\pi} \int_0^{\pi} \mathrm{d}\theta p(\theta) + \cdots\right) \end{aligned}$$

上述方程式的关键在于第三个等式。第二个等式总按θ_i的递增排序。由于 θ 均匀随机，对于大的 n，转化后有$\theta_i = i\pi/n$。这个总和与 π/n 结合后为 $\int_0^{\pi} p(\theta)\mathrm{d}\theta$。前文提到，由 λ_θ标度的约翰逊概率密度分布模型得到 $p(\theta)$，其中得到 $\int_0^{\pi} p(\theta)\mathrm{d}\theta = \lambda_\theta$。$n$ 趋于无穷时得到以下公式[10]：

$$
\begin{aligned}
P_\mathrm{K} &= 1 - \left(1 - \frac{2L\lambda_\mathrm{r}\lambda_\theta}{A\pi} + \cdots\right) \\
&= 1 - \left(1 - \frac{2L\lambda_\mathrm{r}\lambda_\theta}{nA\pi}\right)^n \\
&= 1 - \mathrm{e}^{-\left(\frac{2\lambda_\mathrm{r}L}{A}\frac{\lambda_\theta}{\pi}\right)} \\
&= 1 - \mathrm{e}^{-\left(\frac{2\lambda_\mathrm{r}Vt}{A}\frac{\lambda_\theta}{\pi}\right)}
\end{aligned}
\tag{4.6}
$$

上式中 P_K是 AUV 在 t 时间内以速度 V 进行随机搜索的水雷侦测概率。由于距离侦测概率函数的两个特性，检测距离 R 被有效范围$R_\mathrm{effective} = \lambda_\mathrm{r}$代替。第一：存在最小检测距离，也就是说，如果在小于最小检测距离的范围内存在水雷，则不会被检测到。第二，对于位于最小和最大检测距离之间的水雷，检测效果并不理想。因此，原始检测距离由有效检测参数λ_r代替。例如，在当前情况下，最小检测距离为 11.5m，最大检测距离为 75.0m。这产生的有效检测范围 λ_r大概为 53.06m。

另外，指数函数的因子λ_θ/π，它代表检测的平均视线角概率。这种情况下，有效视线角范围λ_θ约为 $\pi/2$，意味着平均视线角侦测概率约为 50%。这种替代是至关重要的，因为 Koopman 的原始公式不具有角度依赖性。也就是说，在 Koopman 的原始推导中，视线角函数的侦测概率为 100%。

在多个 AUV 探测时，除了指数函数必须乘以 AUV 的数量外，我们可以使用相同的算法运算。其原因很简单：多个 AUV 进行随机搜索时，每个航行器的运动都是完全独立的。因此，当使用两个 AUV 随机搜索的时间相当于一个 AUV 执行随机搜索时间的两倍。一般来说，相同水下自主航行器的侦测概率可以表示为

$$
P_\mathrm{K}(a) = 1 - \mathrm{e}^{-\left(\frac{2\lambda_\mathrm{r}Vt}{A}\frac{\lambda_\theta}{\pi}\right)}
\tag{4.7}
$$

4.10　反水雷搜索实验

本实验旨在测试反水雷搜索行动方案。将搜索区域分为 n 个子区域或单元格，每个单元格是一个正方形，具有相同的大小，并且最多包含一个水雷。为简单起见，我们假设在搜索区域中均匀随机存在 n 个水雷，其中 n 的范围从 0 到 N。即水雷的分布概率 $p(n) = 1/n$，这种分布的选择是任意的，也可以用其他的概率密度分布函数代替，并不影响下面的推导。这 n 个水雷在 N 个单元格中随机分布。实验目标是：确定在搜索区域是否存在水雷。

实验按照 m 个单元格进行计算，在搜索 m 个单元格时，这些单元格内存在水雷的概率为m_d，不存在水雷的概率为$m_a = m - m_d$。属于超几何分布函数：

$$P_{m_d,m_a} = \frac{\binom{n}{m_d}\binom{N-n}{m_a}}{\binom{N}{m = m_d + m_a}} \tag{4.8}$$

在一个有水雷的单元格中搜索，有两种结果：检测到或未检测到。假设确实有一个水雷在单元格中，我们用p_d表示被检测到的概率，用Q_d表示未检测到的概率。在没有水雷的单元格中搜索也有两种可能的结果：误报和无误报。假设没有水雷，我们将用P_a表示误报的概率，并用Q_a表示无误报的概率。将每个单元格的侦测概率和误报概率与超几何分布相结合，我们得到至少有一个水雷存在的概率：

$$P_e = \frac{1}{N}\sum_{n=0}^{N}\left(1 - \sum_{m_d+m_a=m} P_{m_d,m_a}(Q_d)^{m_d}(Q_a)^{m_a}\right) \tag{4.9}$$

由于这是探索分析的第一次尝试，我们选择了良性的区域环境，即$Q_a = 1$。因此，探测到至少一个水雷的概率等于：

$$P_e = \frac{1}{N}\sum_{n=0}^{N}\left(1 - \sum_{m_d+m_a=m} P_{m_d,m_a}(1 - P_d)^{m_d}\right) \tag{4.10}$$

4.11 实验结果

图 4.7 表示检测到至少一个水雷的概率与搜索单元格数量的函数。我们为每个单元格和每种搜索模式选择相同的 8h 搜索时间，并假设每个单元格中最多有一个水雷。

图 4.8a 显示了单个 AUV 的三种不同的搜索模式，是平行搜索模式的变体。图 4.8b 显示了双 AUV 的三种不同的搜索模式，是图 4.8a 中的搜索模式的简单扩展。

具体来讲，P2Me 对应于两个垂直方向上常规的水平搜索模式 2M，如图 4.8b 左图所示；P2MUe 对应于两个垂直方向上不均匀的水平搜索模式 2MU，如图 4.8b 中图所示；P2Ze 对应于两个互补的之字形搜索模式 2Z，如图 4.8b 右图所示；P2Ke 对应于由两个 AUV 进行的随机搜索模式 2K。图 4.8a 还补充说明了单个 AUV 进行的搜索模式。搜索模式 2M、2MU 等的侦测概率的值在表 4.3 中给出。

图 4.7 表明了 P2MUe 在四种模式中是效果最好的。对搜索单元格数小于等于 6（$m \leqslant 6$）的条件下，这种改进最为明显。这样的改进有助于在进行反水雷作战时减少所需资源和时间。例如，2Z 搜索模式需要至少 48h（搜索 6 个单元格）才能获得的侦测概率，2MU 模式需要 32h（搜索 4 个单元格）。同样，使用 2MU 搜索模式搜索 6 个单元格之后，得到的侦测概率比使用 2Z 搜索模式所达到的概率高出

10%。这都表明了选择正确搜索模式的重要性。

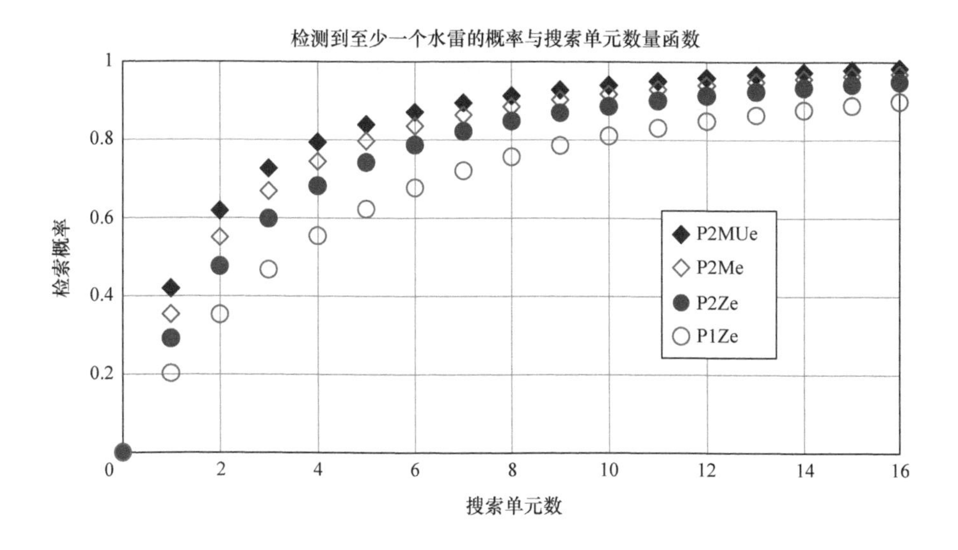

图 4.7　搜索单元格数量与检测到至少一个水雷的概率的关系图

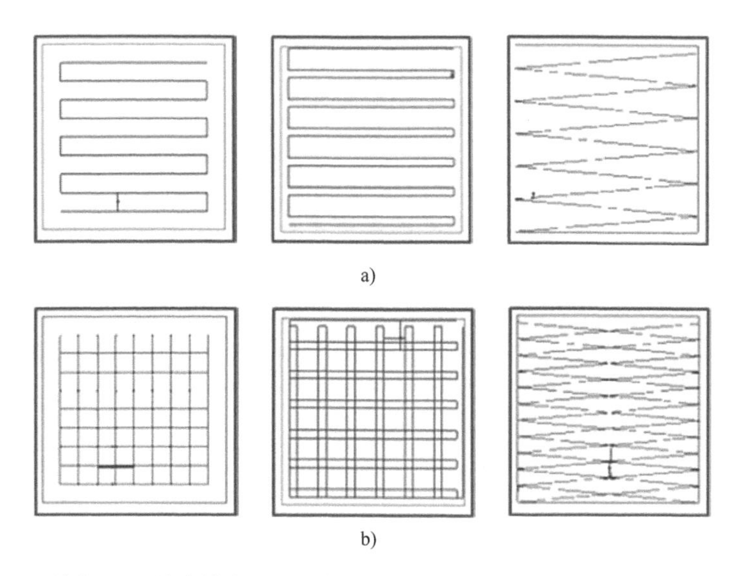

图 4.8　（a）单个 AUV 搜索模式：左图为均匀水平搜索模式；中图为非均匀水平搜索模式；右图为之字形搜索模式。（b）双 AUV 搜索模式：左图为均匀水平搜索模式；中图为非均匀水平搜索模式；右图为之字形搜索模式

表 4.3　搜索时间为 8h 的侦测概率

搜索模式	2M	2MU	2Z	1Z	2K	1K
检测概率	0.67	0.79	0.55	0.39	0.70	0.45

4.12　非均匀分布下的搜索方案

如上所述，在水雷以均匀概率密度函数分布的情况下，方案选择是很明确的，但是在水雷分布概率密度不均匀的情况下，方案该如何选择还不太明确。下面我们利用一个推导来分析水雷概率密度函数沿着 y（垂直）轴指数分布的情况。通常在搜索区域中先验水雷概率密度的分布，用以导出最佳的 AUV 搜索路径。为了简化数学运算，使侦测概率最大化，我们将航行器的路径看作一条线，而不是小区域。最优路径是搜索区域中 $W[y(x)]$ 的欧拉方程的解，可以表示为

$$W[y(x)] = \int_{\Delta x}^{X-\Delta x} \mathrm{d}x \sqrt{1+\left(\frac{\mathrm{d}y}{\mathrm{d}x}\right)^2} f(x) g(y) \tag{4.11}$$

其中 Δx 是 AUV 路径左右两侧的边距。例如，我们假设 $f(x)$ 的概率密度函数是沿着 x 均匀分布：

$$f(x)=\begin{cases}1/X, & 0\leqslant x\leqslant X\\ 0, & \text{其他}\end{cases} \tag{4.12}$$

$g(y)$ 的概率密度函数沿着 y 的指数分布：

$$g(y) = \begin{cases}\dfrac{\mathrm{e}^{-|y-Y/2|/b}}{2b(1-\mathrm{e}^{-Y/(2b)})}, & 0\leqslant y\leqslant Y\\ 0, & \text{其他}\end{cases} \tag{4.13}$$

如图 4.9 所示，当 AUV 采用水平搜索模式时，典型方案是将搜索区域划分为若干子区域（如阴影矩形区域）。该图显示椭圆形子区域中的 AUV 搜索路径。需要注意的是，左下角的点为路径的起点，右上角的点为其终点。我们将解决如下问题：给定一个子区域，从左下角点开始，以右上角点结束的最佳路径是什么？

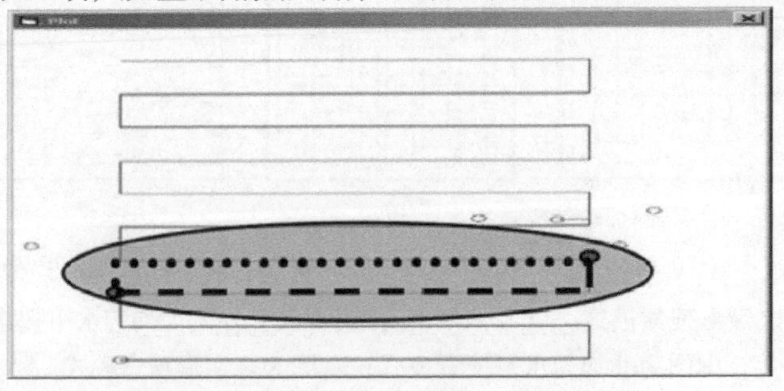

图 4.9　子区域中的最优路径（图中的点）

将概率密度分布函数 $f(x)$ 和 $g(y)$ 代入式（4.11），假设 $y(x)$ 为单调增函数，我们得到：

$$
\begin{aligned}
W &\leqslant \int_{\Delta x}^{X-\Delta x} \frac{\mathrm{d}x}{X}\left(1+\frac{\mathrm{d}y}{\mathrm{d}x}\right)\frac{\mathrm{e}^{-(Y/2-y)/b}}{2b(1-\mathrm{e}^{-Y/(2b)})} \\
&\leqslant \int_{\Delta x}^{X-\Delta x} \frac{\mathrm{d}x}{X}\ \frac{\mathrm{e}^{-(Y/2-y)/b}}{2b(1-\mathrm{e}^{-Y/(2b)})} + \int_{y_s}^{y_e} \frac{\mathrm{d}y}{X}\ \frac{\mathrm{e}^{-(Y/2-y)/b}}{2b(1-\mathrm{e}^{-Y/(2b)})} \\
&\leqslant P_{\mathrm{X}} + P_{\mathrm{Y}}
\end{aligned}
\tag{4.14}
$$

其中 y_s 是水下自主航行器路径起始点的 y 坐标，y_e 是结束点的 y 坐标。

$$
P_{\mathrm{X}} = \int_{\Delta x}^{X-\Delta x} \frac{\mathrm{d}x}{X}\ \frac{\mathrm{e}^{-(Y/2-y)/b}}{2b(1-\mathrm{e}^{-Y/(2b)})};P_{\mathrm{Y}} = \int_{y_s}^{y_e} \frac{\mathrm{d}y}{X}\ \frac{\mathrm{e}^{-(Y/2-y)/b}}{2b(1-\mathrm{e}^{-Y/(2b)})} \tag{4.15}
$$

仔细观察式 P_{X} 和式 P_{Y}，我们得到的 P_{X} 是图 4.9 所示的水平虚线的权重，而 P_{Y} 是垂直虚线的权重。式（4.14）说明任何曲线的权重均小于 $P_{\mathrm{X}}+P_{\mathrm{Y}}$，这表明虚线表示最佳搜索路径。也就是说，为了优化搜索路径的权重，我们需要让它尽可能靠近半角线，因为这条线对应于最高的水雷密度。另外，我们通过 W 的函数表达式求解欧拉方程得到相同的解[11]。

我们还可以使用相同的方法来推导在水雷概率密度分布更复杂的条件下 AUV 的最优搜索路径。例如，我们可以假设 $f(x)$ 和 $g(y)$ 都是指数函数分布。也就是说，我们将 $f(x)$ 的新定义代入式（4.12）中，$f(x)$ 为

$$
f(x) = \begin{cases} \dfrac{\mathrm{e}^{-|x-X/2|/a}}{2a(1-\mathrm{e}^{-X/(2a)})}, & 0 \leqslant x \leqslant X \\ 0, & \text{其他} \end{cases}
$$

而 $g(y)$ 保持不变。欧拉－拉格朗日方程的解为

$$
C\mathrm{e}^{-\frac{1+\alpha^2}{a}x+\alpha z} = (-\sin(z)+\alpha\cos(z))
$$

$$
z = \frac{1}{b}\left(x-\frac{y}{\alpha}\right)+D;\alpha = \frac{a}{b}
$$

其中 C 和 D 是可以在边界条件下确定的常数。我们将在之后的文章中进一步分析这个方案。

4.13　本章小结

在本文中，我们已经研究了大量搜索模式：水平搜索模式、之字形搜索模式和随机搜索模式。前两种模式的效能指标通过使用随机模型和确定性模型进行评估，其结果一致且相互验证。

基于相关假设的性能参数，我们展示了 2MU 搜索模式（双 AUV 进行垂直、不均匀的水平搜索模式），给出了搜索时间的函数，即最优的水雷侦测概率。这个最优性是因为两个特征：第一，构建不均匀的水平搜索模式，使得连续的水平规划路

径之间没有搜索盲区；第二，两个垂直方向上搜索模式最大化视线角的侦测概率，如前文所证明的，并在附录4.A中详细讨论。

虽然装有侧扫声呐的AUV实际上不能采用随机搜索模式来收集数据，但我们仍为该AUV分析出一个新的随机搜索方案，然后与2MU搜索模式相对比，实验显示2MU搜索模式比随机搜索具有更好的搜索效果。可以得出2MU搜索模式是很有效的搜索模式。另外，AUV搜索模式对反水雷作战的时间需求和资源需求的影响也得到确定。

最后，我们希望大家能注意到，本章介绍的所有方案都可以在现实中实验和测试，这是不可多得的。

附录4.A　两个AUV搜索路径间的最佳探测角

在正文中，我们已经证明，当两条路径之间的角度 $\phi=\pi/2$ 时，由两个AUV搜索路径间产生的平均视线角概率 $P_2(\phi)$ 达到极大值。本附录进一步表明，由于 $\phi=\pi/2$ 的视线角侦测概率函数的形状和对称性，该值实际上是全局最大值。

在本附录的介绍中，我们重新定义视线角 θ，将 θ 向左移动 $\phi=\pi/2$，使得检测的最大视线角概率发生在0rad上。有许多方法可以证明 P_2（$\phi=\pi/2$）是一个全局最大值。我们选择证明任何一个 φ 均有 P_2（$\phi=\pi/2$）$>P_2$（$\phi=\pi/2+\varphi$）。当然，由于 f（θ）的周期性，足以证明对于上式在 $0<\varphi<\pi/2$ 时是成立的。

前文对 P_2（ϕ）的定义为

$$P_2(\phi)=1-\frac{1}{\pi}\int_{-\frac{\pi}{2}}^{+\frac{\pi}{2}}\mathrm{d}\theta(1-f(\theta))(1-f(\theta+\phi)) \tag{A1}$$

因此有

$$P_2\left(\frac{\pi}{2}+\varphi\right)=1-\frac{1}{\pi}\int_{-\frac{\pi}{2}}^{+\frac{\pi}{2}}\mathrm{d}\theta(1-f(\theta))\left(1-f\left(\theta+\frac{\pi}{2}+\varphi\right)\right) \tag{A2}$$

因为 $f(\theta)$ 是周期为 π 的函数，则有

$$\begin{aligned}P_2\left(\frac{\pi}{2}+\varphi\right)&=1-\frac{1}{\pi}\int_{-\frac{\pi}{2}}^{+\frac{\pi}{2}}\mathrm{d}\theta\left(1-f(\theta)-f\left(\theta+\frac{\pi}{2}+\varphi\right)+f(\theta)f\left(\theta+\frac{\pi}{2}+\varphi\right)\right)\\&=\frac{2\lambda_\theta}{\pi}-\frac{1}{\pi}\int_{-\frac{\pi}{2}}^{+\frac{\pi}{2}}\mathrm{d}\theta f(\theta)f\left(\theta+\frac{\pi}{2}+\varphi\right)\end{aligned} \tag{A3}$$

其中 λ_θ 是正文中定义的约翰逊曲线的标度参数。因此，证明 P_2（$\phi=\pi/2$）是最大值等效于证明 $\int_{-\pi/2}^{\pi/2}\mathrm{d}\theta f(\theta)f(\theta+\pi/2)$ 为最小：

$$\int_{-\frac{\pi}{2}}^{+\frac{\pi}{2}}\mathrm{d}\theta f(\theta)f\left(\theta+\frac{\pi}{2}+\varphi\right)\geqslant\int_{-\frac{\pi}{2}}^{+\frac{\pi}{2}}\mathrm{d}\theta f(\theta)f\left(\theta+\frac{\pi}{2}\right) \tag{A4}$$

改写式（A4）左侧方程有

$$
\begin{aligned}
&\int_{-\frac{\pi}{2}}^{+\frac{\pi}{2}} \mathrm{d}\theta f(\theta) f\left(\theta+\frac{\pi}{2}+\varphi\right) \\
&=\int_{-\frac{\pi}{2}}^{0} \mathrm{d}\theta f(\theta) f\left(\theta+\frac{\pi}{2}+\varphi\right)+\int_{0}^{+\frac{\pi}{2}} \mathrm{d}\theta f(\theta) f\left(\theta+\frac{\pi}{2}+\varphi\right) \\
&=\int_{0}^{+\frac{\pi}{2}} \mathrm{d}\theta\left[f(\theta) f\left(\theta-\frac{\pi}{2}-\varphi\right)+f(\theta) f\left(\theta+\frac{\pi}{2}+\varphi\right)\right]
\end{aligned} \tag{A5}
$$

类似的，改写式（A4）右侧方程有

$$
\begin{aligned}
&\int_{-\frac{\pi}{2}}^{+\frac{\pi}{2}} \mathrm{d}\theta f(\theta) f\left(\theta+\frac{\pi}{2}\right) \\
&=\int_{-\frac{\pi}{2}}^{0} \mathrm{d}\theta f(\theta) f\left(\theta+\frac{\pi}{2}\right)+\int_{0}^{+\frac{\pi}{2}} \mathrm{d}\theta f(\theta) f\left(\theta+\frac{\pi}{2}\right) \\
&=\int_{0}^{+\frac{\pi}{2}} \mathrm{d}\theta\left[f(\theta) f\left(\theta+\frac{\pi}{2}\right)+f(\theta) f\left(\theta-\frac{\pi}{2}\right)\right]
\end{aligned} \tag{A6}
$$

式（A4）左侧方程减去右侧方程有

$$
\begin{aligned}
A+B+C=&\int_{0}^{+\frac{\pi}{2}} \mathrm{d}\theta f(\theta)\left(f\left(\theta-\frac{\pi}{2}-\varphi\right)-f\left(\theta-\frac{\pi}{2}\right)\right) \\
&+\int_{0}^{+\frac{\pi}{2}} \mathrm{d}\theta f(\theta)\left(f\left(\theta+\frac{\pi}{2}+\varphi\right)-f\left(\theta+\frac{\pi}{2}\right)\right)
\end{aligned} \tag{A7}
$$

其中：

$$
\begin{aligned}
A=&\int_{\varphi}^{+\frac{\pi}{2}} \mathrm{d}\theta f(\theta)\left(f\left(\theta-\frac{\pi}{2}-\varphi\right)-f\left(\theta-\frac{\pi}{2}\right)\right) \\
&+\int_{0}^{+\frac{\pi}{2}-\varphi} \mathrm{d}\theta f(\theta)\left(f\left(\theta+\frac{\pi}{2}+\varphi\right)-f\left(\theta+\frac{\pi}{2}\right)\right)
\end{aligned} \tag{A8}
$$

$$
B=\int_{0}^{\varphi} \mathrm{d}\theta f(\theta)\left(f\left(\theta-\frac{\pi}{2}-\varphi\right)-f\left(\theta-\frac{\pi}{2}\right)\right) \tag{A9}
$$

$$
C=\int_{+\frac{\pi}{2}-\varphi}^{+\frac{\pi}{2}} \mathrm{d}\theta f(\theta)\left(f\left(\theta+\frac{\pi}{2}+\varphi\right)-f\left(\theta+\frac{\pi}{2}\right)\right) \tag{A10}
$$

为了证明$P_2(\phi=\pi/2)$是全局最大值，我们将证明A、B、$C\geqslant 0$。需要注意的是，证明参数λ_θ可以省略，因为它只是约翰逊密度分布的一个常数。

$A\geqslant 0$的证明。在A的积分中改变变量$\theta'=\theta+\varphi$，并应用已知以π为周期的周期函数$f(\theta)$：

$$
\begin{aligned}
A=&\int_{\varphi}^{+\frac{\pi}{2}} \mathrm{d}\theta f(\theta)\left(f\left(\theta-\frac{\pi}{2}-\varphi\right)-f\left(\theta-\frac{\pi}{2}\right)\right) \\
&+\int_{0}^{+\frac{\pi}{2}-\varphi} \mathrm{d}\theta f(\theta)\left(f\left(\theta+\frac{\pi}{2}+\varphi\right)-f\left(\theta+\frac{\pi}{2}\right)\right)
\end{aligned}
$$

$$= \int_{\varphi}^{+\frac{\pi}{2}} \mathrm{d}\theta f(\theta)\left(f\left(\theta - \frac{\pi}{2} - \varphi\right) - f\left(\theta - \frac{\pi}{2}\right)\right)$$

$$+ \int_{\varphi}^{+\frac{\pi}{2}} \mathrm{d}\theta f(\theta - \varphi)\left(f\left(\theta + \frac{\pi}{2}\right) - f\left(\theta + \frac{\pi}{2} - \varphi\right)\right)$$

$$= \int_{\varphi}^{+\frac{\pi}{2}} \mathrm{d}\theta f(\theta)\left(f\left(\theta + \frac{\pi}{2} - \varphi\right) - f\left(\theta + \frac{\pi}{2}\right)\right)$$

$$+ \int_{\varphi}^{+\frac{\pi}{2}} \mathrm{d}\theta f(\theta - \varphi)\left(f\left(\theta + \frac{\pi}{2}\right) - f\left(\theta + \frac{\pi}{2} - \varphi\right)\right)$$

将被积函数改写为乘积形式：

$$A = \int_{\varphi}^{+\frac{\pi}{2}} \mathrm{d}\theta(f(\theta - \varphi) - f(\theta))\left(f\left(\theta + \frac{\pi}{2}\right) - f\left(\theta + \frac{\pi}{2} - \varphi\right)\right) \tag{A11}$$

由于$f(\theta)$在0到$\pi/2$之间是单调的，而被积函数的第一项为非负数，即$f(\theta - \varphi) - f(\theta) \geqslant 0$。同样，被积函数的第二项也是非负数，即$f(\theta + \pi/2) - f(\theta + \pi/2 - \varphi) \geqslant 0$。因此，$A$的被积函数是非负的，进而$A$本身是非负的。

证明$B \geqslant 0$。将B改写为两个积分项的和：

$$B = \int_{0}^{\frac{\varphi}{2}} \mathrm{d}\theta f(\theta)\left(f\left(\theta - \frac{\pi}{2} - \varphi\right) - f\left(\theta - \frac{\pi}{2}\right)\right)$$

$$+ \int_{\frac{\varphi}{2}}^{\varphi} \mathrm{d}\theta f(\theta)\left(f\left(\theta - \frac{\pi}{2} - \varphi\right) - f\left(\theta - \frac{\pi}{2}\right)\right)$$

在B的积分中改变变量$\theta' = \varphi - \theta$：

$$B = \int_{0}^{\frac{\varphi}{2}} \mathrm{d}\theta f(\theta)\left(f\left(\theta - \frac{\pi}{2} - \varphi\right) - f\left(\theta - \frac{\pi}{2}\right)\right)$$

$$+ \int_{0}^{\frac{\varphi}{2}} \mathrm{d}\theta f(\theta - \varphi)\left(f\left(\theta - \frac{\pi}{2}\right) - f\left(\theta - \frac{\pi}{2} - \varphi\right)\right)$$

因为$f(\theta)$是周期为π的偶函数。将两个积分项改为乘积形式：

$$B = \int_{0}^{\frac{\varphi}{2}} \mathrm{d}\theta(f(\theta) - f(\theta - \varphi))\left(f\left(\theta - \frac{\pi}{2} - \varphi\right) - f\left(\theta - \frac{\pi}{2}\right)\right) \tag{A12}$$

对于$\theta \in [0, \varphi/2]$，被积函数的第一项是非负的，也就是说，$f(\theta) - f(\theta - \varphi) \geqslant 0$。同样，被积函数的第二项也是非负数，即$f(\theta - \pi/2 - \varphi) - f(\theta - \pi/2) \geqslant 0$。因此，$B$的被积函数是非负的，进而$B$本身也是非负的。

$C \geqslant 0$的证明与$B \geqslant 0$一致。

因此，我们证明了A、B、$C \geqslant 0$。因此，$A + B + C \geqslant 0$. 从而证明了P_2（$\varphi = \pi/2$）是全局最大值。

附录4.B　搜索概率

在本附录中，我们给出了用于确定表4.3中侦测概率的输入数据。搜索区域为3km×3km的矩形区域。AUV的速度为9kn。距离和视线角的侦测概率函数如图4.4所示。

2M搜索模式（均匀平行搜索模式）：

- 相邻两条搜索路径之间的间距等于100m。
- 搜索路径偏离搜索区域的边界100m。
- 在水平和竖直两个方向上均有29条长的搜索路径。
- 每次90°转弯时间为1.25min。
- 总时间（搜索时间和转弯时间）为6h7min。
- 侦测概率为0.62。

选择2M搜索模式，总时间大约为6h。如果我们不考虑侧扫声呐检测中的盲区，则搜索区域覆盖范围基本上为100%。

2MU搜索模式（非均匀平行搜索模式）：

- 相邻两条搜索路径之间的小间距等于63.5m。
- 相邻两条搜索路径之间的大间距等于150m。
- 搜索路径偏离搜索区域的边界63.5m。
- 在水平和竖直两个方向上均有28条长的搜索路径。
- 每次90°转弯时间为1.25min。
- 总时间（搜索时间和转弯时间）等于6h2min。
- 侦测概率为0.75。

如正文所述，2MU搜索模式中大间距$2r_{max}=150$m，小间距$r_{max}-r_{min}=63.5$m。

2Z搜索模式（之字形搜索模式）：

- 水平轴和之字形搜索路径之间的角度为2.0454°。
- 各个方向上均有28条长的搜索路径。
- 每次转弯的转弯时间为2.5min。
- 总时间（搜索时间和转弯时间）为6h5min。
- 侦测概率为0.55。

1Z搜索模式（之字形搜索模式）：

- 水平轴和之字形搜索路径之间的角度为2.0454°。
- 有28条搜索路径。
- 每次转弯的转弯时间为2.5min。
- 总时间（搜索时间和转弯时间）为6h5min。

- 侦测概率等于0.40。

2K 和 1K 搜索模式（Koopman 随机搜索模式）

- 式（4.7）中：$P_{\mathrm{K}}(a) = 1 - e^{-\left(\frac{2\lambda_r Vt}{A}\frac{\lambda_\theta}{\pi}\right)}$。
- $\lambda_r = 53.057\text{m}$。
- $\lambda_\theta = 1.575\text{rad}$。
- $A = 9\text{km}^2$。
- $V = 9\text{kn}$。
- $t = 6\text{h}$。
- 2K 模式中 $\alpha = 2$，1K 模式中 $\alpha = 1$。
- 2K 模式侦测概率为0.69，1K 模式侦测概率为0.45。

参考文献

1. Law, A.M. and W.D. Kelton, *Simulation Modeling and Analysis, 3rd Edition*, McGraw-Hill, Boston MA, U.S.A., 2000, pp. 314–315.
2. Nguyen, B. and D. Hopkin, “Modeling Autonomous Underwater Vehicle (AUV) Operations in Mine Hunting,” Conference Proceedings of IEEE Oceans 2005 Europe, Brest, France, 20–23 June 2005.
3. Nguyen, B. and D. Hopkin, “Concepts of Operations for the Side-Scan Sonar Autonomous Underwater Vehicles Developed at DRDC–Atlantic,” Technical Memorandum TM 2005-213, October 2005.
4. Zerr, B., E. Bovio, and B. Stage, “Automatic Mine Classification Approach Based on AUV Manoeuvrability and the COTS Side Scan Sonar,” Conference Proceedings of Autonomous Underwater Vehicle and Ocean Modelling Networks: GOAT2 2000, 2000, pp. 315–322.
5. Bays, M.J., A. Shende, D.J. Stilwell, and S.A. Redfield, “A Solution to the Multiple Aspect Coverage Problem,” International Conference on Robotics and Automation, 2011.
6. Hill, R.R., R.G. Carl, and L.E. Champagne, “Using Agent-Based Simulation To Empirically Examine Search Theory Using a Historical Case Study,” Journal of Simulation 1 (1), 2006, pp. 29–38.
7. Vidyasagar, M. “Statistical Learning Theory and Randomised Algorithms for Control,” IEEE Control System Magazine 18 (6), 1998, pp. 69–85.
8. Nguyen, B., D. Hopkin, and H. Yip, “Autonomous Underwater Vehicles: A Transformation in Mine Counter-Measure Operations,” Defense & Security Analysis 24 (3), 2008, pp. 247–266.
9. Koopman, B.O. *Search and Screening: General Principles with Historical Applications*, Military Operations Research Society, Alexandria VA, U.S.A., 1999, pp. 71–74.
10. Zwillinger, D. (editor), *CRC Standard Mathematical Tables and Formulae, 30th Edition*, CRC Press, Boca Raton FL, U.S.A., 1996, p. 333.
11. Gel’fand, I.M. and S.V. Fomin, *Calculus of Variations, 13th Edition*, Prentice-Hall, Englewood Cliffs NJ, U.S.A., 1963, p. 19.

第5章 利用无人机对目标的光学搜索：动物监测专题研究

5.1 概述

地中海地区许多森林中人们仍然使用传统的狩猎方式。为了适当地管理狩猎所用的公共土地并规范这些地区的狩猎容量，决策者需要了解有关种群数量、森林保护状况和环境开发情况的准确信息。传统的普查方法通常通过行迹采样、饲养员人数计算以及其他费时费力的技术来估计动物种群数量。近来，应用无人机（UAVs）机载传感器数据的遥感技术被认为是上述这些方法的补充或替代。特别是热红外检测方法[1-4]，已经被用于动物物种识别和大型狩猎保护区等重要区域的个体数目的估计。

本章讨论无人机在遥测任务中的应用，并以普查为例介绍了应用无人机进行有效搜索的方法和需要注意的事项。

文中研究了实地飞行规划中防止普查遗漏的技术方案及确保整个任务一致性的方法，这些任务过去是由人眼观察来完成的。如果飞机不载人，这些在有人飞行中看似很容易的任务将很难达到最优。本章的主要目的是改进观测任务（图像捕获和数据补充）以及后续处理等问题，并得到了许多重要的结论。这项工作由 the Environmental Information Network of Andalusia（REDIAM）完成。

5.2 无人遥感搜索规划

无人机遥感搜索任务通常分为四个不同阶段：前期分析与准备、飞行规划与控制、图像采集与拼接、目标数据识别与分析。

在第一阶段对飞行前可用的所有信息（摄像机规格、搜索区域大小、可能的飞行路径、图像处理要求等）进行分析，以此确定必须执行哪些特定飞行动作以进行图像的有效采集和后续处理。

在第二阶段进行成像分辨率和飞行高度分析（什么样的图像清晰度是合适的，具体应该保持怎样的飞行高度）。在有人飞行搜索中，人眼是一个非常好的自适应观察器，可以根据需要比较容易地进行飞行控制调整。对于许多空中侦测任务，特别是那些应用低成本无人机进行的任务，使用仿人眼功能的昂贵摄像机很难达到理想的效果。此外，适应性强的相机会返回不同分辨率的图像，这会严重影响飞行结束后的图像处理。因此，规划人员在一开始进行信息分析时，通常要对相机的分辨率和视野参数进行限制。信息分析的第一个任务是确定飞行时合适的图像尺度。相机焦距，即从透镜到位于焦平面中的接收器（胶片或数字设备）的距离，单位为毫米。镜头会将光线投射到焦平面的接收器上，每个光点，或者在数码拍摄的情况下，焦平面上的每个像素在地表都有与之相对应的点。透镜到焦平面的距离和透镜到地面的距离之间的关系决定了图像的比例，由以下公式定义：

$$比例 = \frac{焦距}{离地高度（AGL）} \tag{5.1}$$

该比例将焦平面上的两个点之间的距离与地面上的两个点之间的距离相关联。例如，如果摄像机的焦距为153mm，离地高度（Altitude Above Ground Level，AGL）为10000ft（3048000mm），则比例为1∶19922（即照片上的1in在地面上是19922in，或1660ft）。显然，这样的相机图像比例不能用于侦测任务。与比例密切相关的是地面采样距离（Ground Sample Distance，GSD），在数字航空摄影中，GSD就是地面上测量像素中心之间的距离。图5.1给出了无人机飞行中GSD与比例之间的关系，图5.2给出了GSD与飞行高度之间的关系。飞行规划人员使用这两个关系来确定特定搜索任务飞行的正确比例、高度和像素大小。

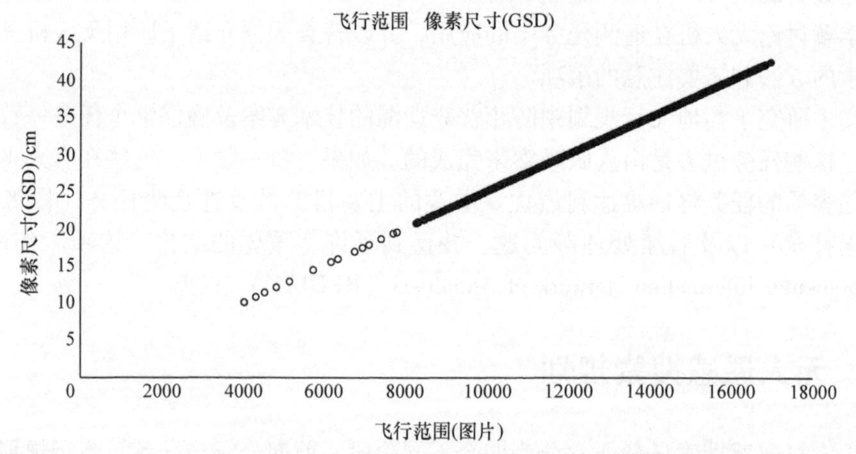

图5.1　飞行GSD与比例之间的关系。空心圆是无人机从起飞到达指定高度的位置

正确的规划（与GSD相一致，地形像素大小）可以提供足够的拍摄覆盖率，即飞行路径/照片数量与要覆盖的区域之间的关系适当。由于此次飞行是为了建立编目，所以对图像定位（三角测量）和正射校正有严格的制图技术要求，以有助于图像的拼接。包括位置和角位置与图像捕获的同步，选择适当的全球导航卫星系统（Global Navigation Satellite System，GNSS）定位系统以及建立地面覆盖公差以解决由于飞行机动引起的间隙、重叠、盲点等。根据对所用因素的分析（图像本身或飞行后自动处理图像），规划人员必须从以下备选方案中进行选择。

1）固定GSD近似地理参考定位：如果图像帧在没有高精度地理参考处理的情

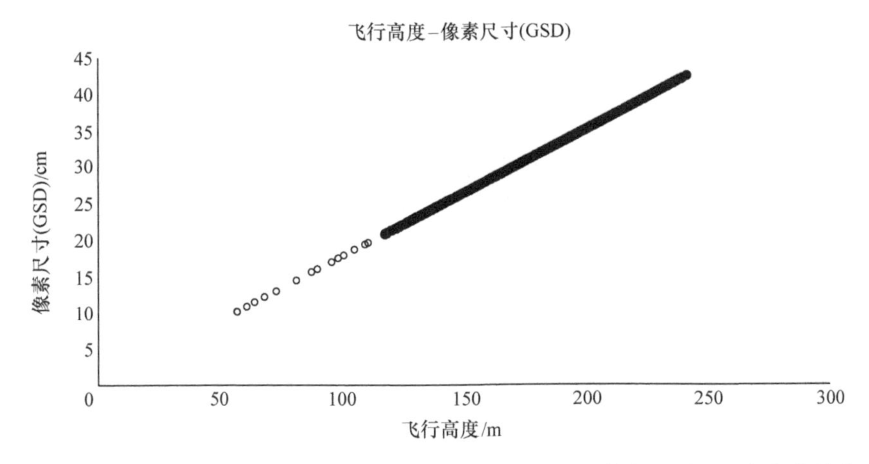

图 5.2　飞行 GSD 与飞行高度之间的关系。空心圆是无人机从起飞到达指定高度的位置

况下就进行定位，则整个飞行过程中，图像的大小是不变的，但是这些图像中的目标可能会根据每个帧的实际比例重新调整大小。

2）精确地理参考定位：当图像帧由 GSD 进行地理参考定位时，根据每帧的比例，上述问题的影响将弱化，但源于摄像机锥形捕获视角及穿越恒定高度处地形的起伏而出现的失真问题仍然存在。

3）正射校正：当每个图像帧正射校正后进行拼接时，上述问题（来源于近似地理参考定位、锥形捕获视角、地形等）会得到一定的解决，并且获得尺度一致的图像，其中的目标（动物）都具有相似的尺寸和正确的位置。

对于上述提到的几个方面，要基于每帧获得的影像的中心位置对飞行路径进行规划。对飞行高度、图像比例尺、像素大小、图像间的纵向重叠及飞行路径间的横向重叠进行控制校验。这些通常要应用计算机规划工具来完成。

如果每个图像都要通过目视判读或数字独立处理，则由于帧与帧之间和飞行路径之间的重叠，可能会导致重复计算。另外，每个数字图像文件都需要进行数字处理。可以通过图像拼接来优化后期处理，以便任意的分类处理只进行一次。规划的第三阶段是确定最适合分析的图像拼接处理软件。第四阶段是选择软件对拼接后的照片进行自动处理。

本章的其余部分将讨论如何将这四个阶段应用于使用无人平台进行的自动普查规划中。

5.2.1　前期分析与准备

对于这项研究，我们调查了由西班牙安达卢西亚环境水务局与 ELIMCO 公司合作，在塞维利亚附近的一个大型游乐场 Las Navas 进行无人驾驶飞行获得的一部分信息。数据是在 2012 年 1 月 11 日清晨收集的，这时动物和土壤之间的温差最大。通过快速图像采集，观察和计算大约 725hm^2 范围内野生动物的数量，在绘图过程中没有任何技术难度。与飞行同时进行的还有观察野外现场活动以获得所研究物种的特定知识和该栖息地中的物种行为，以确定最可能的物种位置，但这项工作本可以在飞行前很好地完成。

飞行中有两个传感器用于采集图像：一个摄像头用于获取热成像图像（用于识别动物），另一个摄像头用于获取可见光图像（以支持照片判读和图像处理任务）。热成像相机（像素大小为640×480，光谱响应特性为8~12μm，像素间距为25μm）是Thermoteknix Systems Ltd. 生产的Miricle Camera LVDS（Low Voltage Digital Signaling，低电压数字信号）。其装在“E-300 Viewer”无人飞行平台上，如图5.3所示。

图5.3 “E-300 Viewer”起飞前

5.2.2 飞行规划与控制

回想一下，与地面上方飞行高度相关的图像比例是与地形情况有直接联系的，即GSD（图5.1和图5.2）。这些关系可以用来建立适当的标称GSD，用以获取我们想要的目标，在这种情况下可以定义GSD为15~20cm。图像的比例可以根据不平坦地形上的飞行路径的变化而变化，因此获取的图像中动物的大小也会如此变化。但是，通过将GSD固定在适当的范围内，飞行就可以以恒定的高度进行，这是一个更合理的方案，因为尝试跟随地形的高度变化不仅困难，而且本身也是失真和错误的另一个来源。另外，必须考虑的一个重要方面是高度参考。全球定位系统（GPS）坐标是根据世界测地系统1984参考数据库（WGS84）得到的，而飞行高度是根据椭圆参考系得到的。因此，为了将其与全球数字高程模型（Digital Elevation Model，DEM）高度（从卫星雷达数据获得）进行比较，获得正交高度（海拔）是必要的。图5.4显示飞行保持在海拔600m处，但是通过DEM进行高度分析，以观察实际地面高度能否保持GSD在15~20cm范围内。然而，DEM数据库在图像比例（与地面传感器直接相关）中引入了不确定因素，它的准确性要低于西班牙国家航空正射影像（Plan of Aerial Orthophotography，PNOA）数据库。

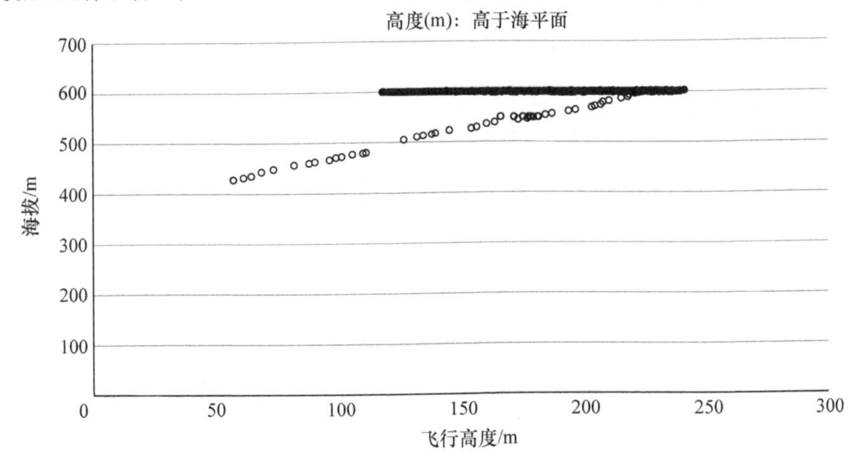

图 5.4　海拔以上投影中心高度与地面以上投影中心高度之间的比例。600m 以下的点（空心圆圈）表示无人机从起飞到达拍摄图像计划高度的位置

在应用机载航空电子设备的情况下，拍摄图像时要分配好飞行控制的六自由度（纬度、经度、高度、滚转、俯仰和偏航）位置和估计的图像投影中心的传感器方向度。在飞行中，通过 GNSS（GPS）和惯性系统［惯性测量单元（IMU）］的惯性数据（滚动、俯仰、偏航）获得 *XYZ* 位置。这样，在获取图像时就可以详细和准确地提供定位和定向，从而更容易通过空中三角测量对图像进行定位以及外部定向。

对于上述提到的几个方面，基于每帧获得的投影中心位置对飞行路径进行完全控制。对飞行高度、图像比例尺、像素大小、图像间的纵向重叠及飞行路径间的横向重叠进行控制校验。这些任务由 REDIAM 开发的用于国家和地区摄影测量飞行计划的质量控制（支持 PNOA 和其他项目）工具完成。

GSD 中更多细节上的变化可能会导致与纵向重叠或横向重叠相关的问题，而低细节水平的 GSD 会导致细节缺失。下面的测试结果给出了几个主要与 GSD 大小和重叠有关的飞行路径的问题（图 5.5 和图 5.6）。在图 5.5 中，可以看到 GSD 超出 15～20cm 范围时低海拔地区的问题区域（红色），在图 5.6 中，可以看到地面覆盖的问题区域（红色），这个区域是用来进行初始化拼接和后处理方法验证的试点区域，该区域的动物有可能未被统计在内。对于主要用于正射照相还原或生成的任务，重叠程度应在帧之间的 60%（纵向重叠）和飞行路径之间的 30%（横向重叠）。此次飞行未能满足这一要求，给图像拼接和后期处理活动带来了额外的挑战。

5.2.3　图像采集与拼接

这次飞行沿着 22 条路径（大致平行的轨迹）拍摄了 2500 张像素为 640×480

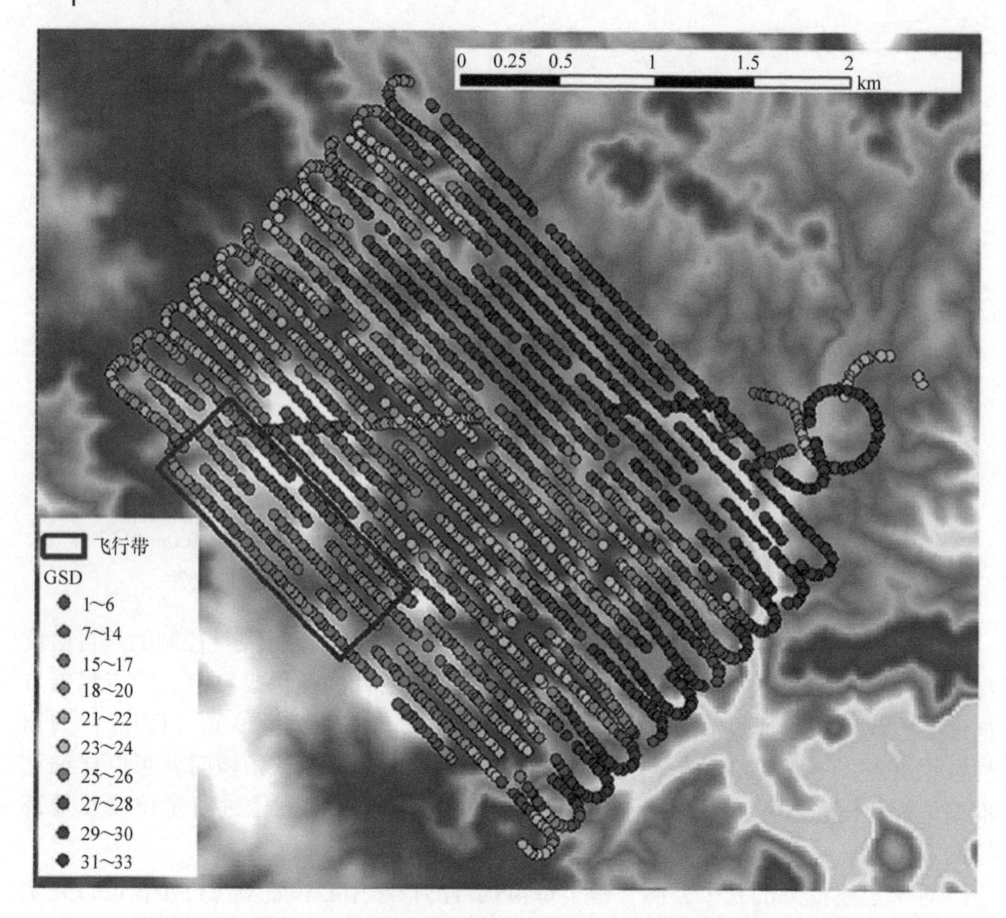

图 5.5 像素大小（cm）分析对照的结果。导航区域的位置标记为蓝色

的原始图像。为了提高效率，首先在试点区域对个体进行身份鉴定和图像拼接测试，测试成功后，再将这个方法扩展到整个研究区域。首先在一幅图像上进行了测试，然后在由 153 幅图组成的图像上进行了测试，目的是对飞行覆盖的整个区域进行分析。通过将这些图像从“原始数据”转换为 TIFF 16bit 无符号格式得到图像的可用格式。然后，将每个 TIFF 图像与世界文件［标记图像世界文件（TFW）］和图像的特定参数（取决于其比例尺的图像方向、分辨率等）相关联，用于地理信息系统（GIS）的通用数据文件中。这样图像在处理时地理上就会对齐拼接成一个完整的图像（首先为 153 张图像，随后为整个飞行的 2500 张图像）。用于图像地理参考的世界文件的生成也是使用 REDIAM 工具。图像拼接主要应用典型的 ERDAS IMAGINE™（用于单个飞行路径）和 ArcGIS™（完整的图像拼接）工具。图 5.7 给出了试验区域的图像拼接结果。

这些图像在应用时受到锥形透视局限的影响，其会附加到地理参考定位过程中（非系统误差甚至达到数十米）。然而，当对图像地理参考定位时，如果考虑并调

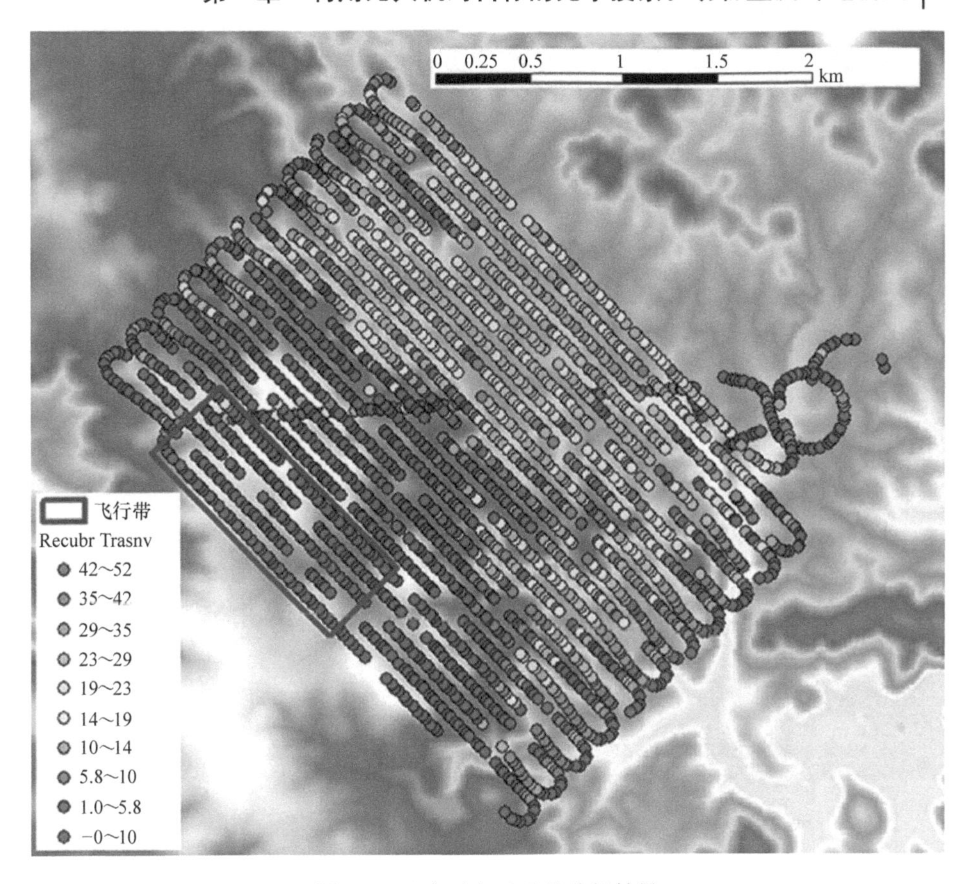

图5.6 飞行路径重叠的分析结果

整每个图像的比例，则这些图像上的目标将具有相似的大小。这在动物的识别中尤其重要（无论出现在哪个图像中，动物的尺寸必须相同）。将图像拼接并与更准确的制图参考比较，例如PNOA正射投影（图5.8），可以看到在图像地理参考定位中涉及的几何局限问题（以及由帧的圆锥透视引起的失真）。

5.2.4 目标数据识别与分析

该过程通过图像拼接进行了优化，以便所有分类过程只进行一次。虽然因技术问题无法应用可见光图像，但是可以采集并应用热红外图像（这就是图5.7和图5.8中的图像拼接投影到PNOA正射投影上的原因）。尽管有这样的局限，但是单幅图像和图像拼接（在试点区域）还是可用的，这个阶段包括数字处理，用于识别潜在的动物个体。

这些工作最初是在单幅图像上进行的，后来在试验性的照相上进行，用以研究识别动物的可行性并验证两种情况下得到的结果的相似性。该过程后来被推广到整个飞行获得的图像中（2500张）。这项工作全部是在图像像素的实际值上完成的，

图 5.7　试验区域图像拼接（来自五个飞行路线的 153 张图像，PNOA 正射投影）

图 5.8　定位图像（红色）与 PNOA 正射投影（绿色）之间的位置差异和几何限制

而不考虑任何物理参数，例如土壤温度、动物温度等。假定图像是在一天的前几个小时拍摄的，则分析将在检测目标间差异的基础上进行。为此，我们使用 ENVI™ 软件采取了不同的处理方式，根据图像包含的大量不同空间频率、高亮度变化的区域面积选择最终的纹理滤波器。在对结果进行分析之后，对方差带以及对比度带进行了平行的监督分类，以确定观察到感兴趣区域的动物（以及其他因素，如图像边缘和噪声）。对两种目标（“动物”和“其他”）和三个类别（“动物”“图像边缘”和“其他”）进行了样本分析。在同质带上进行了类似的试验，但结果无法确定。方差分类和两种目标（“动物”和“其他”）分析的结果最好。

应用决策树分类，通过阈值直接再次区分“动物”和“其他”这两类，这种方法也获得了一些比较好的结果。一旦确定了用于识别的要素阈值，只要飞行在相同条件下：飞行技术细节、所用传感器、飞行时间和日期、要识别的物种等，上述过程就可直接应用于不同飞行下的图形拼接。考虑到这些条件中可能包含固有的不确定性误差传播特性，所以这种替代方法在实际中一般是有效的。

图 5.9 和图 5.10 详细给出了试验图像拼接时对潜在动物个体的定位结果。这些动物可能是重复的（以连续帧记录），这要么是因为图像间的重叠，要么是因为动物的移动（不太可能是无人机空速的影响）。上述分析是在整个飞行拼接中的不同识别区域进行的，这些区域可能有潜在动物个体存在。

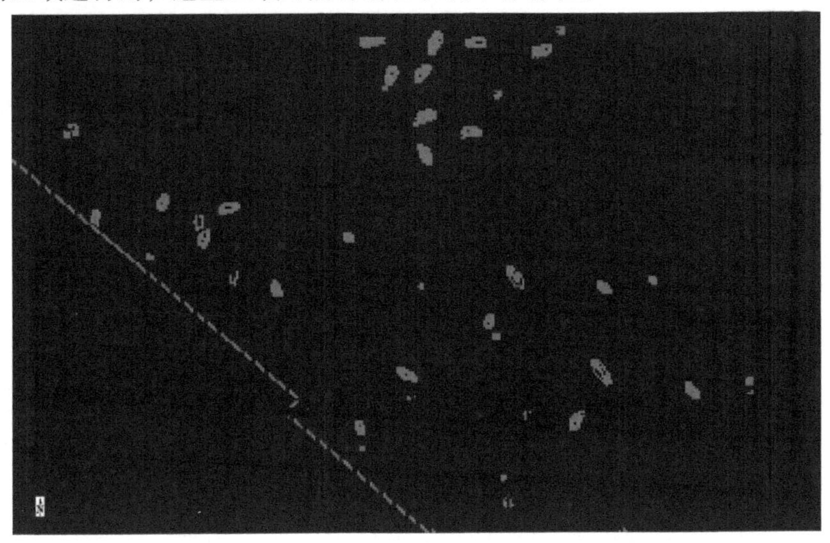

图 5.9　试验拼接的成像结果。通过数字处理和分类检测目标（动物）

识别阶段之后，再进行分类处理以改进所获得的结果，对结果进行筛选以消除不感兴趣的信息（例如图像边界、图像伪影和其他元素目标）。这样就产生了涵盖所有关注目标的位置的图像，然后将其进行矢量化（即数字化）并进行改进。该阶段包括图像的解释，以从整个 2500 幅图像样本中过滤掉不存在的目标。这是从

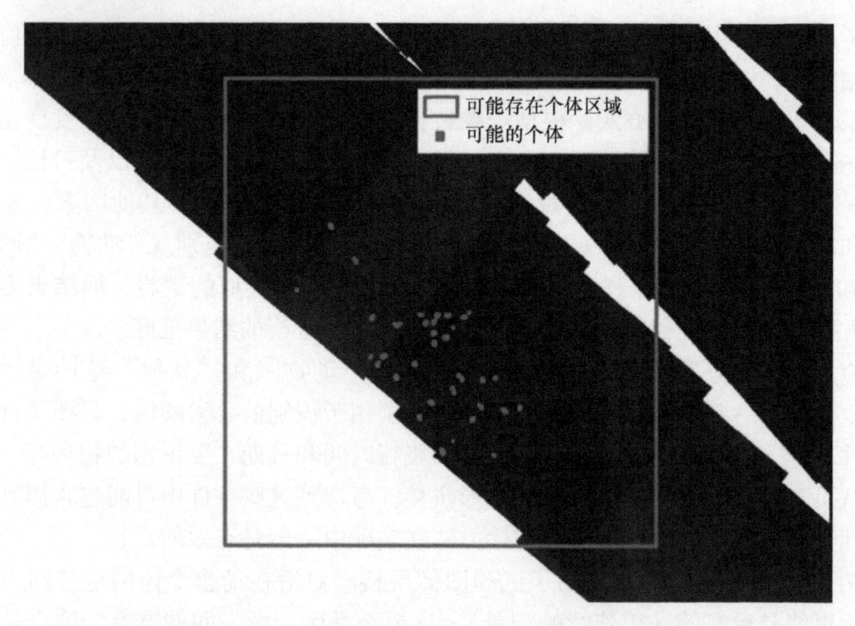

图 5.10 试验区域结果。热成像拼接和 PNOA 正射投影下检测到的潜在个体

区域进行直接观察所带来的有价值信息，但不幸的是仅限于非常少的具体案例和领域。另一方面，应用其他的无人机机载传感器还可以提供额外的信息，例如个体群体的交叉参考出现。这意味着可以通过不同的热成像摄像机和可见光摄像机拍摄图像，以便可以从数据中获得大量的信息来解释结果。这些分类过程甚至能够检测隐藏在树下的潜在个体，一些可见光图像探测甚至都无法做到这一点。另一个有趣的研究方向是监控携带迷你 GPS 接收器的动物个体，以验证现场数据或研究动物物种的行为，尤其是可以用无人机提供更好的普查。

5.3 实验结果

在处理来自于无人机的数字图像时，或许会检测到可能是潜在动物的许多目标。图 5.11 中重点关注的试验区域，给出了这些可能的目标个体。其中，绿色被认为是可能存在动物个体，而红色是被认为不可能存在动物个体。该动物物种的行为、区域同步验证及图像捕获确认了动物的存在。不存在目标的区域几乎系统地分布在许多帧中，因此可能由于上述各种因素的存在而被认为是误差。在分析无人机飞行所覆盖的整个区域（完整的 2500 张图像拼接）时，已经对探测到目标的不同区域进行了定位。在这些区域中，一些可能存在目标，另一些可能不存在目标。因此，个体的规模、物种的行为（例如放牧习惯）、目标的 PNOA 正射投影判断结果可以用于估计保护区中是否存在动物群体的区域（图 5.12）。

图 5.11　实验区域可能存在动物个体（绿色）和不可能存在动物个体（红色）的图像定位拼接结果（精简向量化）

图 5.12　图像分类、处理和判读后可能存在动物的区域位置

5.4 本章小结

接下来对通过观测任务（图像拍摄和数据补充）和后期处理可能改善的区域进行总结。本章所研究的无人机空中搜索阶段具有系统性误差，这在后期的任务分析中有所体现，但在很大程度上，这些方案在当前技术上是可以实现的。

例如，在这次飞行中发现的一个主要缺点是数据采集系统组件（热成像仪、GPS、IMU 等）间缺乏集成和同步，有时会使所拍摄的图像间的距离不均匀。分析证实，拍摄的图像与其所分配的位置之间的偏差有 20～40m，非系统误差对地理参考定位结果也有实质影响。另外，由于飞行中的侧风及其他因素的影响，无法获得关于飞机偏离计划航程的正确信息。因为连续路径之间的方向彼此相反，所以这两个问题都可能影响不同飞行路径下拍摄到的图像。

另一个例子中，飞行计划是根据来自卫星雷达数据的全球 DEM 制定的，另一种更有效的方法是规划一个精确度更高的 DEM（例如 PNOA）飞行计划，从而定义类似尺度的飞行路径（与要映射的目标相一致）。从制图学的角度来看，如果基准参考是参考区域的地形（拓扑），则可能更有意义，但考虑到所关注的目标是移动的，则可以推测，如果地形没有突然的变化，平行飞行路径可以更好地对该区域进行覆盖。

无人机可以被看作是狩猎活动中对目标群体观测和估计的良好平台。然而，为获得正确的结果，必须满足某些限制和具体的技术要求，并且必须与现场调查和图像拍摄或其他关注目标同步进行比较。此外，在指定的日期和时间进行飞行是非常重要的，这可以确保获得个体与其他检测到的因素（主要是土壤）之间有最大的热差。而本次研究中的飞行就很好地满足了这些要求。

根据要检测的目标规模（在这种情况下是活动中的野生动物），选择合理的 GSD 以及将 GSD 优化到要覆盖的总表面来进行适当的飞行规划是非常重要的。此外，从 UAV 图像生成正射投影，可以更好地表示拍摄到的目标（动物）的类似大小。本研究中使用的图像拼接方法仍然是一种有用的近似方法，但正确的过程是在正射投影中消除由于区域重复、遮蔽、覆盖和间隙而出现的模糊和误差。

必须指出的是，在无人机飞行期间，一些动物可能在各个地方移动，这就在估计中引入了不确定因素。在动物完全移动的情况下，应提高无人机的飞行速度，以降低整个区域的拍摄时间。在同一地区，不同种类的动物可能会共存，因此清楚地知道每个动物的近似和潜在分布及其行为是很重要的，这可以避免严重的估计错误。在有可能存在不同物种的情况下，可以研究图像的数字分析以识别各种物种（在现场验证之后）。在更深入的分析中，可以用两种方法做比较，即传统的探测动物算法与无人机法相比，分析两种方法（成本、现场工作、信息处理、个体估计时的误差等）的优缺点。当然，这两者也许是互补的，如果可以在个体中安装

GNSS 微型接收器则可以改善两种方法的结果。研究领域的背景知识越多，获得的结果也就越好。

参 考 文 献

1. Kissell, R.E., Tappe, P.A. & Gregory, S.K. 2004. Assessment of population estimators using aerial thermal infrarred Videography data. Lakeside Farms, Wingmead Farms Inc., and the Arkansas Game and Fish Commission.
2. Naugle, D.E., Jenks, J.A. & Kernohan, B.J. 1996. Use of thermal infrared sensing to estimate density of white-tailed deer. Wildlife Society Bulletin, 24 (1), 37–43.
3. Wilde, R.H. & Trotter, C.M. 1999. Detection of Himalayan thar using a thermal infrared camera. Arkansas Game and Fish Commission.
4. Zarco, P.J. 2012. Creación de Algoritmo para búsqueda automática de avutardas usando imágenes adquiridas en los vuelos realizados en 2011 y 2012. Informe de prestación de servicio. Consejería de Medio Ambiente y Ordenación del Territorio, European Project.

第6章　无人机飞行时间近似化建模：航路变化与风干扰因素的估计

符号表

Lat_a	=	以航路点 a 为中心的纬度（十进制度）
$Long_a$	=	以航路点 a 为中心的经度（十进制度）
psiO	=	初始航路点的假定航向（°）
psi$F$	=	最终航路点的所需航向（°）
x_{ab}	=	点 a 和 b 之间的水平笛卡儿坐标距离（ft）
y_{ab}	=	点 a 和 b 之间的垂直笛卡儿坐标距离（ft）
feetToDegrees	=	$2.742980561538962 \times 10^{-6}$（常数）
Radius	=	所需的监视任务半径（ft）
$Angle_{entry}$	=	从中心点到切入点的角度（°）
$Long_{entry}$	=	监视任务切入点的经度（十进制度）
Lat_{entry}	=	监视任务切入点的纬度（十进制度）
Duration	=	滞留任务所需的持续时间（s）
Circuference	=	圆形滞留路径的周长（ft）
Airspeed	=	指定的空速（ft/s）
Distance	=	在圆形滞留路径上行进的距离（ft）
θ	=	切入点和切出点之间的变化角度（°）
$Angle_{entry}$	=	从中心点到切入点的角度（°）
$Long_{exit}$	=	圆形滞留路径上切出点的经度（十进制度数）
Lat_{exit}	=	圆形滞留路径上切出点的纬度（十进制度数）
$Angle_{exit}$	=	圆形滞留路径切出点的航向（°）
u	=	逆风风速和顺风风速（ft/s）
v	=	侧风的速度（ft/s）
$Airspeed_{UAV}$	=	无人机的空速（ft/s）

6.1　概述

精确的距离和行驶时间对于任何路径规划问题都是很重要的，因为它们影响任务或交易的成本。错过任务完成或交易的时间窗口可能会导致成本大幅度升高甚至导致任务失败。当考虑使用无人机（UAV）执行带有时间窗的路径规划问题（Vehicle Routing Problem with Time Windows，VRPTW）时，需要精确的飞行时间来确定适用于单个 UAV 甚至一组 UAVs 的可行的任务计划。

建立可准确计算飞行近似时间的模型时需要考虑两种情况。第一种是求解 VRPTW，以获知任务位置和可用的无人机，确定使成本最小或使任务效能最大的

任务规划；第二种是动态资源管理问题，即在最小成本任务计划执行期间，改变任务计划使之成为新的任务。两种情况下，算法通过把飞行时间参数（$f_{r,i,j,k}$）和一组三个点（i、j 和 k）分配给资源 r 进行优化。在知道资源 r 来自点 i 的情况下，计算出从点 j 到 k 的飞行时间参数（$f_{r,i,j,k}$）。在我们的公式中 $r \in R$，其中 R 是可用资源集合，$i \in I$，$j \in J$，$k \in K$，其中 I、J 和 K 是必经航路点的集合，其范围在任务空间的基数规模之内。因此，在许多任务中，总体近似飞行时间（$|I| \times |J| \times |K|$）可能会非常大。对于这些路径规划问题，考虑无人机的油量约束及其距离任务目标范围的约束也很重要。

本研究的目的是建立一个飞行时间近似模型，该模型能够实时地在可能的航点处生成大量的预计飞行时间的集合。这种模型结合了 UAV 需要执行的实际任务及作用在无人机上的风干扰因素的影响，尽管明显增加了中间航点组合的数量，但其计算量必须受到限制。我们工作的主要贡献是提出了一种近乎实时的、比目前应用在实时 UAV 路径规划的典型直线假设更准确地表示近似飞行时间的方法。在飞行时间近似模型中，实际监视任务和风干扰对燃油消耗速率的影响也进一步有助于无人机的任务规划。

6.2　问题描述

这项研究考虑无人机理想情况下的飞行运动学，为当前的任务规划和动态资源管理模型提供更准确的飞行时间近似[1,2]。在城市环境中，因为无人机必须遵循城市的网格布局，Weinstein 和 Schumacher[3] 提出可以应用直线距离，同时他们还建议如果建筑物不高的话使用欧氏距离也是合理的。当在城市之外使用更大型无人机时，由于其最小转弯半径、直线距离和欧氏距离都不能保证准确的飞行时间近似值，这直接影响到无人机可用的最短飞行路径。解决路径问题需要更准确的飞行时间近似值和燃油消耗率，这对任务的成功是至关重要的。

由 Grymin 和 Crassidis[4] 构建的“Pioneer”飞机的全非线性仿真对于实际情况来说是不可行的，因为它缺乏必要的计算性能来快速估计飞行时间。使用 Shkel 和 Lumelsky[5]、Grymin 和 Crassidis[4] 开发的 Dubins 集合能够找到两点之间的最短路径，给出的飞机最小转弯半径比仿真模型也快得多。如果准确地应用了 UAV 的技术特性，Dubins 集合可以产生无人机可跟随的最短路径。以此为基础，我们能开发出一个能够快速而有效地计算飞行时间近似值的模型。

应用一组 i、j、k 三航点组合，假设飞机在 2D 平面中以恒定高度和空速飞行，则我们可以近似估计飞行时间（$f_{r,i,j,k}$）。包括具有指定范围的监视任务和传感器，模型均可以产生实际场景的近似值。假设传感器是安装在可以绕两个轴转动的万向架上的相机和视频录制设备，这样就可以在无人机的整个飞行路径过程中进行机动观察。监视任务包括可视半径、盘旋以及规避任务半径等信息，这些任务通常可分解为一个圆形区域或绕某航点的飞行路径，并且要求对该航点具有较长的持续观测时间。考虑任务区域的风速和航向的影响，该模型近似化 UAV 在航点 j 和 k 之间的飞行路径上的燃油消耗率。这些特点给出了所得到模型的框架，可以计算出实时情况下大量组合航点的飞行时间和近似燃油消耗。

6.3 文献综述

本节我们介绍近似法的最新进展。其次，建立了前述监视任务的模型及其重要性。最后，我们给出了在近似模型中加入风干扰因素的推理和方法。

6.3.1 飞行时间近似化建模

1957 年，L. E. Dubins 证明了确定 2D 平面中连接两点的曲线集合的框架理论。定理 I 指出，每个平面的 R（测地线），一个由半径为 R 的圆弧和直线组成的路径必然是连续可微的。曲线可以是：①半径为 R 的圆弧、线段、半径为 R 的另一个圆弧；②半径为 R 的三个圆弧；③曲线①和②的路径集合[6]。确定连接两点的这些曲线集合也就给出了集合内的最短路径。在期刊文章“Dubins 集合分类”中，Shkel 和 Lumelsky[5]将 Dubins 的工作进一步向前推进，提出了一种新的方法来限制所需的计算量用以确定 Dubins 问题的最小距离路径，他们称之为 Dubins 集。Dubins 问题通常包括一个可从初始点移动到具有指定初始方向角和最终定向角的终点的对象。Dubins 集合不必计算所有可能的弧 - 线 - 弧或弧 - 弧 - 弧组合的路径，它可以产生最短路径的计算集合。

在“使用 Dubins 集合的无人机的简化模型开发和轨迹测定”一文中，Grymin 和 Crassidis[4]比较了应用全非线性仿真模型和应用 Dubins 曲线路径模型建立的 Dubins 飞机模型。然而，针对特定的无人机开发的使用仿真模型来获得飞行路径的 Dubins 飞机模型是有局限的。因为这项研究的目标是围绕创建和动态改变多无人机的任务规划，所以需要一种更加鲁棒性的方法来近似估计多类型无人机的飞行时间。文献［5］中描述的 Dubins 曲线路径模型方法，即 Dubins 集合，用来确定最短路径距离。通过距离除以速度可以计算出基于距离划分的给定航点的飞行时间。Grymin、Crassidis[4]和 Jeyaraman 等[7]也证实了无人机跟随 Dubins 集合所创建的预设路径的能力。该研究仅仅是针对近似飞行时间，不需要整个飞行路径上的信息。可以确定的是，Dubins 集是计算最短路径距离的一种很好的近似方法，Dubins 曲线路径模型是我们模型的基础。

6.3.2 附加任务类型

应用有限传感范围，区域规避、盘旋以搜索没有准确位置先验知识的潜在目标威胁而开展的研究已经很广泛了。Enright 和 Frazzoli[8]研究的无人机集群，其观测随时间随机生成的一组目标，并允许传感器观测位于关注点处的目标。Sujit 等[9]还利用有限传感范围的知识为多个无人机的任务分配提出了一个协同方案。他们的研究中，无人机搜索未知区域的目标，然后攻击检测到的目标。

Mufalli 等[1]、Weinstein 和 Schumacher[3]提出了无人机的规划模型，其将盘旋任务视为时间上的持续，将飞行路径视为欧氏距离。Schumacher 等[10]考虑到无人机在给定任务时间和排序约束情况下会延迟到达目标，因此在其混合整数线性规划（Mixed Integer Linear Programming，MILP）模型中添加了盘旋度和分阶段的散开度。Schouwenaars 等[11]指定了一个无人机可以盘旋并等待任务分配的威胁区以外的区域。他们指定无人机进入和离开盘旋路径的点，以确定往返于这些盘旋路径上的点的飞行路线。这为我们实施许多监视任务提供了基础。Schouwenaars 等[11]给出了盘旋区域以及无飞行区域的示例。

规避任务半径是可视和盘旋任务半径的独特组合，因为不允许无人机进入规避区半径之内，而仅能沿着该地区的周边飞行。该任务利用传感器的范围，使无人机不必进入高风险区域即可执行任务。Myers 等[12]和 Schouwenaars 等[11]利用规避禁飞区和障碍，假设航点在禁飞区之外。他们没有利用传感器探测范围的方法来完成那些航点可能实际上在禁飞区内的任务。

对附加任务进行建模可使飞行时间近似模型准确地反映出人们在真实的无人机任务规划问题中期望看到的必要而又实际的任务。我们通过传感器探测半径完成监视任务，而不是让无人机在特定距离内对观察目标进行监测。此外，在建模监测任务中，我们考虑了飞行运动学和飞行时间，而不考虑欧氏距离和延迟等假设。

6.3.3　风干扰因素

在飞行时间近似模型中，风干扰因素是一个要考虑的非常重要的因素，因为风会引起无人机空速、燃油消耗和航向的变化。Ceccarelli 等[13]在有风情况下应用空军研究实验室开发的 MultiUAV2[14]开展了微型无人机（MAV）路径规划器的仿真开发工作，该仿真演示了风场的存在如何导致微型无人机为维持其飞行路径而在偏向于风的轨迹上飞行。因为微型无人机无法维持其空速或航向，该研究还给出了几个飞行路线变化的例子。McNeely 等[15]已经给出了在时变风场下如何修改 Dubins 无人机模型，同时还需要应用系统方程和无人机两航点间实际路径的知识。如文献［4］的仿真模型所示，这些仿真常常因计算时间而不能给出实时解。相反，在无人机的航向和风速恒定的情况下，这些仿真给出的数据对近似估计风干扰因素对无人机的燃油消耗率的影响是非常有用的。

从各种类型的飞行时间近似模型的文献综述和研究中，我们确定了一种简化方法来说明风对无人机的影响。考虑到要在接近实时的情况下计算大量的近似飞行时间，这个问题要求将飞行时间近似模型的复杂度限制到某个程度。通过研究 Grymin 和 Crassidis[4]提出的完全非线性仿真，我们可以通过简单的回归模型确定风对燃油消耗率的影响。

6.4 飞行时间近似化建模

产生既准确又计算快速的近似值需要一些重要假设。首先，无人机在2D平面路径的整个飞行过程中空速和高度保持不变。其次，在将经度和纬度转换为英尺时，因为航点间距离不足以产生较大的误差，所以“平地”近似假设就足够了，在进行转换时，每个组合的最终航点 k 会用作定位点。最后，初始航点 j 处的初始航向是由从前一航点 i 到最初航点 j 的直线航向给出的，做出这一假设是因为期望航向恒等于从初始航点 j 到最终航点 k 的直线航向。这些为 i、j、k 三航点组合和飞行时间近似模型的假设提供了基础。我们将在后续的章节给出进一步的假设。最终，我们的基本模型就是将任务当成“快照”任务来完成。我们将任务定义为，通过无停留直接飞越航点使无人机满足任务要求，例如将拍照作为监视任务的一部分。

6.4.1 理论分析

初始近似模型的实现需要 MATLAB 程序来读取航点位置信息，并确定每个可能的三联组合的飞行时间。Dubins 飞机模型需要初始航向、初始航点、最终航点和最终航点的期望航向。利用前述假设，近似模型计算出初始航向和期望航向，并将经度和纬度转换为笛卡儿坐标距离（ft）。以下给出了确定笛卡儿坐标距离以及初始和最终航向的公式。三航点组是按照以前的 i、初始 j 和最终 k 航点给出的。

$$x_{ij} = (\text{Long}_j - \text{Long}_i)/(\text{feetToDegrees} \times (1/\cos(\text{Lat}_j \times (180 \times \pi)))) \tag{6.1}$$

$$y_{ij} = (\text{Long}_j - \text{Long}_i)/\text{feetToDegrees} \tag{6.2}$$

$$\text{psi0} = \text{mod}(\text{atan2}(x_{ij}, y_{ij}), 2 \times \pi) \times (180/\pi) \tag{6.3}$$

$$x_{jk} = (\text{Long}_k - \text{Long}_j)/(\text{feetToDegrees} \times (1/\cos(\text{Lat}_k \times (180 \times \pi)))) \tag{6.4}$$

$$y_{jk} = (\text{Long}_k - \text{Long}_j)/\text{feetToDegrees} \tag{6.5}$$

$$\text{psiF} = \text{mod}(\text{atan2}(y_{jk}, x_{jk}), 2 \times \pi) \times (180/\pi) \tag{6.6}$$

从我们的假设来看，初始航点的期望航向设置需要满足上一个三航点组合的航向需求，其中 i 是初始航点，j 是最终航点。这两个模型读取文件中所包含的所有航点号（或其他标识符，如名称等），通过创建输入文件，使得经度和纬度足以计算任何任务的所有可能的组合。在没有上一个航点 i 的情况下，比如当无人机从已知航向的基地离开时，模型也能够无需计算而得到指定的初始航向输入。现在我们来说明，对于给定的目标 r，在已知 i、j、k 航点的情况下每个模型是如何计算近似飞行时间的。

6.4.2　模型对比

为了确定近似飞行时间，Dubins 飞机模型必须进行 Simulink 仿真。Dubins 曲线路径模型是通过一系列逻辑和数学方程来确定近似飞行时间的。比较 Dubins 飞机模型和 Dubins 曲线路径模型，两者的差异是很重要的。从图 6.1 可以看出，每种方法产生的路径差异很大，Dubins 曲线路径模型比使用等角线（rhumb line）导航的 Dubins 飞机模型更短。

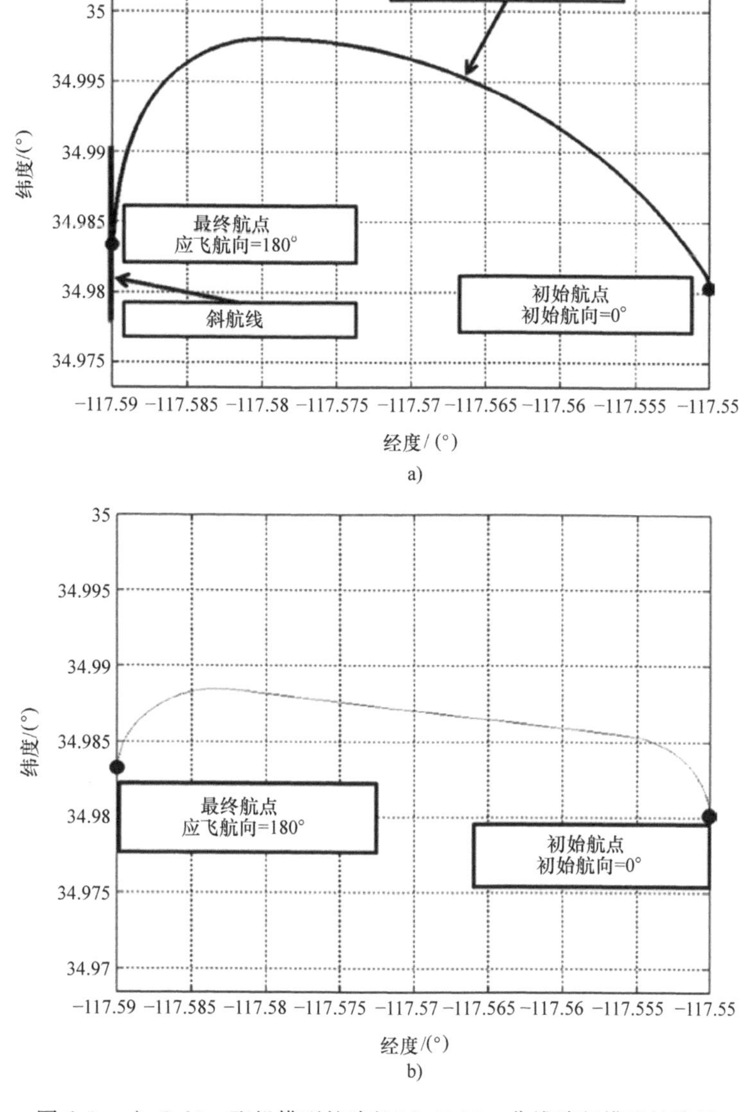

图 6.1　a）Dubins 飞机模型的路径 b）Dubins 曲线路径模型的路径

主要对比 Dubins 飞机模型和 Dubins 曲线路径模型飞行路径的差异和所需近似飞行时间的差异两个方面。路径上的显著差异是 Dubins 飞机模型使用了等角线（rhumb line）导航导致的。通常，导航系统通过一系列等角线（rhumb line）来近似一个圆，该圆是地球两点之间的最短路线，其中等角线（rhumb line）是一个具有恒定方位的航线。等角线（rhumb line）导航的定义是沿着预定的等角线（rhumb line）进行的航向调整，Dubins 飞机模型试图将等角线（rhumb line）上的无人机尽快调整到期望的航向并导引到最终航点。此外，当实际仿真以较小步长生成飞行路径，直到到达航点或无法到达航点而停止时，Dubins 飞机模型需要更多的运行时间。通常，对于每个路径的仿真大约要 0.5 ~ 1s 的运行时间。这取决于初始航点和最终航点之间的距离，仿真时间随着距离的增加而增加。

在对监视任务和燃油消耗率进行建模之前，Dubins 飞机模型需要 543s 计算出 720 个飞行路径组合，而 Dubins 曲线路径模型仅需要 0.53s（运行环境：Intel Core2 Duo CPU T9300 2.50GHz 处理器、4.0GB 内存的 64 位 Microsoft Windows 7 的 MATLAB 2009a）。因此，Dubins 飞机模型显然不是飞行时间近似模型的可行选择。将 Dubins 曲线路径模型重新编程为 Java 以改进模型的代码结构和可扩展性，从而进一步减少计算时间。MATLAB 环境下 Dubins 飞机模型运行需要 55s，而 Java 下只需要 2s 就能计算 308700 个近似值。

6.4.3 问题及解决方案

在某些情况下，由于计算返回虚数，Dubins 集无法给出最短路径。解决这个问题需要通过 Dubins 集合搜索没有产生虚数的最短路径。Shkel 和 Lumelsky[5] 解释说，这是由于两个航点间的距离与无人机最小转弯半径太接近而导致的。应用本方案并进行多次实例测试，改进的 Dubins 集不能生成最短路径这一问题没有再次出现。

当组合数非常多时，可以对这些组合进行限制以便改善模型的运行时间。例如可以考虑无人机的具体任务类型，而不是计算出每个无人机的所有组合。以 10 航点为例，对于单个无人机，会有（10 × 9 × 8） = 720 个组合。如果其中 5 个航点需要同一任务类型的无人机，另外 5 个航点需要另一类型，则只有 2 × （5 × 4 × 3） = 120 个组合需要考虑。考虑任务的时间窗和可能的持续时间，并且消除由于时间约束而不能实现的组合是解决此类问题的另一种方案。尽管在某些情况下对组合数量进行限制也许是有用的，但是应用 Dubins 曲线路径模型计算大量飞行路径的组合仍然是短时间内产生近似飞行时间的一种方法。

6.5 额外任务类型

到目前为止，我们已经在 Dubins 曲线路径模型中提出了“快照”任务的实现方法。为了使飞行时间近似模型贴近实际，必须把可视半径任务、圆形盘旋任务和规避半径任务进行组合。这些任务以及理想化的飞行运动学为任务规划模型提供了精准的近似。

6.5.1　可视半径任务

可视半径任务要求无人机进入指定半径的圆形区域，而不是直接飞越指定的航点。一旦进入这个圆形区域，无人机就可以完成任务，并可以继续到其任务计划中指定的下一个航点。为了完成任务，我们需要考虑无人机在指定航点范围的最小观测时间。选择由可视半径和最小观测时间决定的大小适当的圆形区域，在给定的空速和最小观测时间下，无论无人机进入什么样的圆形区域，我们都可以保证无人机在给定的航点范围内。这通过创建半径比最小可视半径更小的圆形区域完成，其半径等于可视半径 -（最小观测时间 × 无人机空速）。图 6.2 给出了这个概念，表明两个区域之间的最短时间等于最小观测时间。为了避免混淆，我们假设在输入文件中指定的可视半径既反映了装有万向架的相机和视频设备的测量范围，也反映了本节其余部分的最小观测时间。

可视半径任务也使用 i、j、k 组合描述，假设从 j 到 k 的飞行时间已知，无人机之前在 i 处。可视半径任务的建模需要知道所进入半径区域的位置以及每个航点在该位置处的航向。图 6.2 给出了在 j 处可视半径任务可能的 i、j、k 组合。该例提出了针对这个问题的一个简单的解决方案。进一步的研究发现，该方案不能提供飞行时间的实际近似值，因为其要求无人机要经过从 i 到 j 的航向与可视半径边缘的交点处。通过使无人机进入其他点和其他航向来减少总的时间。

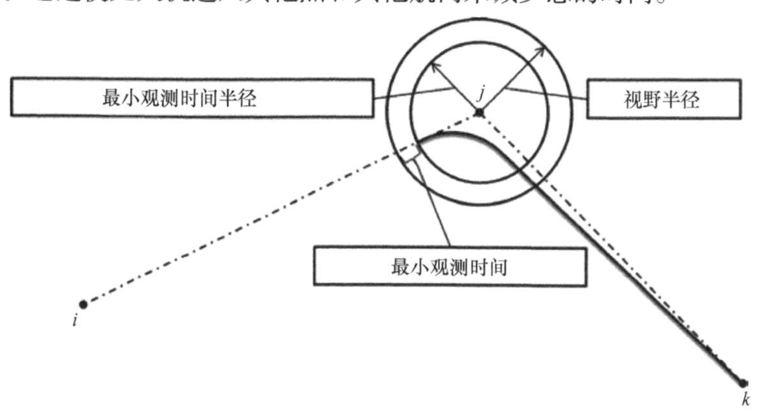

图 6.2　可视任务的 i、j、k 例子

飞行时间近似模型只知道当前的 i、j、k 组合，其不能选择可视半径任务的最佳进入点和航向以使飞行时间最小。因此，我们决定确定预期的飞行时间，而不是让无人机强行进入一个特定的点或航向。当 j 是可视半径任务时，假设无人机进入

可视半径区域的概率等同于其以多个可能航向进入最接近 i 的半圆内的概率。对任意给定的 i、j、k 组合计算所有可能的飞行时间的基础上，我们可以计算预期飞行时间及最坏和最好情况下的飞行时间。

为了使该模型可以计算预计飞行时间，将可视半径区域划分为八个相等的部分。根据 i 相对于 j 的位置，这八个部分中的四个用于可视半径的进入点。虽然我们可以使用周长上所有的八个点，但四个点在精度和计算复杂度上可以做到最好的平衡。盘旋任务部分，我们将对使用四个点而不是八个点是如何减少计算量的进行说明。图 6.3 给出了 i 相对于 j 位于第六个区域的情况。四个进入点位于第六区的上下边缘交叉处，以及可视半径区域与其相邻段的交叉处。

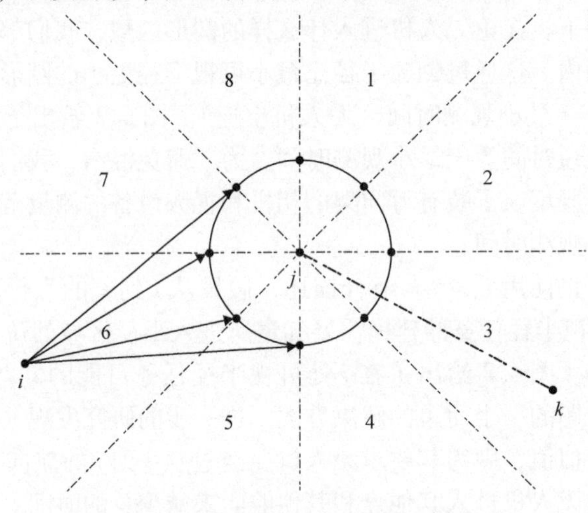

图 6.3　可视半径任务区域分割

以下这组方程给出了如何确定四个最佳进入点中每一个进入点的实际经度和纬度。根据到可视半径任务中心点的角度和半径，可以用这些方程计算出进入点的位置。

$$\text{Long}_{\text{entry}} = \text{Long}_i + \text{Radius} \times \text{feetToDegrees} \times (1/\cos(\text{Lat}_i)) \times \sin(\text{Angle}_{\text{entry}}) \tag{6.7}$$

$$\text{Lat}_{\text{entry}} = \text{Lat}_i + \text{Radius} \times \text{feetToDegrees} \times \cos(\text{Angle}_{\text{entry}}) \tag{6.8}$$

对于可视半径任务，我们考虑两组点和航向。一组假设无人机以平行于航点 i 到 j 的航向进入可视半径区域，另一组平行于从航点 i 到 k 的航向。图 6.4 给出了上述航向的示例，其中图 6.4a 的航向是与 i 到 j 的航向平行的，图 6.4b 是四个进入点中的每一个航向都是与从 i 到 k 的航向平行的。

某些情况下，无人机会在到达初始航点 j 之前转向最终航点 k。另外一些情况下，无人机可能会停留在与 i 到 j 的直线航向平行的航向上。最有可能的是，操作员在制定飞行计划时会使用这两个航向之间的航向。因为我们不知道这些点和航向中哪些是最好的或是可能的，所以这些集合能够应用飞行时间近似模型返回的平均

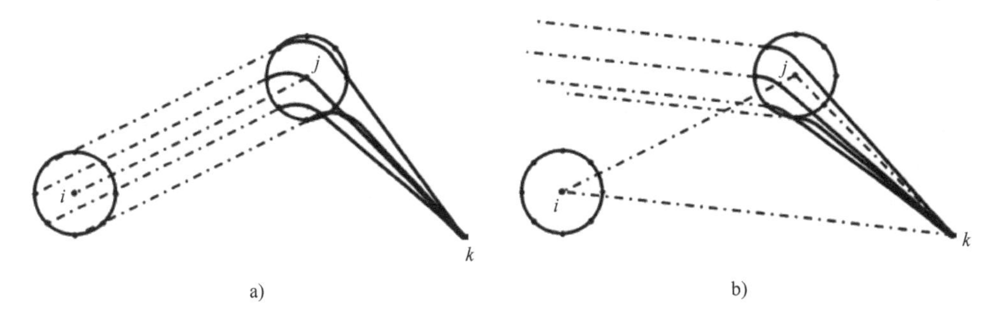

图 6.4　可视半径任务航向集

a）航向平行于从 i 到 j 的航向　b）航向是四个进入点的航向平行于从 i 到 k 的航向

近似值来代表可视半径任务。

6.5.2　盘旋任务

我们将盘旋任务定义为使无人机位置保持在指定的航点附近以完成任务。任务包括：应用监视器收集信息或只是简单的等待一段时间。尽管盘旋任务有许多模式，但我们建立了一个圆形盘旋任务路径作为近似化模型。这种任务的建模需要圆形盘旋路径的半径，以及进入点的位置、航向和盘旋时间。从这些信息中，我们可以得到飞行近似时间模型从航点 j 到 k 的退出点的位置和航向，其中 j 是盘旋任务。图 6.5 对这个概念进行了说明。

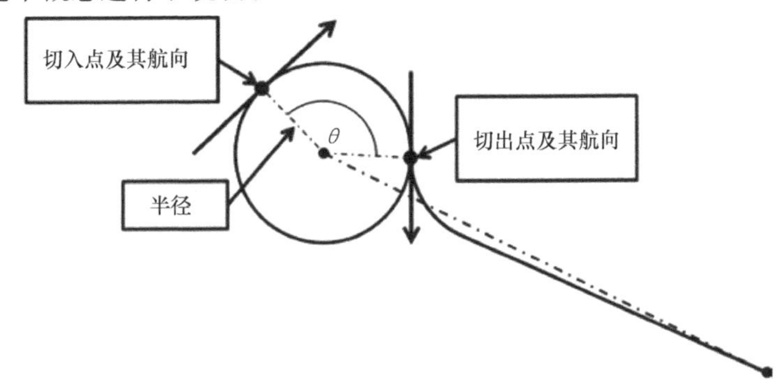

图 6.5　圆形盘旋路径任务

图 6.5 中，角度 θ 表示圆形盘旋路径上进入点和退出点之间的角度变化。下面这组方程给出了 Java 中如何获得 θ、退出点的位置和航向。

$$\text{Distance} = \text{Duration} \times \text{Airspeed} \tag{6.9}$$

$$\text{Circumference} = 2 \times \pi \times \text{Radius} \tag{6.10}$$

$$\theta = \text{Math.IEEEremainder}(\text{Distance}, \text{Circumference}) \times \text{Radius} \tag{6.11}$$

$$\text{Long}_{exit} = \text{Long}_i + \text{Radius} \times \text{feetToDegrees} \times (1/\cos(\text{Lat}_i)) \times \sin(\text{Angle}_{entry} + \theta) \tag{6.12}$$

$$\text{Lat}_{exit} = \text{Lat}_i + \text{Radius} \times \text{feetToDegrees} \times \cos(\text{Angle}_{entry} + \theta) \tag{6.13}$$

$$\text{Heading}_{\text{exit}} = \text{Angle}_{\text{entry}} \pm \theta \pm 90 \tag{6.14}$$

式（6.14）中的 ± 号取决于无人机绕圆形盘旋路径是顺时针方向还是逆时针方向。顺时针方向为（+），逆时针方向则为（-）。本节中，圆形盘旋路径任务的建模需要应用上述公式。

为确保能够精确地实现盘旋任务的描述并在计算时间方面可实现，盘旋任务需要一些重要的条件。盘旋任务需要定义进入点、退出点以及无人机必须围绕任务航点中心附近盘旋持续的时间。一开始尝试建立盘旋任务的模型时，我们从单个指定的进入点和持续时间中得到退出点，但如果缺少了应用 i、j、k 组合获得的无人机的位置信息，上述方案是无法实现的，意识到这一点之后，我们模拟了八个相同的点来定义无人机进入和离开盘旋路径的位置。尽管原有的两种方法均不满足任务要求，但也为最终实现打下了基础。当 i、j 或 k 是盘旋任务点时，获得 i、j、k 组合的近似飞行时间是圆形盘旋路径任务的最终目标。任务的持续时间不包括在飞行时间内，因为它是飞行时间近似模型中任务规划和无人机动态特性模型的输入。例如，如果 j 和 k 都是盘旋任务点，则近似飞行时间是从 j 退出点到 k 进入点的时间。

进入圆形盘旋会影响进入盘旋任务的飞行时间，也影响无人机退出盘旋路径的时间点。在初始两种方法中，该模型要么强制无人机在单个点处进入，要么等概率地进入圆形盘旋路径八个点中的任意一个。这两种方法都不能完全代表实际情况，一种是不合理的强制无人机在单个点进入，而另一种则没有考虑无人机的先前位置或盘旋任务的持续时间。

为了综合考虑这两种方法，我们将第二种方法中描述的八个进入点定义为圆形盘旋路径任务可能的进入点，这取决于第一种方法中无人机的先前位置。在八个可能的进入点中，我们选择四个最佳进入点作为可视半径任务的区域。如果到中心航点的航向大于进入点的航向，则是顺时针航向，否则是逆时针航向，如图 6.6 所示。

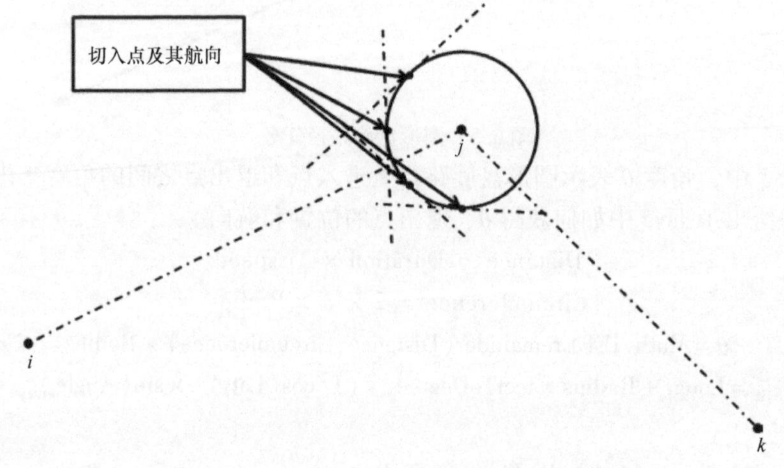

图 6.6　在八个可能的点中选择等概率的四个点

选择四个最佳进入点和航向可以限制计算次数，因为在每个盘旋任务中只需考虑 4 种可能的组合，而不是使用 8 个进入点和退出点时的 16 种组合。如果 j 和 k 都是盘旋任务点，那么将有（4 个点，每个点有 $j\times1$ 个航向）×（4 个点，每个点有 $k\times1$ 个航向），即 16 个可能的组合，而不是所有 8 个点情况下的 256 个可能的组合。实际情况下，无人机不可能等概率地进入所有八个点，所以模型可以计算出更真实的平均值。同时，这种方法的总体计算时间更快，因为它大大降低了要完成的计算次数。

该方法使用本节中提到的方程来确定与四个进入点相关联的四个退出点的集合。在 Java 程序中，我们用一组航点来存储四个进入点，然后将这四个进入点作为参数传递给圆形盘旋路径任务类定义中的方法。这些方程确定了无人机在指定持续时间内完成的转向次数，并基于角度 θ 从进入点确定退出点的位置。通过运行包含该组方程的 For - loop 语句来确定所有四个退出点和其航向。图 6.7 是 j 处盘旋路径任务中的四个进入点和退出点以及从盘旋任务 j 到 k 的四个最佳进入点的可能的 Dubins 曲线路径。j 处的四个退出点都可以这样处理，所以总共要考虑 16 个可能的路径来获得盘旋任务的最小、最大和平均飞行时间。

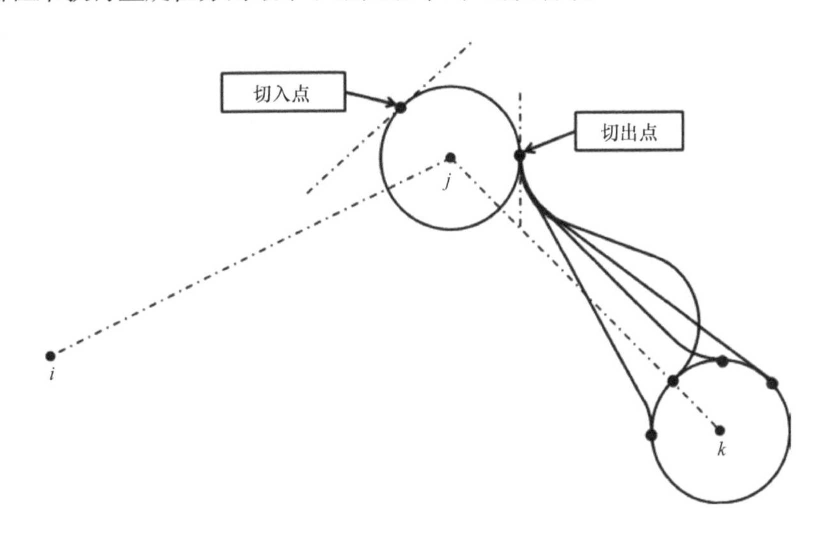

图 6.7　根据进入点位置和持续时间来确定退出点

盘旋任务也使我们能够实现规避半径任务。我们把规避半径任务看作盘旋任务的一个特例，其中在指定的区域半径内让无人机避开某个航点，但仍然使用所携带的传感器进行观测。给无人机分配任意短的最小观测时间，则无人机在移动到下一个航点之前会短时间内跟踪盘旋路径来完成任务。对于任务规划和动态资源管理模型，上述三个附加任务使飞行近似时间的计算包括实际任务类型近似飞行时间模型成为可能。

6.6 风干扰因素

为了将风干扰因素加入到飞行时间近似模型中，我们研究了三个独立变量，分别是无人机头风风速和尾风风速、无人机的侧风速度和无人机本身的空速。应用文献［4］中“Pioneer”无人机的完全非线性仿真来研究风的影响，所得到的结果仅适用于“Pioneer”无人机。仿真使我们能够将无人机置于三种不同级别的真实空速舱中。为了确保收集到的数据仅仅受到风和无人机的影响，我们保持模拟中的其他所有量恒定不变，并将无人机设置为沿直线飞行200s。设置风干扰的参数，使无人机能在模拟的前10s中受到特定速度下全部的风力，使无人机能反映并保持其真实空速。在不同水平的独立变量下进行模拟，这样我们就可以在整个模拟中收集关于燃油平均消耗率的数据，这是因变量。

表6.1给出了用于收集数据和建立燃油消耗率模型的完全非线性仿真输入的影响因子。根据完全非线性仿真中所描述的无人机的能力，Crassidis 和 Crassidis[16] 建议的最大风速幅值是10ft/s。所有“Pioneer”无人机都受到这种最大风速的限制。我们将无人机最大空速设定为全非线性仿真所描述的“Pioneer”无人机的实际最大空速。然后用步长10ft/s确定无人机的三个附加速度，它们都大于无人机为保持其高度所需的最小空速。对于各种不同形式的无人机，为了获得进一步的实验结果及其燃油消耗率方程，对其进行附加的完全非线性仿真研究或获得有关UAV实验的知识是很有必要的。我们认为，这种更高风速下使用不同的无人机确定燃油消耗率的方程和方法是有效的。

表6.1 燃油消耗率平均水平

自变量	最小水平	最大水平	步长
逆风/顺风风速（u）	−10ft/s	10ft/s	1ft/s
侧风风速（v）	−10ft/s	10ft/s	1ft/s
UAV 空速（$\text{Airspeed}_{\text{UAV}}$）	137.86ft/s	167.86ft/s	10ft/s

尽管本研究的最初一部分是用侧风确定燃油消耗率的模型，但经过进一步的研究与讨论[16]，侧风的复杂性超过了我们模型的复杂性。因此，燃油消耗率模型仅限用于无人机空速、头部和尾部风速。以后的研究中我们再讨论侧风的影响。现在，我们假设无人机驾驶员或无人机的自动化系统能够处理侧风影响，这可以通过对无人机做适当的调整以顺应侧风或防范侧风，但太强的侧风无人机则无法应对。因为飞行时间近似模型不需要知道整个飞行路径的信息，所以在没有这些信息的情况下要确定侧风在整个飞行路径上的影响是不可能的。这样做就可能将该模型变成飞行时间近似模型，如问题阐述中提到的，其无法快速计算大量的i、j、k组合的飞行近似时间。

应用完全非线性模拟和收集到的数据，我们通过线性回归方程拟合所生成的数据，包含头风和尾风的每一个无人机空速都是预测器。利用 MINITAB，回归的R^2值均大于99%，这说明简单的线性方程就能够解释几乎所有数据的方差。下列方程是每个无人机速度研究中燃油消耗率的方程，单位是加仑每小时。这些方程正如人们所预知的那样，头风（负 u 值）会增加燃油消耗率，而尾风（正 u 值）会降低燃油消耗率。

$$\mathrm{FuelBurnRate}_{167.86\mathrm{ft/s}} = 3.03107 - 0.0146952u \tag{6.15}$$

$$\mathrm{FuelBurnRate}_{157.86\mathrm{ft/s}} = 2.90315 - 0.0133689u \tag{6.16}$$

$$\mathrm{FuelBurnRate}_{147.86\mathrm{ft/s}} = 2.79312 - 0.0117382u \tag{6.17}$$

$$\mathrm{FuelBurnRate}_{137.86\mathrm{ft/s}} = 2.70043 - 0.0100805u \tag{6.18}$$

燃油消耗率模型的建立

把燃油消耗率模型加入飞行时间近似模型需要对模型所预测的实际飞行路径有深入的了解。在 i、j、k 组合中，尽管假设应用了 j 到 k 的直线距离，但这不会得到描述无人机真实飞行路径的平均燃油消耗率。为了获得更好的近似，飞行路径被分解成三个线性部分，用 Dubins 曲线路径的三条曲线描述，如图 6.8 所示。

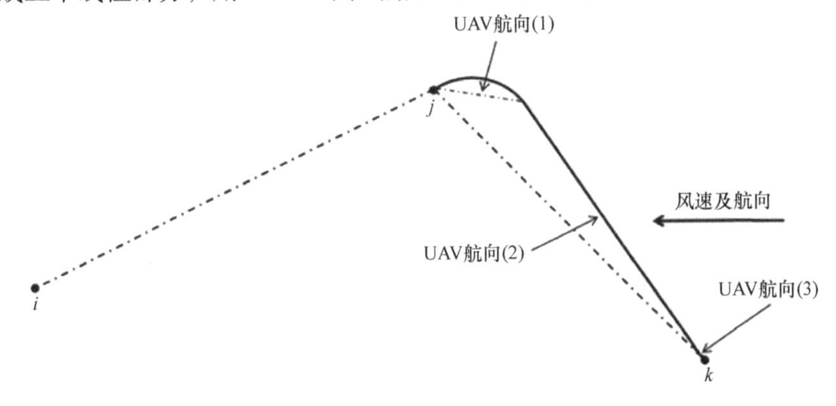

图 6.8 将从 j 到 k 的飞行路径分成线性阶段

利用飞行时间近似模型，我们知道曲线或直线的距离以及曲线起始点和终止点的航向。由此，我们以类似于盘旋任务的方式计算航点和方向，其中退出点及其航向是根据进入点和盘旋任务圆上的距离。一旦这样做，风速必须分解成 u 和 v，以便确定作用在三个阶段中每个阶段的风力大小。图 6.9 的例子给出了如何确定这些分量，其中无人机以 45°的航向飞行，并且风作用的方向是 270°。

下列方程计算作用在无人机上的风的 u 和 v 分量。将其应用到三段航向中的每一个，根据燃油消耗率模型计算出每个阶段的近似消耗率。然后，根据三个阶段中的每个阶段的路径长度进行加权平均，就得到整个路径上的平均燃油消耗率。

$$u = \mathrm{speed}_{\mathrm{wind}} \times \cos(\mathrm{heading}_{\mathrm{wind}} - \mathrm{heading}_{\mathrm{UAV}}) \tag{6.19}$$

$$v = \text{speed}_{\text{wind}} \times \sin(\text{heading}_{\text{wind}} - \text{heading}_{\text{UAV}}) \tag{6.20}$$

现在，每次在 Java 程序中计算近似飞行时间时，都会为 i、j、k 组合创建分段的 Dubins 曲线路径。在那个阶段，模型计算路径上的燃油近似消耗率。这使得任务规划模型能够根据无人机的时间和续航能力来有效地规划任务。

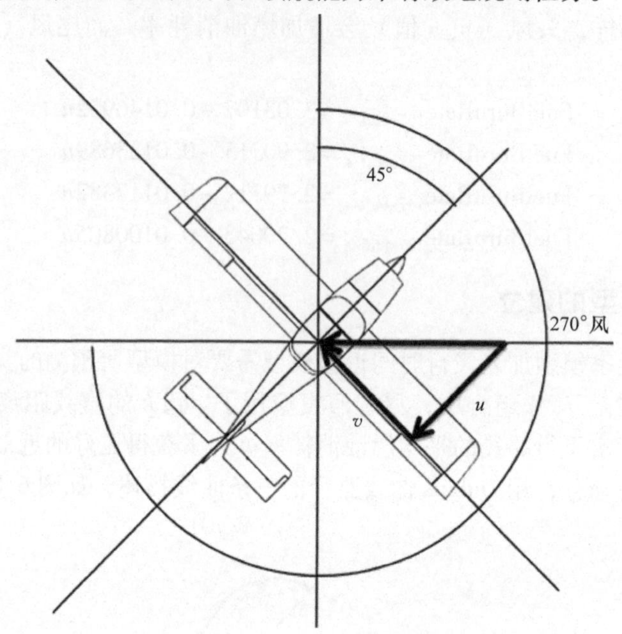

图 6.9 作用在无人机上的风的分量

6.7 最终模型的计算分析

最终的飞行时间近似模型能够在实时场景中产生数千个 i、j、k 组合的飞行时间。此外还包括无人机在任务设置中可能需要执行的实际监视任务。最后还包括风力对无人机影响的分析。在本节中，我们将分析模型运行时间，并对近似飞行时间与“实际”飞行时间进行比较。

6.7.1 模型运行时间分析

对于模型运行时间的分析，我们考虑了一组 10 个航点、20 个航点和 30 个航点的情况，分别需要 720、6840 和 24360 个 i、j、k 组合。如前所述，可视半径任务、规避半径任务和盘旋任务需要对飞行时间近似模型进行附加迭代。这就可以确定预期的、最小的和最大的飞行时间。我们用逗号分隔的文件来输入每个航点，航点信息见表 6.2 的示例。

本例考虑了分布在大约 60mile^2 地区的 30 个航点。对于所有的情况，取风速为

2ft/s，风向 270°，用燃油消耗率模型计算出每段 Dubins 曲线路径的燃油消耗率并进行加权平均。满足无人机航向为 i、j、k 三航点组合中 j 到 k 的方向的所有假设，从而计算出可视半径任务、规避半径任务和盘旋任务的预期飞行时间。

表 6.3 列出了三种情况中每一种要考虑的详细的任务类型的分解。表 6.4 是运行模型得到数据库输出的例子。表 6.5 列出了每种情况下飞行时间近似模型的运行时间分析。在 10 个航点和 20 个航点时，显然满足问题描述中提出的要求。随着航点数增加到 30 个，飞行时间近似模型在计算所有组合时需要更长的时间。对于需要超过 500s 来计算 720 个组合的 Dubins 飞机模型而言，这已经是一个非常大的改进了。此外，最终飞行时间近似模型优于无额外任务类型或者燃油消耗率模型的 MATLAB 版本。在 30 航点情况下，如果可视区域半径任务、规避半径任务和盘旋任务被认为是四个单独的航点，则飞行时间近似模型实际上是运行超过 365000 次迭代的快照任务。

表 6.2　飞行时间近似模型的航点数据

#	经度	纬度	半径	航向	资源	任务	持续
1	-117.03967	35.43222	0	0	PIONEER	快照圈	0
2	-117.46150	35.55427	2000	0	PIONEER	盘旋路径	500
…	…	…	…	…	…	…	…
9	-117.6517	35.61547	2000	0	PIONEER	规避半径	0
10	-117.0562	35.84219	0	0	PIONEER	快照	0

表 6.3　运行分析中情况总结

任务	10 航点	20 航点	30 航点
快照任务	4	8	12
可视区域半径任务	2	4	6
规避半径任务	2	4	6
盘旋任务	2	4	6

表 6.4　飞行时间近似模型获得的航点信息

i	j	k	飞行时间/s	燃油消耗率/(gal/h)
1	2	3	749.7920269	3.028399503
1	2	4	523.4798975	3.028823362
1	2	5	907.2068602	3.032716132
…	…	…	…	…
10	9	6	1319.96323	3.031289848
10	9	7	664.637497	3.031411687
10	9	8	1628.940727	3.031256851

表 6.5 三种情况的运行分析结果

情况	组合	运行时间/s
10 航点	720	0.334
20 航点	6840	2.036
30 航点	24360	6.786

考虑到复杂度的增加，具有额外任务类型和燃油消耗率模型的最终飞行时间近似模型能够在符合要求的时间段内快速计算出数千个 i、j、k 组合。对于 30 航点的情况，如前所述，组合数很可能会受到限制。将飞行时间和燃油消耗率近似值纳入任务规划或动态资源管理模型中，可以帮助决策者更有效地管理资源分配。下面将给出一个小型任务的示例，并计算其实际飞行时间的近似值。

6.7.2 实际飞行时间与预期飞行时间的比较

本节中，用 8 个航点及无人机作为实例建立一个小型任务规划，以说明预期飞行时间近似值与无人机为尽快完成任务最可能的实际飞行时间近似值的比较。假设基地有一条跑道，无人机必须在跑道上以 270°（东）航向起飞，并以 270°（东）的航向着陆。忽略跑道上的加速和减速。对于这个例子，四种任务类型（快照任务、可视半径任务、规避半径任务以及盘旋任务）中的每一种都有两个航点。可视半径任务和规避半径任务的半径都为 2000ft，盘旋任务的半径也为 2000ft，盘旋时间为 500s。在风速为 2ft/s，风向为270°（东）的情况下，设置无人机保持空速 167.86ft/s。在本例中运行飞行时间近似模型，可以提取出任务规划所需的 i、j、k 三航点组合的飞行时间和燃油消耗率，包括可视半径任务、规避任务和盘旋任务的预期飞行时间、最小飞行时间和最大飞行时间。图 6.10 给出了无人机基于 i、j、k 近似飞行时间的最佳飞行路径的任务示例。注意航点 1 和 6 是规避半径任务，航点 2 和 5 是快照任务，航点 3 和 8 是盘旋任务，航点 4 和 7 是可视半径任务。这个例子说明了规避任务和盘旋任务的相似性。经过更进一步实验可以看到，盘旋任务实际上围绕着整个盘旋环进行循环，而规避任务是立即移动到下一个航点。

表 6.6 给出了上述示例的结果。如图 6.10 所示，如果在飞行时间近似模型中，无人机选择的是每个 i、j、k 组合中从 j 到 k 的最佳路径，则“实际”到达时间和燃油消耗率是近似的。显然，从可视半径任务、规避半径任务和盘旋任务中计算的最短到达时间与实际到达时间差值不大，但重要的是要记住盘旋任务对这两个时间差值有影响。这是因为我们选择的是进入盘旋任务的最佳路径，而盘旋路径完全依赖于盘旋时间。如果有更多的盘旋任务，那么“实际”飞行时间和“最小”飞行时间的差值或许会更大。同样重要的是要注意，到达时间里还包含为盘旋任务时间而增加的 500s。

表6.6　飞行时间和燃油消耗率在简单任务规划下的结果

i	j	k	到达 k 的耗时/s				燃油消耗率/(gal/h)	
			实际	最小	平均	最大	实际	平均
0	0	1	215.2366	215.2366	217.6190	221.4823	3.0543	3.0545
0	1	2	379.5656	379.5656	403.4974	429.2611	3.0576	3.0287
1	2	3	550.9886	550.9887	577.1532	606.0333	3.0555	3.0554
2	3	4	1258.132	1248.779	1295.487	1397.341	3.0216	3.0270
3	4	5	1447.890	1425.298	1523.677	1675.780	3.0155	3.0327
4	5	6	1654.497	1631.905	1733.427	1890.438	3.0549	3.0557
5	6	7	1796.655	1734.265	1863.572	2053.454	3.0474	3.0306
6	7	8	1918.383	1837.735	1981.639	2185.569	3.0148	3.0143
7	8	0	2646.792	2553.755	2704.036	2913.979	3.0524	3.0352

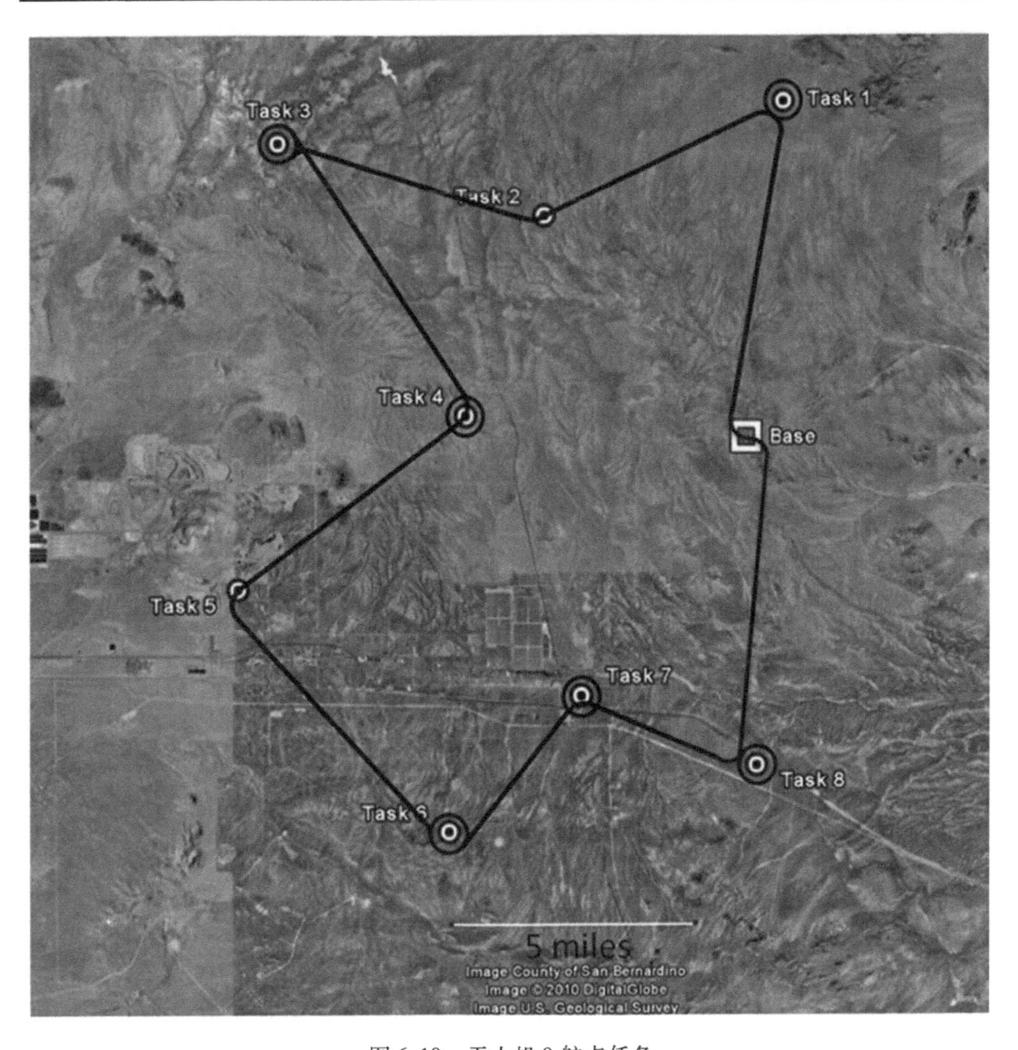

图6.10　无人机8航点任务

这些结果的另一个重要方面是从近似模型结算得到的平均燃油消耗率与来自“实际”最佳路径的燃油消耗率间的差值。大多数情况下它们是几乎相同的。但其他一些情况下，最佳路径的头风或尾风可能比其他路径的平均值更大。基于 i、j、k 组合中 j 和 k 的位置，可以给出期望的总平均燃油消耗率的良好近似。

近似模型能为应用最小飞行时间提供一个更自由的近似值，能为应用最大飞行时间提供一个更保守的近似值。近似飞行时间的均值是一组最优飞行路径的最小飞行时间和最大飞行时间的折中值。与此同时，这也使任务规划[1]和动态资源管理[2]模型能够应用这些知识来确定无人机过早或过晚开始执行任务的可能性，并且能够更有效地管理无人机的任务。

6.8 本章小结

包括监视任务和燃油消耗率的最终近似模型能够满足本章问题阐述部分中提出的要求。我们最初的目标是建立在任务规划[1]和动态资源管理[2]中使用的模型，以有效和高效地规划或重新规划无人机的资源。在这项工作之前，所用的欧氏距离没有考虑无人机的飞行运动学和风干扰对燃油消耗率和飞行时间的影响。通过应用 Dubins 集这样一个有效的近似模型，我们建立了一个阐述无人机理想化飞行运动学的模型，并在数秒内产生大量的飞行时间的近似值。虽然建立的模型达到了目标，但仍然需要对这个模型进行扩展。

复杂度约束限制了当前的任务规划和动态资源管理模型只能使用 i、j、k 的三航点组合。如果这些模型中每个组合包含的航点更多，那么就可以对更多的航点集的飞行时间进行优化。Savla 等[17]和 Kenefic [18]已经开始使用类似于 Dubins 飞机模型的模型。Savla 等应用名为交替算法的算法可使无人机在每组航点集的两个航点之间沿直线飞行。虽然他们的主要目标是确定旅行商问题（TSP）的边界，但也显示出可确定飞行路线以最小化总体飞行任务时间的能力。Kenefic[18]把这项研究工作向前推进，使用粒子群优化（PSO）算法优化每个航点的航向以最大限度地减少总体飞行时间。PSO 算法以交替算法作为起始点，然后优化每个航点的航向来平滑整个飞行路径，以尽可能减少大的转弯或闭合的回路。尽管这些方法应用仿真模型来确定无人机的飞行路径时计算量大，但是在路径优化中应用飞行时间近似模型求解速度更快。迭代过程中不需要计算全部路径，而是在最优航向确定之后，只需最后确定飞行的必需路径。这不仅节省了计算时间，而且还在满足时间窗的情况下使无人机节省时间和燃油。

Myers 等[12]还讨论了使用 i'、i、j、k 组合的可能性。他们的模型可用于确定存在障碍物的两航点间的最短路径，并称这种更大规模的航点组合集可以获得更准确的近似飞行时间。这是减少了一些必要假设的结果，最重要的是去掉了在航点 i 处的航向假设。虽然这种思路有利于进一步探讨，但对资源管理模型进行进一步的研究是必需的。因为应用 i'、i、j、k 组合会使当前的模型难以处理实时情况。

虽然我们应用文献［5］中的 Dubins 集作为近似模型的基础，但其他估计飞行时间的方法可能会有更好的结果。对于我们的近似模型，利用从监视任务中获得的最小飞行时间、最大飞行时间和平均飞行时间可以给出更好的近似值。例如，应用上述三个近似飞行时间的回归方程来匹配任务规划示例中的“实际”飞行时间。此外，持续研究任务规划模型从而把近似飞行时间的置信区间考虑在内是很重要的。可以应用飞行时间近似置信区间对模型进行优化来求解 VRPTW 问题，使无人机能在时间窗内到达。Uster 和 Love[19]说明了如何得到这些估计距离的置信区间。虽然他们的工作主要集中于确定路网中估计距离置信区间，但也可以把这项工作扩展到飞行时间近似中。因为不可能获得实际无人机的使用权，所以不可能在这项工作中建立飞行时间近似模型。

最后，对燃油消耗率进行进一步的研究有助于最大限度地降低任务的总体成本。在有风的情况下，可以对无人机在飞行路径上的燃油消耗进行优化。当前的规划模型仅将燃油消耗作为约束。通过路径优化可以在两个航点之间找到最优空速而不必假定空速恒定。虽然某些空速下无人机在要求的时间窗内过早进入了航点，但更低的空速也能使无人机完成任务，从而使我们能够确定其他的、也可能是更好的任务规划。Harada 和 Bollino[20]认为，对于无人机在常值风下周期性绕圆飞行的情况，可以将圆分别分为最大推力弧和最小推力弧，或“上升弧”和“下降弧”。在风变成尾风时，无人机开始进入下降弧，这说明无人机的燃油消耗率有所改善。为了获知 i、j、k 组合中无人机从 j 飞行到 k 之前的确切航向，需要使用之前的附加点，这使 i'、i、j、k 组合成为一个未来非常有价值的研究领域。

参考文献

1. Mufalli, F., Batta, R., and Nagi, R. (2012). Simultaneous sensor selection and routing of unmanned aerial vehicles for complex mission plans. *Computers and Operations Research*, **39**(11):2787–2799.
2. Murray, C. and Karwan, M. H. (2010). An extensible modeling framework for dynamic reassignment and rerouting in cooperative airborne operations. *Naval Research Logistics*, **57**(3):634–652.
3. Weinstein, A. L. and Schumacher, C. J. (2007). UAV Scheduling via the Vehicle Routing Problem with Time Windows. Technical Report AFRL-VA-WPTP-2007-306, Air Force Research Laboratory.
4. Grymin, D. J. and Crassidis, A. L. (2009). Simplified Model Development and Trajectory Determination for a UAV using the Dubins Set. In *AIAA Guidance, Navigation, and Control Conference and Exhibit*, Montreal, Canada.
5. Shkel, A. M. and Lumelsky, V. (2001). Classification of the Dubins set. *Robotics and Autonomous Systems*, **34**:179–202.
6. Dubins, L. E. (1957). On curves of minimal length with a constraint on average curvature, and with prescribed initial and terminal positions and tangents. *American Journal of Mathematics*, **79**(3):497–516.
7. Jeyaraman, S., Tsourdos, A., Zbikowski, R., White, B., Bruyere, L., Rabbath, C.-A., and Gagnon, E. (2004). Formalised Hybrid Control Scheme for a UAV Group Using Dubins Set and Model Checking. In 43rd IEEE Conference on Decision and Control, Atlantis, Paradise Island, Bahamas.
8. Enright, J. J. and Frazzoli, E. (2006). Cooperative UAV Routing with Limited Sensor Range. In AIAA Guidance, Navigation, and Control Conference and Exhibit, Keystone, Colorado.
9. Sujit, P. B., Sinha, A., and Ghose, D. (2006). Multiple UAV Task Allocation Using Negotiation. In Proceedings of Fifth International Joint Conference on Autonomous Agents and Multiagent sytems, Tokyo, Japan.

10. Schumacher, C. J., Chandler, P., Pachter, M., and Pachter, L. (2007). Optimization of air vehicles operations using mixed-integer linear programming. *Journal of the Operational Research Society*, **58**:516–527.
11. Schouwenaars, T., Valenti, M., Feron, E., and How, J. (2005). Implementation and Flight Test Results of MILP-based UAV Guidance. In Aerospace Conference, 2005 IEEE, pages 1–13, Big Sky, MT.
12. Myers, D., Batta, R., and Karwan, M. (2010). Calculating Flight Time for UAVs in the Presence of Obstacles and the Incorporation of Flight Dynamics. In INFORMS Annual Meeting, Austin, Texas.
13. Ceccarelli, N., Enright, J. J., Frazzoli, E., Rasmussen, S. J., and Schumacher, C. J. (2007). Micro UAV Path Planning for Reconnaissance in Wind. In Proceedings of the 2007 American Control Conference, pages 5310–5315, New York.
14. Rasmussen, S. J., Mitchel, J. W., Chandler, P. R., Schumacher, C. J., and Smith, A. L. (2005). Introduction to the MultiUAV2 Simulation and its Application to Cooperative Control Research. In Proceedings of the 2005 American Control Conference, Portland, OR.
15. McNeely, R. L., Iyer, R. V., and Chandler, P. (2007). Tour planning for an unmanned air vehicle under wind conditions. *Journal of Guidance, Control, and Dynamics*, **30**:629–633.
16. Crassidis, A. L. and Crassidis, J. L. (2010). Personal communication with Agamemnon and John Crassidis for advice on the effects of wind on a UAV's fuel burn rate.
17. Savla, K., Frazzoli, E., and Bullo, F. (2005). On the point-to-point and traveling salesperson problems for Dubins vehicle. In American Control Conference, volume **2**, pages 786–791, Portland, Oregon.
18. Kenefic, R. J. (2008). Finding good Dubins tours for UAVs using particle swarm optimization. *Journal of Aerospace Computing, Information, and Communication*, **5**:47–56.
19. Üster, H. and Love, R. F. (2003). Formulation of confidence intervals for estimated actual distances. *European Journal of Operations Research*, **151**:586–601.
20. Harada, M. and Bollino, K. (2008). Minimum Fuel Circling Flight for Unmanned Aerial Vehicles in a Constant Wind. In AIAA Guidance, Navigation, and Control Conference and Exhibit, Honolulu, Hawaii.

第7章　无人地面车辆在联合武装作战中的作用

7.1　概述

澳大利亚国防科技组织（Australia's Defence Science and Technology Organisation，DSTO）的国土能力分析处（Land Capability Analysis，LCA）将分析方法[1,2]作为研究澳大利亚军队现代化的关键手段[3]。这些分析涉及许多问题，如主要系统采购[4,5]、改变结构、未来发展概念[6]以及如何使这些领域合理地结合在一起[7,8]。

而这些分析手段首先需要考虑的是保证严密并与真实场景相关。也就是说，如何有效地平衡内在和外在冲突，以使最终的解决方案具有说服性。

作为澳大利亚军方未来需求的一部分，LCA 在不同作战环境下联合无人地面车辆（Unmanned Ground Vehicles，UGV）与不同类型的载人地面车辆进行了一个试探性分析。其目的是为了考察，理论上 UGV 的性能可以促进联合武装（Combined Arms Team，CAT）的作战性能，并确定可能需要进一步巡查的区域。为了实现这个目的，我们构建了一个多方法分析过程，以确定配备有载人车辆与 UGV 的混合 CAT 的潜在运营影响。包含在这个过程的方法有真实事件分析、有人参与的仿真（Human – In – the – Loop，HIL）和闭环（Closed – Loop，CL）仿真。

在测试过程中，CAT 对载人车辆和 UGV 装备类型的各种组合，不仅可以评估出 UGVs 的影响，还可以在载人作战车辆的质量和 UGV 支持水平之间进行权衡。总共考虑六种不同的 CAT：一种中型载人战斗车不含 UGV 选项、轻型和重型 UGV 选项、轻型和重型载人战斗车含有轻型 UGV 选项，将这些与类似于澳大利亚军队的标准车辆进行比较。

本章描述了在复杂作战环境中探索 UGV 的作战影响及其对载人车辆能力补充的分析方法，并提供了相关研究的结论。同时本章更侧重于如何改进所使用的方法，以用于未来的研究。

7.2　问题描述

澳大利亚军方未来作战理念表示，未来陆军部队将“在复杂地形中进行近距离作战”[9]。随着地面无人系统的不断增强，澳大利亚陆军必须了解这种系统如何提高其近距离作战的能力。然而，就目前来看，这不仅仅是简单地使用无人驾驶系统进行替代，而是类似于无人机（Unmanned Aerial Vehicles，UAVs）的情况，载人与无人系统的混合。因此，重要的是要考虑无人系统是如何与具有不同功能的载人系统相辅相成的。这并不仅仅是考虑不同 UGV 的能力来决定它们可能扮演什么样的角色，而需要了解这种系统在 CAT 执行近距离作战任务时所产生的影响。

在这项研究中有两个独立的影响因素——地形复杂性、载人和无人驾驶车辆选择的影响。有两种不同的地形和六种车辆选项组合。其他的变量，包括反方军事力量（OPFOR）、实验军事力量（EXFOR）的其他部分和任务在内的因素都保持不变。

7.2.1 地形因素

澳大利亚军方未来陆地作战报告[10]中的第一项综合趋势就描述了陆军部队的作战环境正在向城市化发展。考虑到这一点，研究中的两种地形都是基于城市的类型，其差异主要体现在建筑物密度的变化上。

该研究的第一部分使用的地形是 1969 年越南战争期间的一个小镇，该小镇是当时澳大利亚的一个主要战场。其中心由一系列小型单层住宅、长而宽的街道组成，提供了相对宽阔的视线，并被认为是低密度城镇环境的代表，如图 7.1 所示。其被应用在最初的研究中，因为它与澳大利亚军队的真实事件有直接联系，提供了极好的外部有效性，其结果可以与历史研究相比较，具体可以参考文献［5，11］。

第二种地形是中东地区具有代表性的城镇，类似于 2004 年伊拉克战争期间的作战区域。这里的地形特点是密集的多层住宅，视野非常狭窄，如图 7.2 所示。

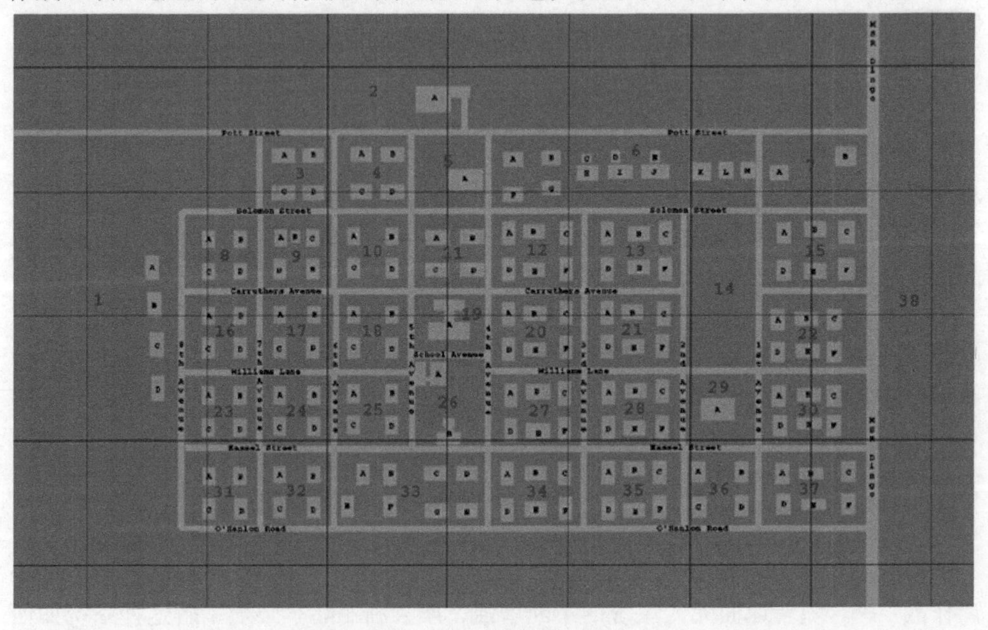

图 7.1　低密度城镇环境

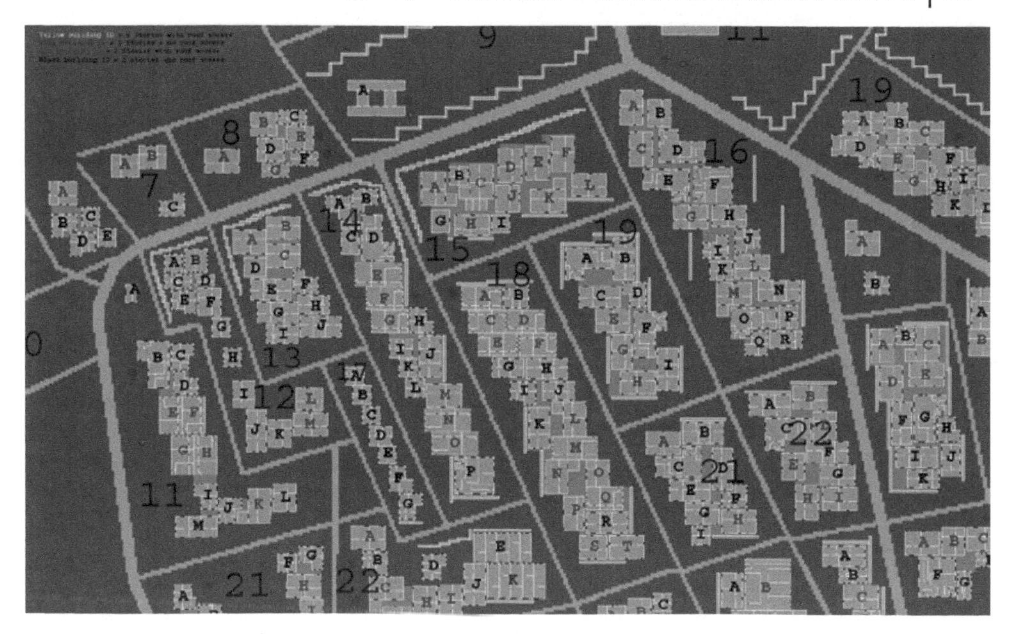

图 7.2　高密度城市环境

两种地形类型都可能是澳大利亚陆军的未来作战区域。

7.2.2　车型搭配

这项研究的目的不仅在于探索无人驾驶汽车的影响，同时还研究它们如何与不同类型的载人车辆相互搭配。因此，需要考虑载人和无人驾驶车辆的变化。考虑了四种载人车辆：

- 标准车辆：类似于澳大利亚军方使用的车辆。
- 重型车辆：包含重型坦克和步兵战车（Infantry Fighting Vehicles，IFVs），具有类似于主战坦克的保护。
- 中型车辆：包含重型坦克和中型步兵战车。
- 轻型车辆：包含中型坦克和步兵战车。

考虑了两种 UGV：

- 小型 UGV：类似于 iRobot PackBot UGV，光学传感器功能有限且无装甲。
- 大型 UGV：类似于武装机器车辆，配备有 30mm 机炮且可以抵御小型武器的射击。

这两个功能选项提供了二维上的九种组合情况和一个标准车辆情况。然而，分析期间的时间限制只允许研究九种组合中的五个，表 7.1 中表示了这些组合。尽管在这两种地形中都研究了这五种选择，但仅在低密度地形中考虑了标准车辆，将总选项减少到 11 种。

表 7.1 实验选项，并将探索性选项进行着重标注

		UGV 选项		
		A. 无 UGV	B. 轻型 UGV	C. 重型 UGV
车辆选项	1. 轻型选项	A1	B1	C1
	2. 中型选项	A2	B2	C2
	3. 重型选项	A3	B3	C3
	4. 基准	BASE		

7.2.3 各方力量因素

为了减少独立变量的个数，双方的兵力除了实验军事力量（EXFOR）载人和无人车辆变化之外都被设置为常数。

7.2.3.1 实验军事力量

实验军事力量（EXFOR）CAT 是建立在三个步兵战车单元基础上的一个机械化步兵排，其中每一个步兵战车单元被分成两个四人火力小组。另外，还包含附属的一个坦克单元（由两辆坦克组成）、机动支援（manoeuvre support，MNVR Spt）部分和联合进攻支援小组（Joint Offensive Support Team，JOST）。后备支援不直接由指挥官控制，包括进攻性支援（Offensive Support，OS）和用于情报监视和侦察（Intelligence Surveillance and Reconnaissance，ISR）的二级无人机。除了在指挥官指挥下的重型及变型车辆之外，所考虑的 UGV 搭配直接布置在控制部分之外。图 7.3 所示是实验军事力量（EXFOR）。

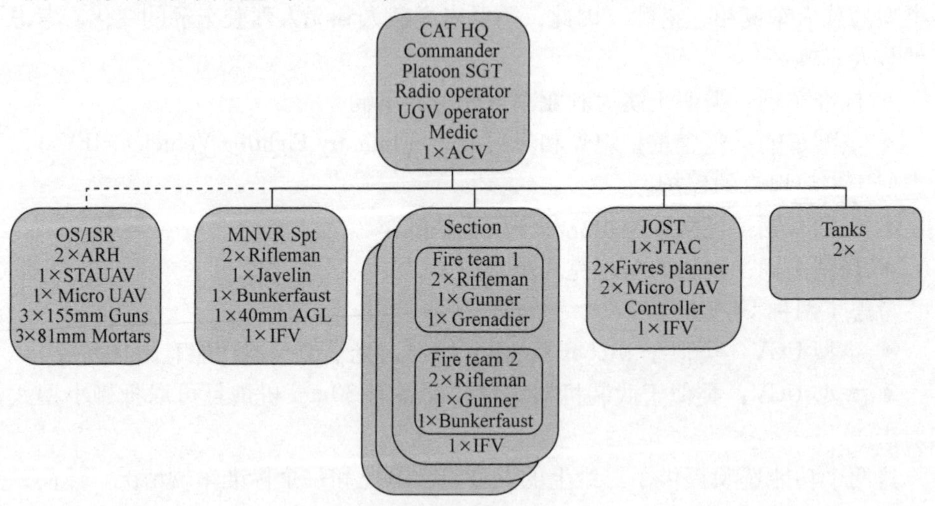

图 7.3 实验军事力量（EXFOR）

7.2.3.2 反方军事力量

反方军事力量（OPFOR）是一个相对复杂的敌人，它分为两部分：传统部分

和非传统部分（叛乱军）。这两个反方军事力量（OPFOR）没有统一的指挥，他们本身只有极少的交流，基本上是独立行动。图7.4所示是反方军事力量（OPFOR）。

传统的反方力量具有特定军事风格，其同样努力阻止实验军事力量（EXFOR）取得目标。然而，如果局势变得无法维持，他们也会以保护自己为目标。叛乱军则是一种以宗教为导向的力量，他们具有与传统反方军事力量相同的目标，但是不关心己方伤亡。

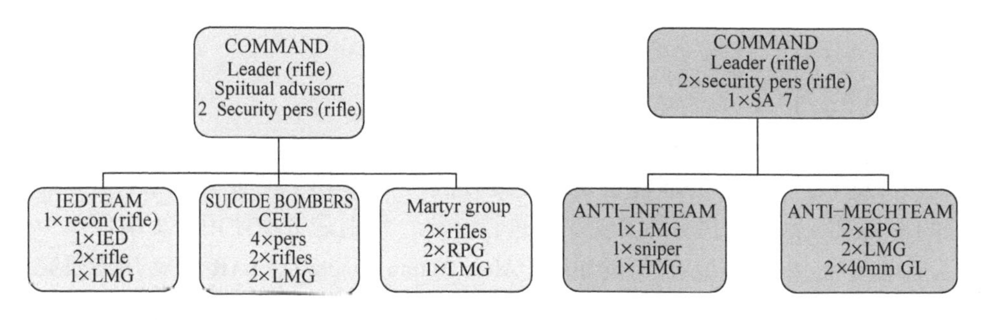

图7.4　反方军事力量（OPFOR）

7.2.3.3　平民因素

鉴于地形是城镇区域，还需要对在作战环境中可能遇到的平民进行描述。这里有三种类型的平民：

- 静止的平民：30名平民留在房屋里躲避战斗。
- 活动的平民：共8组，每组20个人，他们由于紧急事务在城镇内活动。其由一定的规则控制，以此确保在每一场战斗中都有同样数量的平民在环境中活动。
- 反方军事力量（OPFOR）/同情的平民：8个同情反方军事力量（OPFOR）的平民，其为反方军事力量（OPFOR）提供另一种情境感知，以此对实验军事力量（EXFOR）进行定位。

7.2.4　任务因素

实验军事力量的任务是清除作战。外部支援可以调用OS和UAV ISR资源。任务是在作战区域内进行定位、夺取和保护指定的区域。

任务可以明确划分为三个阶段：

1）ISR阶段：它是一个前提阶段。在此阶段中，使用ISR搜索反方军事力量（OPFOR），并确定目标。

2）闯入阶段：IFVs和坦克开始攻进城镇区域。当第一座房子被占领，则认为这个阶段已完成。

3）清理阶段：当最后一座房子被清理后，标志着这个阶段已完成。

正如预期的那样，每个阶段的具体作战方案将根据所考虑的选择而有所不同。

对于 UGV 的使用，可以确定的是它们被用来执行以下任务：

- 在 ISR 阶段进行侦察。
- 确保运动路线安全。
- 前向侦察。
- 间接火力的前向观察。
- 掩护射击。
- 火力支援（重型 UGV）。
- 侧翼防守（重型 UGV）。

7.3 研究方法

在构建平衡内部和外部有效性的分析方法[3]时选择了两种关键工具：HIL 仿真和 CL 仿真。其都通过分析真实事件进行补充，特别是考虑使用历史事件作为这些工具的基准[5,11]，以及在行动回顾（After Action Reviews，AARs）后用于研究如何更好地发挥引入的 UGV 功能。尽管历史分析和 AAR 的运用严重依赖于 CL 仿真来建立因果关系（内部有效性），但是它同时确保了整个分析方法与现实世界（外部有效性）的联系。

这项研究分两部分进行。第一部分考虑低密度地形，第二部分考虑高密度地形。这两个部分都使用相同的结构，这是在一系列先前类似的研究（如文献［5，12］）基础上开发并改进出来的。在每一个为期两周的活动中，LCA 分析人员与陆军领域专家（Subject Matter Expert，SME）在一个竞争性、仿真支持的环境中进行一系列的 HIL 仿真。这些活动将从一系列开发运行开始，以使参与者熟悉选项中的环境和功能。

HIL 仿真允许参与者实时执行他们的任务计划。这种竞争环境真实地模仿了战争的本质：当蓝方利用每一个武器装备集完成任务计划时，红方正试图通过削弱优势和孤立所有武器装备集的弱点来击败他们。

其结果是为每个武器装备集捕获“最佳”的蓝方和红方计划。然后，将计划转换成 CL 仿真，并将其运行在文献［13］中所定义的蒙特卡罗仿真过程中。在 HIL 模拟之后的几周内，构建并执行这些仿真。整个过程如图 7.5 所示。

7.3.1 闭环仿真

本研究使用的主要分析工具为 CL 作战仿真。这些仿真应用了一系列的模型来模拟真实作战的各个方面，允许在没有人类参与的情况下，不同的对抗作战单位以“现实”的方式移动和相互对抗。CL 仿真的最大优点是它能够生成研究场景的多个复制（100+），并产生大量数据用以统计分析。这提供了高水平的内部有效性，允许分析师孤立并确定指定结果的原因和影响。然而，它们降低了外部有效性，因

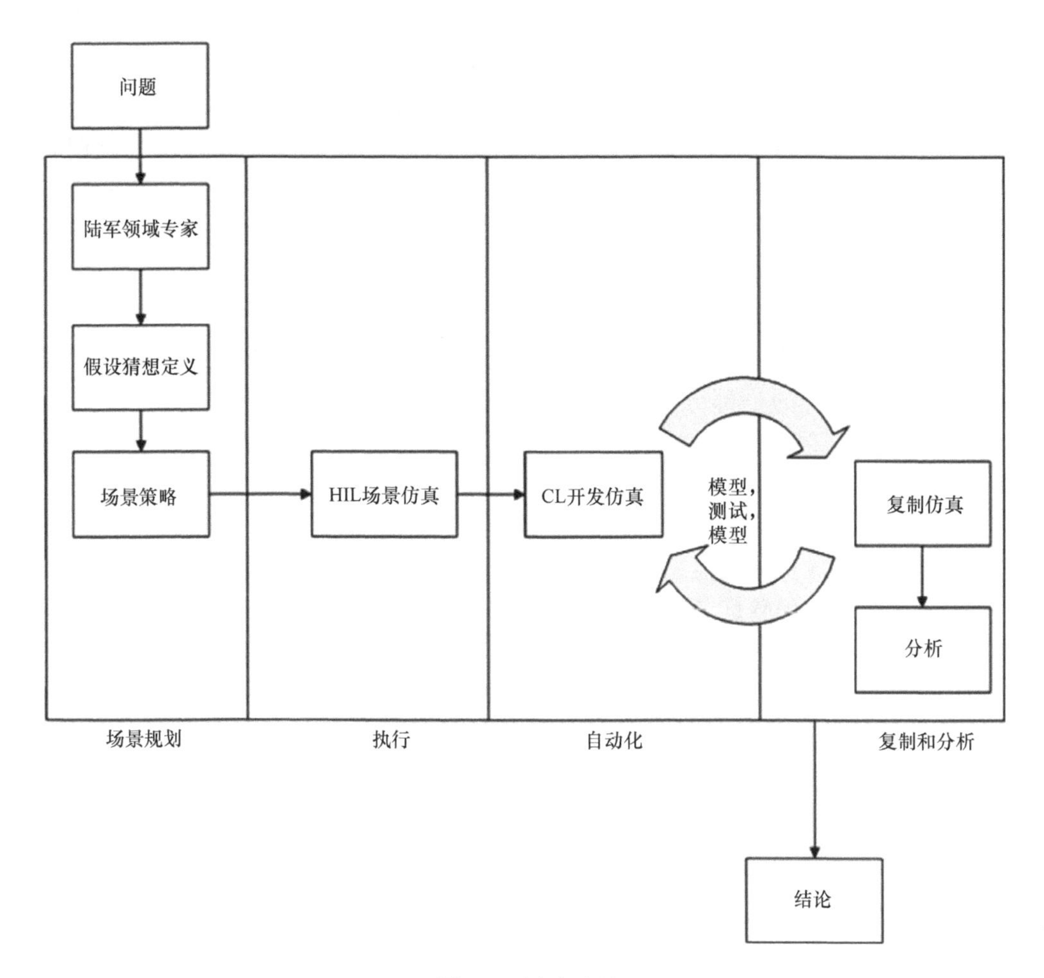

图7.5 活动过程

为研究场景的人类决策是通过一系列有限的模型提供的。这就表明了包含其他方法的重要性，例如，与CL仿真具有直接联系并且作为分析活动一部分的HIL仿真和真实事件分析。

用于本研究的工具允许将HIL仿真中所做的事情运用到CL仿真中。其还具有以下优点：

- 该工具的战斗规模比连队级别低。
- 提供符合环境要求的极好的城镇仿真能力，包括建筑物和被摧毁建筑物的详细描述。
- 提供详细的结果，并分析了HIL仿真的众多方面。
- LCA分部包含熟练的技术人员来开发和分析这项工作所需的详细场景。

7.3.2 研究度量

该研究需要一系列有效性度量（Measures of Effectiveness，MoE），以便比较复杂环境中功能选项的作战性能。然而，作为澳大利亚陆军未来作战理念，它强调需要考虑战斗的更广泛影响，而不仅仅专注于作战结果[9,14,15]。因此，为这项研究制定的措施超越了传统的作战结果，更广泛地包括了不同环境选择造成的影响。这扩展了以前的陆军研究工作，例如文献［5，6，11，12，16－20］，重点主要集中在给定选项的作战影响上。因此，本研究包括了以下几类度量（按重要性排列）。

- 任务成功：即完成分配的清除任务，而不失去坦克等重要资源，可以作为敌人信息作战行动的一部分加以利用。另一项任务成功条件是，实验军事力量（EXFOR）没有宣告战斗无效，即不能失去一个完整的步兵组或两个部分失去其初始力量的一半以上。

- 实验军事力量（EXFOR）伤亡：即包括人员伤亡，以及车辆之外的损失。车辆损失是任务成功和其他载人实验军事力量（EXFOR）车辆指标的一部分。这表明，战斗力保存仍然是未来澳大利亚作战部队的关键性能指标。未来对联合作战的贡献，例如这次行动所采用的方案，可能会增加最小化伤亡人数的重要性。澳大利亚军事力量的维持仍然是未来澳大利亚作战部队的关键性能指标。

- 平民伤亡：即在该场景中所表示的三个平民群体中任何一个的伤亡。由于这种行动发生在城镇环境中，必须要避免平民伤亡。成功的打击叛乱[21]需要在当地居民中建立信任，而这也会被叛乱军事力量造成的平民伤亡事件所破坏。

- 敏感建筑的破坏：任务简报的一个关键部分是强调尽量减少对目标之内及其附近建筑物的破坏，特别是对于指定的敏感地点——学校、医院、宗教建筑和宗教领袖的家。

- 反方军事力量（OPFOR）伤亡：即常规的或叛乱军的反方军事力量（OPFOR）所造成的任何伤亡。其被视为该指标的一个度量。在打击叛乱的过程中，通过杀害叛乱分子不可能取得长久成功[21]。虽然战术行动的任务成功可能仍然需要摧毁敌人的能力，但这不能以大量平民和外勤人员的伤亡或重大基础设施的破坏为代价。

- 非关键任务的载人实验军事力量（EXFOR）车辆：最小化 IFVs 的损失与最大化反方军事力量（OPFOR）的伤亡同等重要。无人驾驶车辆之所以不包括在性能度量中，是因为实验军事力量（EXFOR）的重点在于使用无人驾驶车辆来提高其任务性能而不增加伤亡风险。

- 非敏感建筑的破坏：任务简报的一个关键部分是强调尽量减少对目标之内及其附近建筑物的破坏，包括那些没有被指定为敏感的建筑。

基于分析师对未来国土作战理念中所确定的复杂战争需求的解释[9]，为这些指标制定了权重。虽然在最后的权重问题上，咨询了利益相关者，但没有通过正式的协商来确定这些度量排名。最重要的加权度量是任务成功、人员伤亡、平民伤亡和对敏感建筑物的破坏。较低的加权度量是反方军事力量（OPFOR）伤亡、其他载人实验军事力量（EXFOR）车辆以及对非敏感建筑的损坏。在多准则性能计算中，最高的度量被赋予了两倍于其他度量的权重。

7.3.3　系统比较方法

有许多的多标准决策方法，可以使用多个指标对这些选项进行比较[22]。这些指标可以是 7.3.2 节中的度量集。然而，在本章的研究中，很多数据并不符合正态分布，这使得很多方法难于应用。最终，将两种不同的方法结合在一起，来产生选项的统计排名。

首先，提出了一种非参数统计方法，它使用带非参数指标数据选项的断点分析法（BRANDO）[23]。BRANDO 使用非参数检验[24]来统计性地比较 k 个数据样本，但并不假设这些样本是正态的、不均匀的，也不假设样本不包含异常值。对于每一个检验，使用一个零假设，声明所有的 k 个样本集在统计上是相同的，并且使用了一个替代假设，表明至少有一个数据具有更大的值[25]。如果没有足够的证据推翻零假设（在本研究中，置信度为95%，即 p 值大于0.05），则样本间没有统计性差别的零值假设将被接受。如果有差别，通过计算得到一个断点，然后递归地独立计算两个子群。使用这种方法，可以比较两个数据集，在某一置信度条件下检验其中一个数据集是否含有明显大于、小于或相似于其他数据集的值。因此，可以对这七种度量进行排序。

为了聚合这些个体排序，使用多准则分析和排名一致系统（Multi - criteria Analysis and Ranking Consensus Unified System，MARCUS）[26]。MARCUS 分别使用每一个度量计算一个排序，然后使用 7.3.2 节描述的权值对这些排序进行结合，进而产生所考虑选项的一个整体排序。

7.4　研究结果

首先基于实验军事力量（EXFOR）和反方军事力量（OPFOR）伤亡的结果，提供了对备选方案更传统的评估。然后，给出了使用全部度量的结果，并与仅考虑伤亡的评价指标进行了比较。最后，对两种地形的结果进行了比较。

7.4.1　基本伤亡比较

下面给出了仅考虑双方军事力量伤亡的案例结果。在对这些值进行汇总时，两者的权值是相等的。

7.4.1.1　仅考虑低密度城镇地形伤亡结果

表 7.2 和表 7.3 概括了在 CL 仿真中每一种组合的平均伤亡数据。需要注意的

是，在比较表中平均伤亡数据时，数据的不同并不一定表示它们具有统计学意义。因为一些结果不是正态分布，所以计算置信区间相对复杂。

表 7.2 EXFOR 伤亡概要

EXFOR 伤亡		UGV 选项		
		A. 无 UGV	B. 轻型 UGV	C. 重型 UGV
车辆选项	1. 轻型选项		11.42	
	2. 中型选项	12.78	11.51	5.78
	3. 重型选项		10.23	
	4. 基准	13.205		

表 7.3 OPFOR CL 仿真伤亡概要

OPFOR 伤亡		UGV 选项		
		A. 无 UGV	B. 轻型 UGV	C. 重型 UGV
车辆选项	1. 轻型选项		32.93	
	2. 中型选项	31.14	34.47	33.78
	3. 重型选项		31.16	
	4. 基准	29.625		

使用 7.3.3 节描述的非参数方法，表 7.4 表示了组合的伤亡排序。

表 7.4 CL 仿真伤亡排序

指标	等级
EXFOR 伤亡	C2 < B3 < B2 = B1 < A2 = BASE
OPFOR 伤亡	B2 > C2 > B1 > A2 > B3 > BASE
总体伤亡	C2 > B2 > B1 = B3 > A2 > BASE 好——→差

通过上述这些表，可以看出如果仅仅考虑平均伤亡的话，下面的组合达到了最佳结果。

- 实验军事力量（EXFOR）：C2 的实验军事力量（EXFOR）平均伤亡最低。
- 反方军事力量（OPFOR）：B2 的反方军事力量（OPFOR）平均伤亡最高。
- 总体：若将双方伤亡结合在一起，C2 的总体结果最好。

如果仅比较 UGV 增强组合（A2、B2 和 C2），可以发现：

- 实验军事力量（EXFOR）：C2 的实验军事力量（EXFOR）平均伤亡最低。
- 反方军事力量（OPFOR）：B2 的反方军事力量（OPFOR）平均伤亡最高。
- 总体：若将双方伤亡结合在一起，C2 的总体结果最好。

如果仅比较车辆保护选项（B1、B2 和 B3），可以发现：

- 实验军事力量（EXFOR）：B3 的实验军事力量（EXFOR）平均伤亡最低。
- 反方军事力量（OPFOR）：B2 的反方军事力量（OPFOR）平均伤亡最高。
- 总体：若将双方伤亡结合在一起，B2 的总体结果最好。

7.4.1.2　仅考虑高密度城镇地形伤亡结果

表 7.5 和表 7.6 概括了在 CL 仿真中每一种组合的平均伤亡数据。再一次需要注意的是，在比较表中平均伤亡数据时，数据的不同并不一定表示它们具有统计学意义。使用 7.3.3 节描述的非参数方法，表 7.7 表示了组合的伤亡排序。

表 7.5　实验军事力量（EXFOR）CL 仿真伤亡概要

EXFOR 伤亡		UGV 选项		
		A. 无 UGV	B. 轻型 UGV	C. 重型 UGV
车辆选项	1. 轻型选项		14.32	
	2. 中型选项	12.77	9.39	8.86
	3. 重型选项		11.15	

表 7.6　反方军事力量（OPFOR）CL 仿真伤亡概要

OPFOR 伤亡		UGV 选项		
		A. 无 UGV	B. 轻型 UGV	C. 重型 UGV
车辆选项	1. 轻型选项		28.49	
	2. 中型选项	29.27	25.12	27.36
	3. 重型选项		29.54	

表 7.7　CL 仿真伤亡排序

指标	等级
EXFOR 伤亡	C2 < B2 < B3 < A2 < B1
OPFOR 伤亡	B3 > A2 > B1 > C2 > B2
总体伤亡	B3 = C2 > A2 > B1 = B2 好⟶差

通过上述这些表，可以看出如果仅仅考虑平均伤亡的话，下面的组合达到了最佳结果。

- 实验军事力量（EXFOR）：C2 的实验军事力量（EXFOR）平均伤亡最低。
- 反方军事力量（OPFOR）：B3 的反方军事力量（OPFOR）平均伤亡最高。
- 总体：若将双方伤亡结合在一起时，无法在统计上区分出 B3 和 C2。

如果仅比较 UGV 增强选项（A2、B2 和 C2），则发现：

- 实验军事力量（EXFOR）：C2 的实验军事力量（EXFOR）平均伤亡最低。
- 反方军事力量（OPFOR）：A2 的反方军事力量（OPFOR）平均伤亡最高。

- 总体：若将双方伤亡结合在一起，C2 的总体结果最好。

如果仅比较车辆保护选项（B1、B2 和 B3），可以发现：

- 实验军事力量（EXFOR）：B2 的实验军事力量（EXFOR）平均伤亡最低。
- 反方军事力量（OPFOR）：B3 的反方军事力量（OPFOR）平均伤亡最高。
- 总体：若将双方伤亡结合在一起，B3 的总体结果最好。

7.4.2　全部度量结果

在这一节中，给出了使用全部七种度量的案例结果。在将这些值整合为整体排序的过程中，所使用的权值就是案例度量小节中的值。

7.4.2.1　低密度城镇地形结果

在低密度城镇环境中，考虑到全部指标的整体排序见表 7.8。注意到在低密度地形案例中，CL 仿真不能够提供建筑损伤度量和第二种任务成功度量。

表 7.8　针对低密度城镇，单度量下的组合排序

指标	权重	等级
EXFOR 伤亡	4	C2 < B3 < B2 = B1 < A2 = BASE
OPFOR 伤亡	2	B2 > C2 > B1 > A2 > B3 > BASE
平民伤亡	4	B1 < B3 = BASE < C2 < B2 < A2
无任务——关键载人 EXFOR 车辆	2	B3 = B2 < B1 = A2 = C2 < BASE
对敏感建筑物的损毁	4	NA
对非敏感建筑物的损害	2	NA
任务成功 1	4	A2 < B1 = B3 = BASE < B2 < C2
任务成功 2	4	NA
		好——→差

通过使用排序数据和 MARCUS 方法，可以发现选项整体排序见表 7.9。

表 7.9　针对低密度城镇，全度量下的组合排序

	等级
低密度城镇	B1 = B3 > B2 = C2 > A2 = BASE 好——→差

从 MARCUS 数据的结果中，可以得到如下结论：

- 性能最优的 UGV 增强组合是 C2 和 B2，即中等有人车辆和重型或轻型 UGV 组合。
- 性能最优的车辆保护组合是 B1 和 B3，即轻型或重型有人车辆和轻型 UGV 组合。
- 性能最优的组合整体是 B3（重型车辆保护和轻型 UGV 增强组合）和 B1

(轻型车辆保护和轻型 UGV 增强组合)。

- 性能最差的组合整体是 A2（中型车辆保护和无 UGV 增强）和基准组合(基准车辆和无 UGV 增强)。

7.4.2.2 高密度城镇地形结果

在高密度城镇环境中，每一个度量选项的整体排序见表 7.10。

利用这个排序数据，应用性能排名方法 MARCUS，可以发现组合整体排序见表 7.11。全度量下的性能排序见表 7.12。

表 7.10 针对高密度城镇，单度量下的组合排序

指标	权重	等级
EXFOR 伤亡	4	C2 < B2 < B3 < A2 < B1
OPFOR 伤亡	2	A2 = B3 > B1 > C2 > B2
平民伤亡	4	B1 = B2 > A2 > C2 > B3
无任务——关键载人 EXFOR 车辆	2	B2 = C2 < B1 = B3 < A2
对敏感建筑物的损毁	4	B1 = C2 < A2 < B2 < B3
对非敏感建筑物的损害	2	C2 < B2 < B1 < A2 < B3
任务成功 1	4	B2 > B1 = C2 > A2 = B3
任务成功 2	4	B2 = C2 > A2 = B1 = B3 好——→差

表 7.11 针对高密度城镇，全度量下的组合排序

	等级
高密度城镇	B2 > B1 = C2 > A2 = B3 好——→差

表 7.12 全度量下的性能排序

	等级
低密度城镇	B1 = B3 > B2 = C2 > A2
高密度城镇	B2 > B1 = C2 > A2 = B3 好——→差

从这个结果中，可以得出如下结论：

- 性能最优的有人车辆组合是 B2，即中型车辆保护和轻型 UGV 增强组合。
- 性能最优的 UGV 增强组合是 B2（中型车辆保护和轻型 UGV 增强组合）和 C2（中型车辆保护和重型 UGV 增强组合)。
- 性能最优的组合整体是 B2（中型车辆保护和轻型 UGV 增强组合)。
- 性能最差的组合整体是 A2（中型车辆保护和无 UGV 增强组合）和 B3（重型车辆保护和轻型 UGV 增强组合)。

在车辆组合特性和性能的影响上，我们还观察到从低密度到高密度环境之间相似的趋势，其都倾向于赞成具有某种程度的 UGV 增强高致死率组合，但更高的生存能力可能在低密度城镇地形的研究中减少杀伤力。但是，这仅仅是基于数据的定性比较，应该以较低的置信度对待这种趋势。

7.4.2.3 低、高密度城镇地形结果的比较

在此案例中，隐含的零假设是城市复杂程度水平不会影响相对性能，因而也不会影响车辆组合的排序。为此，我们比较了通过 MARCUS 多目标排序方法得到的两种实验性能结果。

显然，结果根据组合的排名次序而不同。然而，这表明针对更复杂的城镇地形对作战性能的影响。为了更全面地了解复杂地形对不同类型车辆的影响，检查不同车辆特性与环境之间的关系或许是有用的。这些通用的实验选项被初步建立，表达了三种不同的能力水平：杀伤力、生存能力和 UGV 增强水平。如果明确地识别出每一个实验选项的这些特征，我们或许能够更有效地建立数据的趋势。UGV 增强的相对水平不依赖于所使用的有人车辆，并且已经在实验设计（UGV 选项）中定义为无、轻型和重型三种。类似地，生存能力也已经在实验设计（车辆保护选项）中定性地进行了定义，在每一个选项中它基于混合零假设。因此，B3 被认为具有强生存能力（重型防护选项），它的生存能力值为 3；B1 是一个值为 1 的低生存能力选项，其余的被认为是值为 2 的中等生存能力选项。支撑我们分析下去的内容是对选项的杀伤力进行特征化。

图 7.6 表示了杀伤力与生存能力的关系。为了给出针对杀伤力的定性值，建立了如下的假设：

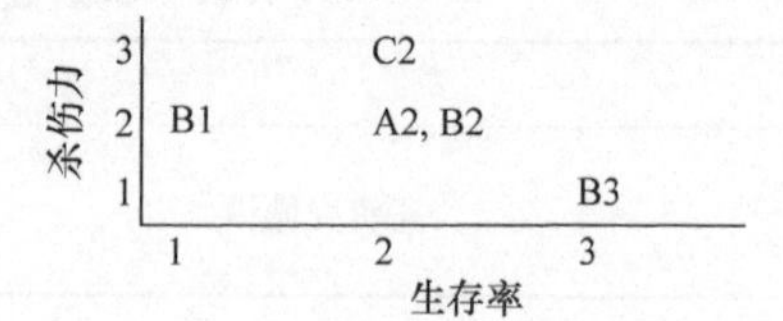

图 7.6 主要车辆特性的顺序排序图

- 由于组合 C2 包含 120mm 主炮（坦克）、35mm 机炮（IFV）和 30mm 机炮（重型 UGV 选项），它被认为具有最强致命性，被赋值为 3。

- 由于选项 A2、B1 和 B2 包含 120mm 主炮和 35mm 机炮，但不含有 30mm 机炮，所以认为它具有中等的致命性，被赋值为 2。

- 由于选项 B3 包含 120mm 主炮，但不含有 35mm 机炮和 30mm 机炮，所以认为它具有低致命性，被赋值为 1。

通过比较表 7.12 中的排序，我们可以看到，除了组合 C2 在中间排名、A2 在两种情况下排名最后，低密度地形和高密度地形的排名之间发生了变化。关键的区别是：

- 低等致死率、高生存能力和轻型 UGV 组合（B3）从低密度地形中的第一位下降到高密度地形中的第三位（最后）。

- 中等致死率、中等生存能力和轻型 UGV 增强组合（B2）从低密度地形的第二位（中间）上升到高密度地形中的第一位。

- 中等致死率、低生存能力和轻型 UGV 组合（B1）从低密度地形的第一位降

至高密度地形的第二位（中）。

如果我们仔细考虑这些排名的含义，便能够推断出高复杂地形的环境特点似乎更偏向包含至少一些 UGV 支撑的较高致命性选项，这些组合首先是 B2，其后是 B1 和 C2。C2 的排名位于第二的位置，其所包含的武装 UGV 增加了它的致命性和 UGV 增强水平，但它的排名似乎违背了这一趋势。然而，与排名第二的选项和后两种排名选项之间的间隔相比，灵敏度计算显示出 B2（第一）和 B1 与 C2（并列第二）之间的排名间隔相对很小，因此第一和第二之间的差别更不确定。具有最高增强水平的性能排名第二，无 UGV 增强的 A2 和轻型 UGV 增强水平的 B3 的性能排名最后，所以性能与 UGV 增强水平之间不存在很强的联系。因为具有最低生存能力的组合 B1 排名第二，而具有最高生存能力的组合 B3 排名最后，所以每一组合的生存能力水平也不能直接解释性能排名。我们不能推导出高水平的生存能力给性能排名带来负面影响，反之，我们可能推出增加的生存能力不足以补偿降低的致命性。

相比之下，低密度地形的趋势更不清晰，尽管三个具有高致命性的组合（B1、B2 和 C2）排名处于前两名的位置，低致命性的组合 B3 排名第一。但由于最强生存能力组合 B3 与最差生存能力组合 B1 的排名并列第一，所增加的生存能力的影响也不清晰。也许，与相应的高密度地形相比，在低密度、低复杂度地形中增加的生存能力对降低的致命性进行了更多的补偿。似乎的确存在一种性能与 UGV 增强水平关系的趋势，那就是排名第一和第二的所有组合包括某种水平的 UGV 增强，高致命性、中等生存能力和无 UGV 增强（A2）排名最后。

总之，高密度地形偏向带有某种程度的 UGV 增强的高致命性组合，而低密度地形结果显示出一种很弱的偏向高致命性和 UGV 增强的趋势。仅凭这些观察本身，不能提供足够的证据推翻实验的零假设，即不能推翻地形复杂度水平不影响车辆选项的相对性能这一假设。尽管排名显然已经发生改变，车辆性能的整体趋势依然保持相似。

在以上讨论中，假定车辆特性在各种选项中是最主要的区分之处，然而，事实上一系列因素均可以影响到组合的性能。这些因素包括，在低密度地形和高密度地形实验中，操作者学习并随后修正他们参战方法的能力，以及不同队员的军事经验水平差异。

7.4.3　伤亡与全度量比较

如前所述，澳大利亚陆军的一个方向是更广泛地考虑战场环境，这不仅考虑实验军事力量（EXFOR）伤亡，还考虑反方军事力量（OPFOR）伤亡。本项研究提供了这种方法潜在影响的一个说明。仅考虑伤亡和考虑全面度量的排名结果见表 7.13。可以清晰地看出，在这些排名中存在显著的变化。比如，考虑组合 B3——重型且高密度城镇地形的排名。仅仅基于伤亡数据，此组合排名最优。然而，当考虑全部的度量指标时，它排名最差。在余下的数据中，可以看出进一步的排名变化，这显示出了所采用的度量指标的重要性。

表 7.13 比较伤亡和全度量时的性能排名

	等级	
伤亡	低密度城镇	C2 > B2 > B1 = B3 > A2
	密集城镇	B3 = C2 > A2 > B1 = B2
仅完成	低密度城镇	B1 = B3 > B2 = C2 > A2
	密集城镇	B2 > B1 = C2 > A2 = B3
		好——→差

7.5 本章小结

在研究诸如 UGV 这样的新型武器装备的作战影响时，面临着围绕管理分析设计的内部和外部有效性的需要。在研究范围、可用资源、预期结果真实度以及设计中所采用的内部和外部有效性措施方面，必然会出现权衡取舍。这种探索性的研究受到了以下条件的约束：范围——本质上它是探索性的；资源——接近行业专家（SME）的机会有限。此外，问题空间比更传统的武器装备分析问题更宽泛，因为在直接支持 CAT 的 UGV 的使用方面没有相应的操作实例。因此，需要更加强调的是考虑这种武器装备对友军和敌人战术的影响。总之，该分析对这些问题的有效性与分析广度做出了权衡。

HIL 对局非常耗时，但提供了一个与 SME 高水平接触的机会，使他们通过数轮计划，并在 HIL 中执行这些计划来研究如何使用 UGV。尽管这必定会对从选项比较的狭隘观点得到的结果产生深刻影响，但它增强了该活动的价值，以便于理解哪些是关键变量并为后续实验设计指明方向。如果没有这段时间让 SME 在现实环境中“发挥”新能力，以及与智能的和自适应的人类敌人的近实时对抗结果，那么 UGV 的联合部署将不可能受到重视，而且会对未来实验设计产生负面影响。

然而，利用 HIL 进行更集中的组合分析是有局限性的。HIL 所需要的大量时间和资源可能被一次性花费到问题空间甚至部署上，UGV 支援 CAT 也可以被更好地理解。由于进行了这项研究，LCA 已经改善了我们的组合分析活动。这些进步集中于增加我们使用的技术广度，而我们可以利用该技术广度在内部和外部有效性之间获得更好的平衡。它们还包括了哲学有效性的概念[3]，旨在确保所有相关的观点都被获取。

LCA 在我们最近一次分析性的战役中使用了更多的技术，其中之一就是战争博弈分析研讨会[6,27,28]。通过在早期的活动中进行这种类型的活动，它可以对问题空间进行更高层次的探索，帮助更好地定义那些最适合 UGV 的角色。不幸的是，这项活动是不可能的，但会为 HIL 的模拟提供更好的关注点，并探索更多的选择。这种方法还允许通过提供在更高层次上探索“真实世界”结果的机会来建立额外的外部有效性。分析研讨会战争博弈也是一个汇集大量集中研究的有用工具，这有助于确保任何外部有效性较低的确定方法，如 CL 模拟，也可能反映到现实世界。大多数时候，作为 AAR 活动的一部分，参与者、利益相关者和其他相关方都可以进行这种活动。我们发现这是一种非常有用的方法，可以确保在内部有效性高的方法中看到的结果，例如 CL 模拟，可以正确解释并提供外部有效性。

为提高这些研究分析的有效度，LCA 采用的另一种方法是确定性“三角测量”[29,30]，其中采用多种方法或数据来源来确定研究结果的可信度[31,32]。范围可能包括将 CL 结果与历史结果和其他定性数据进行对比，或者在实验设计中刻意使用并行方法（例如，战争演习、促进性研讨会和 CL 模拟）。然后，可以根据来自多个数据源的结果的收敛程度来对研究结果分配可信度。

参考文献

1. The Technical Cooperation Program, *Guide for Understanding and Implementing Defence Experimentation (GUIDEx)*. 2006.
2. Kass, R.A., *The Logic of Warfighting Experiments*. 2006: CCRP Press, Washington, DC.
3. Bowden, F.D.J. and P.B. Williams, *A framework for determining the validation of analytical campaigns in defence experimentation*, in *MODSIM2013, 20th International Congress on Modelling and Simulation*, J. Piantadosi, R.S. Anderssen and J. Boland, Editors. 2013, Modelling and Simulation Society of Australia and New Zealand: Adelaide, Australia. p. 1131–1137.
4. Bowley, D.K., T.D. Castles and A. Ryan, *Constructing a Suite of Analytical Tools: A Case Study of Military Experimentation*, ASOR Bulletin, vol. 22, 2003. p. 2–10.
5. Shine, D.R. and A.W. Coutts, *Establishing a Historical Baseline for Close Combat Studies – The Battle of Binh Ba*, in *Land Warfare Conference*. 2006, Adelaide, Australia.
6. Bowden, F.D.J., Finlay, L., Lohmeyer, D. and Stanford, C., *Multi-Method Approach to Future Army Sub-Concept Analysis*, in *18th World IMACS Congress and MODSIM09 International Congress on Modelling and Simulation*. 2009: Cairns, Australia.
7. Bowden, F.D.J., Coutts, A., Williams, P. and Baldwin, M., *The Role of AEF in Army's Objective Force Development Process*, in *Land Warfare Conference*. 2007: Brisbane, Australia.
8. Whitney, S.J., Hemming, D., Haebich, A., and Bowden, F.D.J., *Cost-effective capacity testing in the Australian Army*, in *22nd National Conference of the Australian Society for Operations Research (ASOR 2013)*, P. Gaertner *et al.*, Editors. 2013, The Australian Society for Operations Research: Adelaide, Australia. p. 225–231.
9. Directorate of Army Research and Analysis, *Australia's Future Land Operating Concept*. 2009: Head Modernisation and Strategic Planning - Army.
10. Directorate of Army Research and Analysis, *The Future Land Warfare Report 2013*. 2013.
11. Hall, R. and A. Ross, *The Effectiveness of Combined Arms Teams in Urban Terrain: The Battles of Binh Ba, Vietnam 1969 and the Battles of Fallujah, Iraq 2004*. 2007: ADFA, Canberra, Australia.
12. Bowley, D., T.D. Castles and A. Ryan, *Attrition and Suppression: Defining the Nature of Close Combat*. 2004, DSTO, Canberra, Australia.
13. Law, A.M. and W.D. Kelton, *Simulation, Modeling and Analysis*. 3 ed. McGraw-Hill International Series. 2000, McGraw-Hill: Singapore.
14. Bilusich, D., F.D.J. Bowden and S. Gaidow, *Influence Diagram Supporting the Implementation of Adaptive Campaigning*, in *The 28th International Conference of The Systems Dynamics Society*. 2010. Seoul, Korea.
15. Bilusich, D., *et al.*, *Visualising Adaptive Campaigning – Influence Diagrams in Support of Concept Development*. Australian Army Journal, vol. IX, p. 41, 2012. Autumn.

第 8 章　信息的加工、利用与传输：军事应用中辅助/自动目标识别何时才算好

8.1　概述

在 1984 年，一位杰出的航空航天作家指出，“（当时）未来的无人机将不会再遭受传输高质量图片时数据链饱和之苦”。更确切地说，无人机将具有一种目标识别能力，只有当它发现有意义的事物时，才会传输[1]。但 30 多年过去了，这种可能依然没能实现。而在目前的作战环境中，操作人员需要持续监视传感器收集的原始信息，而最典型的原始信息便是全动感视频。以这种方式传输信息需要无人机具有较高的数据传输率[2]。这种通信可能使无人机轻易地受到反跟踪和攻击，这在反介入和区域阻断情景中，是一个值得关注的问题。

因而，无人机系统的设计者在考虑如何处理、利用和传输无人机收集到的信息时遇到了一个难题。如果无人机通过一些机载设备执行目标识别任务，以此增加无人机的生存能力，但是性能可能比人工方式要差。相反，如果把信息传回给操作人员会提高作战性能，但这样会降低无人机的战场生存能力。这两种情况设计者该如何权衡？

本章阐述了辅助或自动识别目标是否应该以性能和生存能力作为交换来作为无人系统的一部分。我们的模型和解决方案很简单，但在许多情况下其可能仅作为第一近似有效，并为更复杂的处理指出了方法。

本章我们的安排如下：首先是作战系统、重要技术问题以及相关研究的一个背景概述。然后，我们对定量问题进行了理论分析，并进行了数学运算。最后，我们对无人系统设计中的运筹学进行了讨论。

8.2　研究背景

8.2.1　作战环境及相关技术问题

长期以来，我们一直关注对抗环境下如何获取高难度有价值目标这一问题。这一问题主要集中于军事作战，它们或许是陆上的，或许是水面或水下的，或许是在空中或太空的，甚至在电磁频谱或者网络空间。就我们的目的而言，这个问题的定义特征是目标很少（甚至没有）能够逃脱无人机的传感器，并且这些目标都足够

重要以至于冒着无人机损失的风险去跟踪（尽管应该管控风险）。

目标识别指的是基于传感器数据的目标识别。它能够应用于检测感兴趣的目标，然后识别分类，并跟踪其运动，进而评估针对它们的行动有效性。也就是说，如果关于目标的信息数量足够多、质量足够好，能够说明行动有效，则表示我们已经获取了目标。无论是进攻还是防御，使用无人机或协作方，目标识别都是必要前提。

系统工程师将我们的调查研究描述为在行动分配中的应用。在美国国防部架构框架中，活动是指要做的事，而不具体说明。功能是通过某种特定的方法来完成的事。因此，行动由一个或多个人或机器执行的功能来实现，从而将活动分配给那些人或机器。

自动目标识别将目标识别活动分配给机器。对自动目标识别技术的审视远远超出了我们的范围。在这里，我们只接受系统存在于不同程度的技术成熟度和性能中，这取决于目标和环境（参见文献［3］，当代挑战与机遇概述）。雷达告警接收机或许是一个合适的类比，即一种警告雷达存在的系统。虽然它的性能不如一个技术熟练且装备精良的人类，但以这种方式配置每个平台在物理上和经济上都是不可行的。因此，雷达告警接收机可能是提供雷达制导攻击警告的唯一方法，以避免完全发不出警告。这些系统的成功另一方面也突显了它们面临的挑战。雷达告警接收机以低误射目标和虚警概率来衡量，可以达到很高的性能，因为在战术上目标识别相对容易。而雷达的发射具有结构性和规律性，只要系统有最新的雷达特征库，便可以很容易地识别出噪声[4]。保持这些数据库的更新是一项巨大任务，在许多方面，这也是一流军事实力的标志。

我们与扩展的人类感知形成对比，即将目标识别任务完全分配给人类。这要求将传感器的信息传达给人类，就像他们在传感器的位置一样。从这个意义上来说，信息是“原始的”或“未经处理的”。图像和视频便是例子——人类用自己的眼睛看到相机看到的东西。同样可以说声音进入人耳。

辅助目标识别指的是机器处理传感器信息，有助于人类识别。更确切地说，目标识别活动是作为一系列功能来实现的，而人类在其中处于关键链路上。例子包括被动声呐和电子保障措施的能量检测，以及图像中的面部识别。两者都用于向人类操作员提示可能感兴趣的信号或对象。

我们假设辅助/自动目标识别是在无人车辆携带的设备上进行的。这与我们减少通过车辆传输的目标是一致的。

8.2.2　前期调研

我们关心的是，在给定条件下，是否应该使用辅助/自动目标识别。与开发、设计和优化系统的大量工作不同，此类相关文献很少。研究的焦点也都聚集在认知工程学上，活动是否应该分配给机器或人类的问题仍然是人性因素/人机工程的核心问题（见文献［5］中一项最新调查）。（注意，人性因素研究人员总是指“功能的分配”，因为他们的文献早于现代系统工程学，术语被限制。为了精确起见，我们将继续使用系统工程术语。）

在这种情况下，我们通过 Parasuraman - Sheridan - Wickens 信息处理系统中的自动化模型来进行研究[6]。该模型提出了四项活动：信息获取，信息分析、决策、行动选择和行动实施。所有的活动都可以在某种程度上表述为自动化，机器从什么都不做到什么都做，自动化被分级在 10 分制的范围内。可以确定的是，该模型是一个非常粗略的简化，我们将目标识别描述为信息分析的一个实例。扩展的人类感知对应于自动化水平 1 级，辅助目标识别为 2 ~4 级，自动目标识别为 5 级或更高。

在公认的术语中，如果自动化错过了相应技术人员会捕捉到的激励，或者对人类会忽略的激励做出反应，则称自动化是不完美的或不可靠的。迄今为止，关于活动分配的文献有三类主题：第一种，拒绝自动化应该应用于技术上可行的任何命题（被称为“替代神话”[7]）；第二种，寻求权衡或反对自动化结构性或质量因素（如 Fitts 列表[8]所举例说明的那样）；第三种，改进操作员选择自动化的方法（例如“自适应自动化”[9]）。

相反，我们在合理分配活动方面遵循第四种较少探索的路径[10]。我们在运筹学理解的意义上使用理性分析，在场景中测量或预测候选分配，然后执行计算，从而推断分配是否合理。通过这种方式，我们的前辈考虑了应对响应的概率以及从响应中获得的回报（或成本）[11,12]，他们考虑了我们应该从自动化中获得的平均回报。这种分析非常适合工业环境，其中美元的支付价值是显而易见的。出于同样的原因，它不太适合军事环境。

从人性因素研究的常见问题中，“人类会选择自动化吗?”，我们也同样描述了我们的问题，“活动应该是自动化的吗?”。特别是我们承认，但撇开信任的假设，因为可靠性可以预测对自动化的信任，从而预测自动化是否会被使用[13,14]。我们同样对实验感兴趣，实验发现，当可靠性降到 0. 70 以下时，不可靠的自动化比没有自动化还要糟糕（文献［15，16］为元分析，文献［17］为许多实验之一）。上述实验是人类行为选择的研究，因为人类在多重需求之间平衡他们的工作量。一个具有争议的问题是，0. 70 的临界值是否合理，以及机器和人的能力如何结合起来设置一个临界值。此外，人类必须有足够的技能来认识到自动化是不可靠的。设计师们将会在文献［18］中找到有用的方法，通过解决其表面的可靠性来获得对自动化的认可，这种可靠性与实际情况截然不同。

我们简要地总结一下我们的调查与态势感知的联系，因为这个概念在认知工程中很突出。我们的立场是，我们可以将目标识别活动作为态势感知的必要输入来进行研究。目标识别是一种推理过程，它可以判断一个对象是否存在于战场空间中，以及推导现在和未来的属性。它产生了一种现实的表现，在一些象征性符号中表达出来。在 Endsley 对态势感知的创造性处理中，她将符号表征作为她对态势感知的输入。而这种表示在一个人的思想中起了多大的作用？在现实世界中，这种表现的精确度被认为是一个外在因素[19]。

除此之外，我们还对目标识别能力的操作效用进行分析，该目标识别能力在某个给定的熟练水平下执行（并与使用人的效用进行比较）。有大量关于辅助/自动目标识别如何提示操作人员从而提高他们效率的文献，这很大程度是在认知工程领域（例如参考文献［20］）。小生境方法描述了在减少信息熵方面认识目标的效用[21]（文献［22］提供了更多关于信息理论的方法）。也就是说，将目标识别的性能与战场空间的效果联系起来，而不是停留在操作符上。同样，如果我们希望研究绩效与成本[23]，那么我们就应该允许在相应效果的基础上，成本可以被接受。

将系统性能与战场结果联系起来的问题是，人类可以做出有时令人吃惊的决策，这很难被建模。在研究无人驾驶汽车作战时，这种考虑就不那么重要了——在有界的假设下，决策可以被认为是最优的（尽管是机械的）。前人已经研究了自动目标识别对无人驾驶车辆作战的影响，特别是在搜索和摧毁任务中[24,25]。遗漏目标和误警报的概率是关键因素（我们进一步推荐文献［25］，目标搜索的文献综述）。在这种情况下，情景已经被视为技术性能与作战效用的桥梁[26]。

辅助/自动目标识别可以用来降低反跟踪的敏感性，但在文献中并没有详细说明。由于通信而被反跟踪的风险被理解为作战中的一个问题[27]。事实上，正如飞机视频信号[28]和声呐浮标所表现的那样[29]，无人驾驶车辆数据链已经被反侦测、截取和利用。系统分析仅仅量化了在给定的反侦察概率下可行的通信能力（参见文献［30］）。我们感兴趣的是实际中是否需要更高性能的通信、目标识别中的性能风险回报与反侦察的敏感性。也就是说，为了提高车辆的生存能力，我们会试图减少通信产生的信号。但是，如果车辆的“原始”信息必须传达给人，那么在某些时候将不可能进一步减弱通信信号。我们要么必须接受该级别的信号，要么处理信息，以便达到较低容量的通信要求。

8.3 分析

我们分析的主要目的是对无人驾驶系统设计者的指导。

选择辅助/自动化目标而不是扩展人类感知的标准。

无人机的任务：在通信易使无人机遭受反跟踪的环境中，跟踪一个高难度目标。

具体作战概念：车辆在两个状态之间转换，搜索目标，直到车辆被反拦截，然后隐藏直到它能够重新返回任务中。

参数：以下内容中，下标“A”表示辅助/自动目标识别，而下标“H”表示扩展人类感知。

z	目标间隔的平均时间
p_*	识别目标的概率
b_*，s^2_*	反向获取车辆的时间平均值和方差
a，r^2	反向获取后重新搜索时间的平均值和方差

标准：如果与人类相比，自动化会降低错过目标的预期概率，则选择它。这相当于在 $A=D_H-D_A$ 中，若 $A\geqslant 0$ 时便选择自动化。

$$D_* = \begin{cases} \zeta_* c_* (\zeta_* (1-c_*) w_* - 1) & 若\zeta_* \leqslant \hat{\zeta}_* \\ \hat{\zeta}_* c_* (\hat{\zeta}_* (1-c_*) w_* - 1) & 则 \end{cases}$$

$$\zeta_* = p_* \zeta, \zeta = \frac{1}{z}$$

$$\hat{\zeta}_* = \frac{1}{2(1-c_*)w_*}$$

$$c_* = \frac{b_*}{a+b_*}$$

$$w_* = \frac{a^2 s^2_* + b^2_* r^2}{2ab_*(a+b_*)}$$

8.3.1 任务建模

我们使用下标“A”和“H”来表示辅助/自动目标识别和扩展人类感知。我们的分析可以用来比较任何两种提出的能力集，但是我们用A和H来定义。当讨论一个同样适用于两种可能性的问题时，我们使用了下标“*”（*为A时用于自动化，*为H时表示人工）。按照惯例，我们用罗马字母来表示随机变量，用小写字母表示特定的值。如果我们需要表示一个速率，那么我们将使用小写的希腊字母，它对应的罗马字母表示事件间隔的时间。

无人车辆的任务是跟踪一个高难度的目标，下面将对“难”进行量化。我们将一般问题量化为4个要素：在目标终止点之间的平均时间 z、在给定短暂时间内识别目标的概率 b_*，以及反拦截车辆的时间方差 s^2_*。我们要求 z、b_* 和 s^2_* 是有限的（且是正数）。在细节上，两个目标之间是一个均匀的泊松过程，即平均到达时间 z。相似地，在一些随机过程中，车辆可以规避被发现，在目标终止之间的时间间隔的平均值为 b_*，其方差为 s^2_*（我们不需要知道实际的分布）。我们对其进行这样的分析，以便于引用的值可以很好地逼近某些时间段的现实情况，因为在不确定环境中执行分析是不明智的[12]。

我们将 $\zeta=1/z$ 设为目标规避被发现的速率，于是 $\zeta_*=p_*\zeta$。也就是说，我们可以用两种数学上等价的形式来讨论：目标规避被发现的速率 ζ，每个目标被自动探测的概率与人为探测的概率，以及目标自动规避被发现的速率 ζ 与目标人为规避被发现的速率。理想情况下，ζ 越大越好，但是对于“困难”的目标，我们期望 ζ

很小。在可预见的技术中，我们期望 $p_{\mathrm{A}}<p_{\mathrm{H}}$（在规避被发现时扩展人类感知的性能优于辅助/自动目标识别），但不幸的是，$b_{\mathrm{A}}<b_{\mathrm{H}}$（扩展人类感知使车辆更容易受到反拦截）。

在军事运筹学中，人们通常使用“探测率”来抽象描述传感器从技术细节中获取目标的性能[31,32]。然而，我们必须承认，为了计算或测量给定情况下目标所能达到的探测率，有大量的工作需要去做。我们的目的是建立这样一种说法，即通过观察无人机传感器和反传感器如何将传感器收集到的信息应用于作战分析是有意义的。需要进一步强调的是，一个同质泊松过程的假设是高度简单化的，但是只有在执行分析时间区间内作战环境是稳定的情况下才有效。

我们认识到虚假警报的问题，并将它们默认地纳入到参数 p_*、b_* 和 s_*^2 中。在研究识别系统时，我们通常需要考虑丢失一个有效目标的概率（在我们的表示法中，等于 $1-p_*$），以及当没有一个目标出现时系统报告目标的速率（虚假警报）。这两个量通过灵敏度进行联系——增大灵敏度可以降低丢失目标的概率，但也很可能会增加虚警率。在我们的分析中，我们没有明确地包括虚警率。相反，我们假设无人机的报告被车辆的（人类）控制器筛选，这增加了通信的花销。因此，较低的虚警率将使车辆对反拦截的敏感度降低（参数 b_* 和 s_*^2），或者我们降低系统的灵敏度，以较低的概率识别目标（参数 p_*）。

8.3.2 特定作战理念的建模

图 8.1 展示了我们的作战观点。车辆在两个状态之间交替变换：

1）搜索目标，直到它被反截取（或者评估为这样）。

2）躲避对手的探测装置，直到它可以恢复搜索。

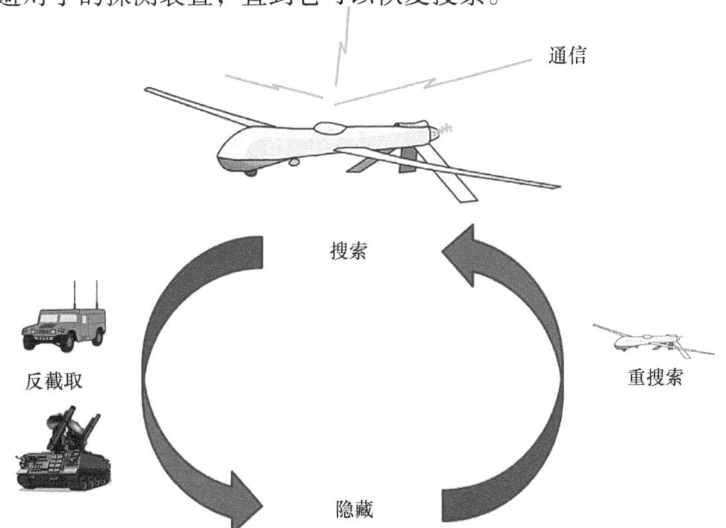

图 8.1 在反介入/区域阻断场景中获取困难目标的操作。在搜索时，无人驾驶车辆必须进行通信，因此容易受到反拦截的影响。车辆可能不得不间歇性地躲藏起来，然后继续搜索

我们将有效性度量为在一个时间间隔［0，t］内获得目标的概率。当降低车辆敏感性的技术选项已经用尽时，这个概念是对反介入和区域阻断能力的一个合理回应。

因此，我们引入了另外两个因素，即直到车辆恢复搜索的时间平均值 a 和方差 r^2。我们要求 a 和 r^2 是有限的（且是正值）。再次详细地说，车辆恢复其搜索的时机是随机的，在探测之间的时间间隔是一个平均值为 a 、方差为 r^2 的分布（我们不需要知道实际分布）。这些因素同样适用于辅助/自动目标识别和扩展人类感知。

我们将无人机建模为即时搜索或隐藏两个状态之间切换。当然，这些状态可能被分解为更多的子状态（例如，避免反截取，等待一段时间，重新搜索等），但是我们的分析不需要达到这种细节层次。

我们可能会将注意力集中在 a 和 b_*，均比 t 小得多的情景，因为其他情景不需要深入分析。也就是说，如果 b_* 与 t 相当或大于 t，那么被反截取的可能性就很低，因此无人机可以无隐患地进行搜索。另外，如果 a 与 t 相当或大于 t，那么在被反截取后恢复搜索的可能性很小。

在假设我们的作战概念时，我们没有定义导致无人机隐藏的触发器。在理论上，无人系统被告知无人机受到威胁，并且无人机有能力逃脱。我们不应低估实现这种能力所面临的实际挑战，特别是针对那些被动的和/或还没显现的威胁。我们的兴趣在于了解该作战概念是否可以在作战中应用（特别是在辅助/自动目标识别中），以建立在需要人工环境中装备无人机的案例。

8.3.3 在作战概念下捕获目标的概率

我们计算了在时间间隔［0，t］中丢失（没能捕获）目标的概率 Q_*。于是，捕获目标的概率为 $1-Q_*$。它告诉我们，我们的假设允许我们用数学表达式计算出 Q_*，这可以使用常用软件（所谓的“封闭解”）对其进行评估。否则，我们应该使用随机模拟来获得。

首先，在滞留时间段（U_1，U_2，…）中，我们假定车辆间歇性地搜索目标。如果我们假设捕获目标的概率在滞留期间是不相关的，那么 Q 只依赖于累积滞留时间 $U_*=U_1+U_2+\cdots$，事实上

$$Q_* = e^{-\xi_* U_*} \tag{8.1}$$

过程请查看附录 8.A。关键在于，“丢失目标”等同于在滞留期间什么也没有捕获。

敏锐的读者会察觉到，我们已经将无人机作战建模为一个交替更新的过程，而 U_* 是在［0, t］期间的正常运行时间。因此，我们从文献［33］中援引一个经典的结论：当 $t\to\infty$ 时，U_* 的分布收敛于一个均值为 μ_{U_*}、方差为 $\sigma^2_{U_*}$ 的正态分布，其中

$$\begin{aligned} \mu_{U_*} &= c_* t \\ \sigma^2_{U_*} &= 2c_*(1-c_*)w_* t \end{aligned} \tag{8.2}$$

因此，$-\zeta_* U_*$ 的分布也收敛于一个均值为 μ^*、方差为 σ^2_* 的正态分布，

$$
\begin{aligned}
\mu_* &= -\xi_* c_* t \\
\sigma_*^2 &- 2\zeta_*^2 c_*(1-c_*)w_* t
\end{aligned} \tag{8.3}
$$

因此，当$t\to\infty$时，Q_*的分布逼近于一个位置参数为μ_*、尺度参数为σ_*的对数正态分布。

当ζ_*变大时，上述方程将失去有效性。当$\zeta_*\to\infty$时，我们便假设一定满足$Q_*\to 0$——如果目标是规避多次探测，那么我们就可能以一个极小的概率省略掉它。我们的方程并不如此；我们使Q_*趋近于“负无穷正负无穷大”（以怪诞的解释）。问题是$\zeta_* U_*$，它在物理意义上对应于在U_*期间被目标规避的探测数。当$\zeta_*\to\infty$时，我们应该看到$\zeta_* U_*\to\infty$，但是我们反而令其为“负无穷正负无穷大”。

8.3.4　辅助/自动目标识别与扩展人类感知之间的合理选择

让$\mathbb{E}[\cdot]$表示“·的期望值”。如果$E[Q_A]\leqslant E[Q_H]$，我们会选择自动模式，此时辅助/自动目标识别能够降低丢失目标的预期概率。为清晰起见，如果我们计算大量无人机部署时的Q^*均值，$\mathbb{E}[Q^*]$是我们期望的概率。

我们表明，当$t\to\infty$时，Q_*的分布逼近一个位置参数为μ_*、尺度参数为p_*的对数正态分布。该分布的均值为$e^{\mu_*+\sigma_*^2/2}$，因此当$t\to\infty$时，我们可以得到

$$
\left|\mathbb{E}[Q_*]-e^{\mu_*+\sigma_*^2/2}\right|\to 0 \tag{8.4}
$$

我们注意到

$$
\begin{aligned}
e^{\mu_*+\sigma_*^2/2} &= \exp(-\zeta_* c_* t+\zeta_*^2 c_*(1-c_*)w_* t) \\
&= \exp(\zeta_* c_* t(\xi_*(1-c_*)w_*-1))
\end{aligned} \tag{8.5}
$$

此处声明有效性指数

$$
D_* = \begin{cases} \zeta_* c_*(\zeta_*(1-c_*)w_*-1), & \text{如果}\ \zeta_*\leqslant\hat{\zeta}_* \\ \hat{\zeta}_* c_*(\hat{\zeta}_*(1-c_*)w_*-1), & \text{其他} \end{cases} \tag{8.6}
$$

其中，

$$
\hat{\zeta}_* = \frac{1}{2(1-c_*)w_*} \tag{8.7}
$$

于是，我们将式（8.8）

$$
A = D_H - D_A \tag{8.8}
$$

声明辅助/自动目标识别优于扩展人类感知的程度指标，当且仅当$A\geqslant 0$时辅助/自动化目标识别是合理的。该声明的理由如下所示：

1）对于所有的$\zeta_*\leqslant\hat{\zeta}_*$，均存在$\mathbb{E}[Q_*]=\exp(D_* t)$，且当$t\to\infty$时，该逼近是绝对的。

2）$\exp(D_A t)\leqslant\exp(D_H t)$当且仅当$D_A\leqslant D_H$，这是因为$\exp(\cdot)$是严格递增的。

3）当$\zeta_*>\hat{\zeta}_*$时，D_*的行为意味它“应该”做。注意到当$\zeta_*=0$时，$\exp(D_* t)=1$，于是当ζ_*偏离0时，$\exp(D_* t)$增大，这正如我们所期望的那样。随着ζ_*的增加，丢失目标的期望概率将继续下降。不幸的是，函数$f(\zeta_* t)$ =

$\zeta_* c_* (\zeta_* (1-c_*) w_* - 1)$ 从 $\zeta_* = \hat{\zeta}_*$ 点处开始由递减变为递增（见附录8.A）。这种行为是前一节所描述问题的必然结果，因此我们需要进行补偿。

这些计算很容易在电子表格中完成，并且在本书网站上也包含了一个示例实现。

8.3.5 寻找自动模式合理的临界值

我们寻求自动化能力以使 $A=0$。例如，我们期望一个“权衡空间”，其中，自动化性能劣于人工，但可以从提高生存能力中恢复作战效果。在数学上，如果 $p_A < p_H$（自动模式在识别方面较差），我们应该使 $b_A < b_H$ 来补偿（更大的平均时间是反拦截的）。

通过进一步假设，可以简化分析：

1）我们可以假设反拦截车辆的时间呈指数分布，因此 $s_* = b_*$。这就相当于把车辆规避敌方发现视为同质的泊松过程，以同样的方式，我们对目标规避探测进行建模。

2）或者可以进一步合理地假设恢复搜索的时间是指数分布的，因此 $r = a$。该假设是合理的，因为指数分布的无记忆性使得敌方没有关于下一个介入何时到来的信息。

因此，我们可以固定 z、a、p_H 和 b_H，然后查看 p_A 如何随着 b_A 变化而变化（反之亦然）。

8.3.6 实例

我们用表8.1所列的数值来说明，当有反空中威胁时，概括地表示一种无人驾驶飞行器在陆地上寻找移动目标。图8.2给出了这种情况下的结果。它证实了我们在本章开始时所假定的直觉：自动化在识别目标方面的性能不如人，但可以从提高生存能力中重新获得作战效能。我们可以看到，在性能（垂直轴）和生存能力（水平轴）之间存在一个“权衡空间”。随着生存能力的增加，自动化所要求的性能也会合理降低。

表8.1 参数值，例如该场景，当存在反空中威胁时，概括地表示一种无人驾驶飞行器在陆地上寻找移动目标

目标	
目标搜索的平均时间	50s
无人车辆指标	
重搜索平均时间	500s
重搜索时间的方差	$r=a$（指数分布）
人为能力	
识别目标的概率	90%
反向获取平均时间	30s
反向获取时间的方差	$s_H = b_H$（指数分布）
自动能力	
反向获取平均时间	30s
反向获取时间的方差	$s_A = b_A$（指数分布）
识别目标的概率	$A=0$

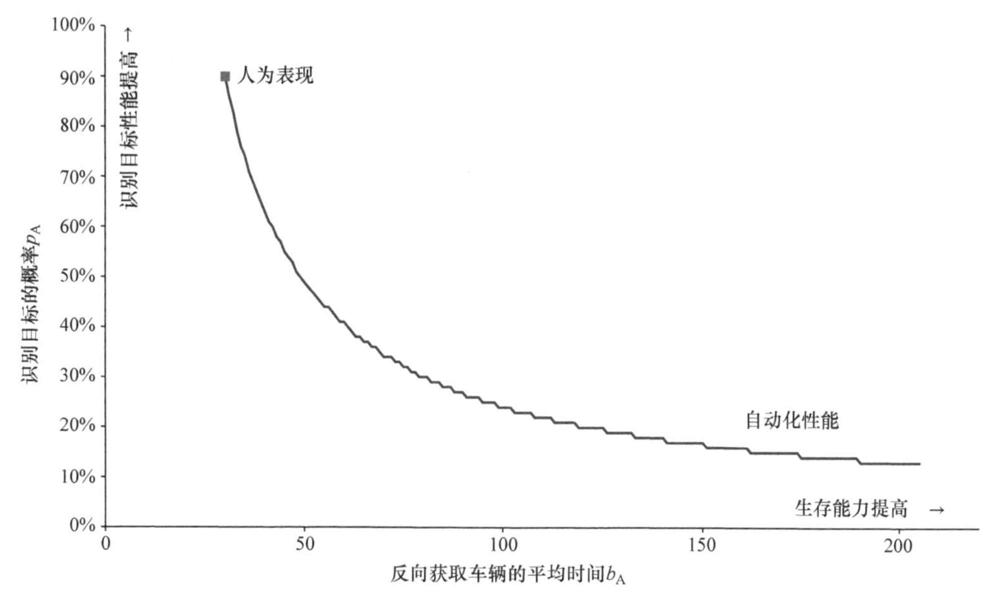

图 8.2 在示例场景中，自动化必须具有合理的性能。即使自动化的表现不如人类，但它可以从提高生存能力中重新获得作战效能

我们考虑两个“如果”事件。图 8.3 研究了减少恢复搜索的平均时间的效果（设置 $a=100$s）。这样做可以提高自动化的性能临界值，使其变得合理。自动化的优势在于减少了藏匿的必要性。这种优势随着藏匿成本的降低而削弱。

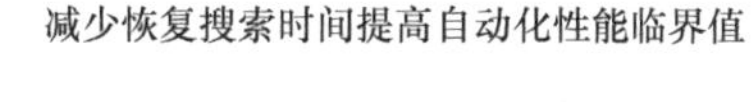

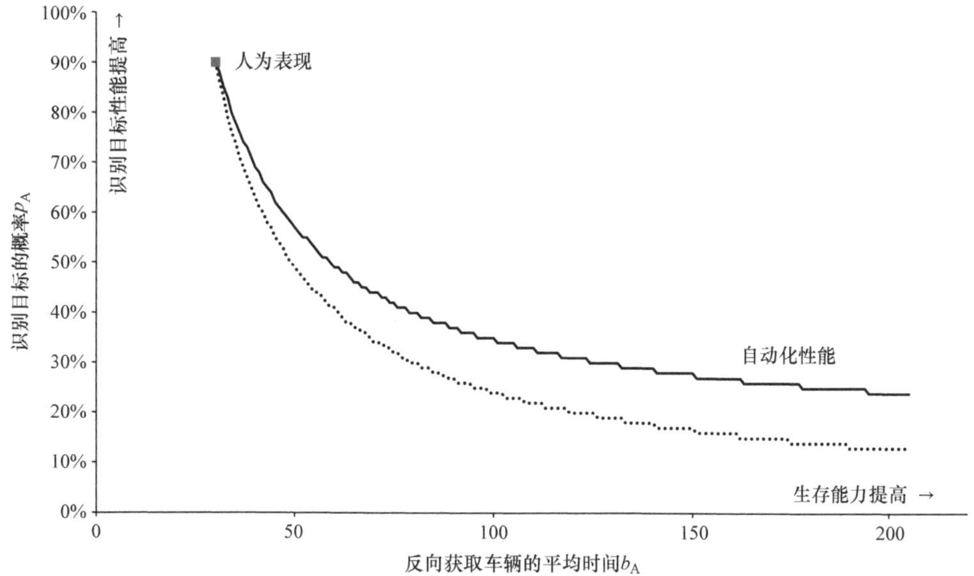

图 8.3 减少恢复搜索时间提高自动化性能临界值（在实线中设置 $a=100$s，在虚线中设置 $a=500$s）。自动化的优势在于减少藏匿的必要性。这种优势随着藏匿成本的降低而削弱

图 8.4 研究了增加目标规避探测时间的效果（设置 $z=500\text{s}$）。这样做可以提高自动化的性能临界值，使其变得合理。如果目标仅规避很少的探测数，那么自动化就必须做得更好来补偿。

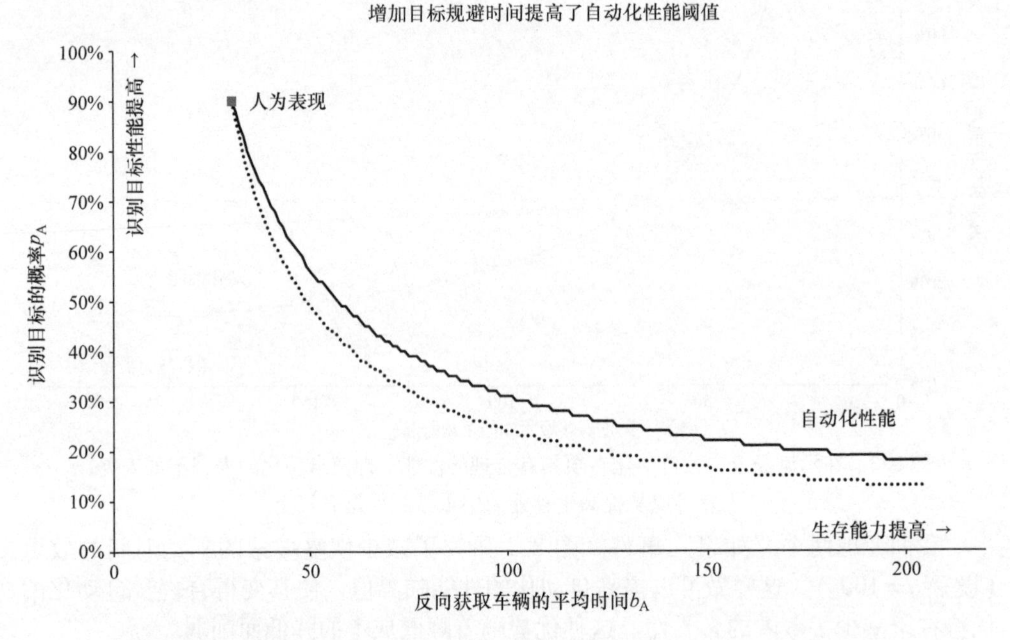

图 8.4　增加目标规避时间提高了自动化性能阈值（在实线中，$z=500\text{s}$，在虚线中，$z=50\text{s}$）。如果目标仅规避了更少的探测数，那么自动化就必须做得更好来补偿这些探测

8.4　本章小结

我们的分析是在无人系统的设计中，对自动化或人类分配任务的可行性进行论证。其中，我们具体研究了一个行动（目标识别），通过一个任务（在一个复杂环境中捕获一个困难的目标），在一个作战概念下（交替搜索与规避），应用一个标准（减少预期丢失目标的概率），对其可行性进行论证。显然，在设计一个真实的系统时，我们应该从很多方面去考虑。

尽管如此，是否应该自动执行一项特定行动是无人车辆系统设计中的基本问题，这是一个长期存在的认知工程问题。我们已经证明了这个问题适合于军事运筹学研究，甚至是来自该领域的经典方法。我们进一步在技术和作战之间产生了一个有趣的耦合：我们采用了一项技术，它有可能成为无人车辆系统（即具有一定性能指标的辅助/自动目标识别），并提出了一种利用这种潜在影响的作战概念。

这些分析将军事运筹人员放在一个独特而有影响力的位置，作为新兴技术的理性支持者和未来作战概念开发人员。当与其他选择相比时，这一角色的重要性可以被看出，其中有两种是值得注意的。第一种是纯粹地倡导新兴技术的“新”，而没有（定量）分析。当然，有理由关注这些技术，因为它们有可能具有破坏性，但这并不等同于接受提出的案例。我们与之形成对比的第二种选择是将未来作战理念留给作战人员。相反，我们将无人驾驶车辆的作战应用视为开放式设计，并将其与车辆的硬件和软件一起开发。

附录 8. A

计算 Q

论点

假设车辆是滞留期间（U_1，U_2，…）间歇性地搜索目标。如果我们假设在滞留期间捕获目标的概率是不相关的，那么 Q 只依赖于累积滞留时间 $U = U_1 + U_1 + \cdots$，于是 $Q = \mathrm{e}^{-\zeta U}$

证明

我们注意到 Q 等于在所有的滞留期间都没有被探测的概率

$$Q = \Pr\begin{bmatrix}\text{Zero Glimplimpses during } U_1 \text{ and} \\ \text{Zero Glimplimpses during } U_2 \text{ and} \\ \vdots\end{bmatrix}$$

通过假设在滞留期间捕获目标的概率是不相关的，我们可以将 Q 分解为一个乘积。

$$Q = \prod_k \Pr(\text{Zero Glimplimpses during } U_k \text{ and})$$

目标规避被探测的比率为 ζ，所以通过使用泊松模型方程，得

$$\begin{aligned} Q &= \prod_k \mathrm{e}^{-\zeta U_k} \\ &= \mathrm{e}^{-\zeta(U_1+U_2+\cdots+U_k\cdots)} \\ &= \mathrm{e}^{-\zeta U} \end{aligned}$$

确保当 ζ_* 增大时，$\boldsymbol{E}[Q_*]$减小

我们得到$\boldsymbol{E}[Q_*] = \exp(\zeta_* c_* t(\zeta_*(1-c_*)w_* - 1))$，并需要当 ζ_* 增大时$\boldsymbol{E}[Q_*]$减小。这才发现$f(\zeta_*) = \zeta_* c_* t(\zeta_*(1-c_*)w_* - 1)$随着 ζ_* 减小而减小。我们意识到，$f(\zeta_*)$是 ζ_* 在 $\hat{\zeta}_* = \dfrac{1}{2(1-c_*)w_*}$点处一个下凹的二次函数。因此，我们需要 $\zeta_* \leqslant \hat{\zeta}_*$。

参考文献

1. Sweetman, B., *Aircraft 2000: The Future of Aerospace Technology*. 1984, Golden Press: Sydney.
2. Buxham, P., Tackling the bandwidth issue, in *Tactical ISR Technology*. 2013, KMI Media Group.
3. Ratches, J.A., Review of Current Aided/Automatic Target Acquisition Technology for Military Target Acquisition Tasks. *Optical Engineering*, 2011. 50(7): p. 072001–072001-8.
4. *Electronic Intelligence: The Analysis of Radar Signals*. Second Edition ed, Artech House Radar Library, D.K. Barton, Editor. 1993, Artech House: Boston.
5. Challenger, R., C.W. Clegg and C. Shepherd, Function Allocation in Complex Systems: Reframing an Old Problem. *Ergonomics*, 2013. 56(7): p. 1051–1069.
6. Parasuraman, R., T.B. Sheridan and C.D. Wickens, A Model for Types and Levels of Human Interaction with Automation. *IEEE Transactions on Systems, Man and Cybernetics, Part A: Systems and Humans*, 2000. 30(3): p. 286–297.
7. Sarter, N.B., D.D. Woods and C.E. Billings, Automation Surprises, in *Handbook of Human Factors & Ergonomics*, G. Salvendy, Editor. 1997, Wiley: New York.
8. Winter, J.C.F. and D. Dodou, Why the Fitts List has Persisted Throughout the History of Function Allocation. *Cognition, Technology & Work*, 2011. 16(1): p. 1–11.
9. Scerbo, M.W., Adaptive Automation, in *Neuroergonomics: The Brain at Work: The Brain at Work*, R. Parasuraman and M. Rizzo, Editors. 2007, Oxford University Press: New York. p. 239–252.
10. Sheridan, T.B. Allocating Functions Rationally between Humans and Machines. *Ergonomics in Design: The Quarterly of Human Factors Applications*, 1998. 6(3): p. 20–25.
11. Sheridan, T.B. and R. Parasuraman, Human Versus Automation in Responding to Failures: An Expected-Value Analysis. *Human Factors: The Journal of the Human Factors and Ergonomics Society*, 2000. 42(3): p. 403–407.
12. Inagaki, T., Situation-Adaptive Autonomy: Dynamic Trading of Authority between Human and Automation. *Proceedings of the Human Factors and Ergonomics Society Annual Meeting*, 2000. 44(13): p. 13–16.
13. Lee, J.D. and K.A. See, Trust in Automation: Designing for Appropriate Reliance. *Human Factors: The Journal of the Human Factors and Ergonomics Society*, 2004. 46(1): p. 50–80.
14. Merritt, S.M. and D.R. Ilgen, Not All Trust Is Created Equal: Dispositional and History-Based Trust in Human-Automation Interactions. *Human Factors: The Journal of the Human Factors and Ergonomics Society*, 2008. 50(2): p. 194–210.
15. Wickens, C.D. and S.R. Dixon, The Benefits of Imperfect Diagnostic Automation: A Synthesis of the Literature. *Theoretical Issues in Ergonomics Science*, 2007. 8(3): p. 201–212.
16. Wickens, C.D. and S.R. Dixon, *Is There a Magic Number 7 (to the Minus 1)? The Benefits of Imperfect Diagnostic Automation: A Synthesis of the Literature*. 2005, Institute of Aviation, Aviation Human Factors Division, University of Illinois: Urbana-Champaign.
17. Wickens, C.D., S.R. Dixon and N. Johnson, Imperfect Diagnostic Automation: An Experimental Examination of Priorities and Threshold Setting. *Proceedings of the Human Factors and Ergonomics Society Annual Meeting*, 2006. 50(3): p. 210–214.
18. Kessel, R.T., *Apparent Reliability: Conditions for Reliance on Supervised Automation*. 2005, Defence R&D Canada–Atlantic.
19. Endsley, M.R., Toward a Theory of Situation Awareness in Dynamic Systems. *Human Factors: The Journal of the Human Factors and Ergonomics Society*, 1995. 37(1): p. 32–64.
20. Chancey, E.T. and J.P. Bliss, Reliability of a Cued Combat Identification Aid on Soldier Performance and Trust. *Proceedings of the Human Factors and Ergonomics Society Annual Meeting*, 2012. 56(1): p. 1466–1470.
21. Hintz, K.J., A Measure of the Information Gain Attributable to Cueing. *IEEE Transactions on Systems, Man and Cybernetics*, 1991. 21(2): p. 434–442.
22. Washburn, A.R., Bits, Bangs, or Bucks? The Coming Information Crisis. *PHALANX*, 2001. 34(3): p. 6–7 (Part I) & 4 : p. 10–11(Part II).
23. He, J., H.-Z. Zhao and Q. Fu, Approach to Effectiveness Evaluation of Automatic Target Recognition System. *Systems Engineering and Electronics*, 2009. 31(12): p. 2898–2903.
24. Kress, M., A. Baggesen and E. Gofer, Probability Modeling of Autonomous Unmanned Combat Aerial Vehicles (UCAVs). *Military Operations Research*, 2006. 11(4): p. 5–24.
25 Kish, B.A., *Establishment of a System Operating Characteristic for Autonomous Wide Area Search Vehicles, in School of Engineering and Management*. 2005, Air Force Institute of Technology: Ohio.

26. Bassham, B., K.W. Bauer and J.O. Miller, Automatic Target Recognition System Evaluation Using Decision Analysis Techniques. *Military Operations Research*, 2006. 11(1): p. 49–66.
27. Ghashghai, E., *Communications Networks to Support Integrated Intelligence, Surveillance, Reconnaissance, and Strike Operations*. 2004, RAND: Santa Monica, CA.
28. Gorman, S., Y.J. Dreazen and A. Cole, Insurgents Hack U.S. Drones, in *The Wall Street Journal*. 2009.
29. Small Business Innovation Request, Low Cost Information Assured Passive and Active Embedded Processing, Department of Defence (US). 2014.
30. Bash, B.A., D. Goeckel and D. Towsley, Limits of Reliable Communication with Low Probability of Detection on AWGN Channels. *IEEE Journal on Selected Areas in Communications*, 2013. 31(9): p. 1921–1930.
31. Koopman, B.O., *Search and Screening. General Principles with Historical Applications*. 1980, Pergamon Press: New York.
32. Wagner, D.H., W.C. Mylander and T.J. Sanders, eds. *Naval Operations Analysis*. Third Edition ed. 1999, Naval Institute Press: Anapolis, MD.
33. Takács, L., On a sojourn time problem in the theory of stochastic processes. *Transactions of the American Mathematical Society*, 1959. 93: p. 531–540.

第9章　自主军事车辆编队战术的设计与分析

9.1　概述

科幻小说中许多人熟悉人工智能和自动化设备，而技术革新或许可以让一度认为不可能完成的事情成真，例如亚马逊在30min使用无人机将商品递送到你家，或者自动驾驶车辆为驾驶员提供更好的灵活性以便让他们将注意力投入到其他工作。

半自动化和自动化技术的进步将极大地改变军事作战。无人飞行系统（Unmanned Aerial Systems，UAS）和无人地面系统（Unmanned Ground Systems，UGS）越来越成为美军的一个有吸引力的发展方向，特别是在当今减少人力和财政负担的时代。自动化具有减少事故的潜力，它可以在比人类驾驶员不能忍受的更严峻的条件下运作，同时减少燃料消耗并降低维护需求。另外，无人系统能够减轻或消除机务人员或驾驶员对休息的需求，允许持续作战，或减少运输所需的车辆。除此之外，可以通过一个“机器人”完成任务，这能够使士兵免受危险处境之苦，减少伤亡危险。尽管一些任务不会在商业与国防部门之间转化，但是大量的技术革新能够互换。这一透明度减少了国防部门（the Department of Defense，DoD）的花销，允许未来商业发展被纳入到国防平台上。

在过去的十年中，国防部门已经进行了较多的机器人实验和演示。一些里程碑事件包括美国国防部高级研究计划局（the Defense Advanced Research Projects Agency，DARPA）挑战、车队主动安全技术（the Convoy Active Safety Technologies，CAST）作战战斗机Ⅰ-Ⅲ型主从式编队实验、自主移动应用系统（the Autonomous Mobility Appliqué System，AMAS）联合能力技术演示（Joint Capability Technology Demonstration，JCTD）以及AMAS能力提升示范（Capabilities Advancement Demonstration，CAD）。随着技术的成熟和价格变得更加可接受，自动化车辆的功能在这些年来得到了提高。最近，AMAS JCTD和AMAS CAD已经展示了一整套自动化系统配置，并成功地演示了在使用无人车辆时执行军事定位和线路运输车队作战的可行性。

涉及自动化的讨论常常导致对特定术语的争论，以及如何最好地定义系统的“智能”。已经提出了大量的解决方案，每一个代理处有他们各自的定义。这使得军事采购和商业参与者之间的交流变得困难。DoD采购系统被设计为采购具有所需性能的系统，或者满足特定需求的软件。半自动化和自动化是独特的并具有不同的问题集，因为它们实际上是一个问题的硬件和软件解决方案。系统需求不仅解决一个系统的物理性能，也能实现在特定环境下系统的功能。

本章聚焦于各种环境下军用车队作战中自动化设备的分析，但是只包括了一种针对60min任务的三种车辆。该模型没有解决自动化设备分类的组合问题，例如带有辅助驾驶（Driver Assist，DA）的主从式，个别自动驾驶车辆在“团队化”场景中与其他车辆联网会变得“更智能”；也不是学习曲线，随着系统“学习”，系统可能随着时间的推移需要较少的输入。本研究的目的是为军用车队作战建立一种连续自动化，以及讨论如何分析人员输入和自动决策能力之间的交易空间，以便使关于系统设计配置的重要决策更加有效。本章的描述框架为思考半自动化和自动化设备的各种实现方式，并协助工程师、军事采购人员和军事后勤专家既讨论最低限度的要求，又讨论在技术进步时应该部署的自动化的最大限度。

9.2 研发定义

该框架建模并讨论了“人力投入比例”（H）和“自主决策能力”（R）。H被定义为人类输入关键任务参数的时间与任务总操作时间的比率。这永远不可能是零，因为任何系统都需要一个人首先打开它，不管它是多么的“智能”，并提供关键的信息来完成任务。输入是指令的传输，然而交互只是数据的传输，例如位置或视频的反馈。系统可以同时接收输入，与操作员进行交互，并执行分配的任务。R被定义为系统执行一组独立于人工输入的任务的能力。这个任务列表可以根据系统进行更改，但主要关注它在车辆中的潜在应用。

9.2.1 人力投入比例

人力投入比例（H）是指一个操作员必须向自动车辆提供指令的时间占任务完成总时间的百分比。这是人力投入总时间除以任务完成总时间的比值，将产生(0，1]之间的值。H以主题专家（SME）的输入为基础，然后在蒙特卡罗模拟中使用数据来验证这个方法和结果。

$$H = \frac{\text{人类输入关键任务参数的时间}}{\text{任务总操作时间}} \tag{9.1}$$

9.2.2 交互频率

交互频率是指操作人员与系统之间任何类型的通信频率。交互可以由操作员或系统发起。

9.2.3 指令/任务的复杂度

指令/任务的复杂度与在一定条件下完成任务所需的技能和经验水平（人员和/或自动化系统）相关。这并不取决于机器的智能。不要认为系统是“愚蠢的”，因为它需要复杂的指令。

9.2.4 自主决策能力

自主决策能力（R）是一个基于系统能够感知、允许并能够控制的变量数，评分范围［0，1）。用以下15个因素进行评价：点火、加速、减速、转向/转弯、规划路线、穿越路线、动态地改变路线、地形规划、编队完整性/间隔性、障碍识别、障碍躲避、障碍通过、识别标志、正确应对标志和遵守交通规则。类似于 H，R 基于SME输入进行评分，并被结合到蒙特卡罗模拟中验证方法和结果。

$$R = \frac{\sum \text{任务完成的平均车队概率}}{\text{任务总量}} \tag{9.2}$$

在式（9.2）中，车队中每一辆车完成一项独立于人类输入的任务概率是根据系统配置给定任务计算的。然后，式（9.2）的分子对每个车辆完成任务的概率做平均，从而为车队产生一个整体任务完成的概率。最后，对整个车队任务的完成概率进行求和，除以所考虑的任务数量，得到在给定系统配置下的全部 R 概率或值。

9.3 自动化连续体

自动化可以划分为子类别。本研究的重点是军事车队作战的后勤平台。车队被定义为由三辆或更多的战术轮式车辆（TWVs）组成，它作为一个小组可以运送补给和/或将人员从一个地点运输到另一个地点。本文的计算基于一个由3个TWVs组成的车队执行的60min任务。我们接下来提出了不同级别的军用车队作战的自动化操作，并在整个章节中讨论了提高 R 值的问题，即自主决策能力，以及自动化的连续性。附录9.A给出了对给定任务的人力需求的详细描述，以及与自动化技术相关的好处、缺点和额外成本，如图9.A.1～图9.A.13所示。

9.3.1 现状

现状（Status Quo，SQ）：车辆完全由人类驾驶员操作。这是目前军事车队作战的方式。

9.3.2 远程控制

远程控制（Remote Control，RC）：允许操作员从车辆内部以外的地方操控车辆或控制平台的系统。该系统配置可以是有线的或无线的，但操作者不需要系统的传感器数据。假定单个操作者可以控制一个后勤平台的运行。

9.3.3 遥控操作

遥控操作（Tele - Operation，TO）：一个允许操作员从车辆内部以外的地方操控车辆或控制平台的系统。这个系统配置可以是有线或无线的，但操作员需要系统的传感器数据。假定单个操作者可以控制一个后勤平台的操作。与 RC 之间的主要区别是 TO 被用于非视距作战任务，而 RC 则要求操作员在视距范围内。

9.3.4 驾驶员预警

驾驶员预警（Driver Warning，DW）：车辆内的一个系统，它提供视觉、触觉、听觉或其他形式提醒平台驾驶员潜在危险、障碍和事故。该系统配置类似于 SQ，但是系统为操作人员提供了增强的态势感知。

9.3.5 驾驶员辅助

驾驶员辅助（Driver Assist，DA）：在车辆内的一个系统，通过临时控制一个或多个车辆功能，为驾驶员提供协助，例如，加速控制或制动。该系统配置与 DW 类似，但在预测到危险情况时，系统具有控制关键驱动功能的能力。

9.3.6 主从式编队

主从式编队（Leader - Follower，LF）：一个包含两个或多个车辆的系统，在移动顺序方面，允许一个"追随者"车辆模仿"领导者"车辆的行为。

9.3.6.1 系绳主从式

系绳式（Tethered Leader - Follower，LF1）：车队内的车辆有物理连接。领头车辆在车内有人类驾驶员，但跟随车辆则没有。

9.3.6.2 无系绳主从式

无系绳式（Un - tethered Leader - Follower，LF2）：车队内的车辆通过非物理手段（无线电等）连接。领头车辆在车内有人类驾驶员，但跟随车辆则没有。

9.3.6.3 无系绳/无人/预驱动主从式

无系绳/无人/预驱动（Un - tethered/Unmanned/Pre - driven Leader - Follower，LF3）：车队内的车辆通过非物理方式连接。任何车辆均没有驾驶员。领头车辆以一种路标模式运作，并通过操作员控制单元（Operator Control Unit，OCU）控制，而其余车辆是追随者，并模仿领头车辆的行为。假定单个操作者可以通过 OCU 控制四个领导平台的移动；然而，需要进一步的分析来验证这个假设。OCU 用于与车队车辆之间的通信，并提供成功完成任务所需的关键输入信息。

9.3.6.4 无系绳/无人/上传主从式

无系绳/无人/上传（Un - tethered/Unmanned/Uploaded Leader - Follower，LF4）：车队内的车辆无系绳连接，数字地图数据从一个数据库进行上传。在任何车辆中都没有驾驶员，领头车辆以一种路标模式运作，并通过 OCU 进行控制。LF3 和 LF4 之间的主要区别在于 LF4 不需要预先驱动的路线。这将节省时间，提高此单元的操作节奏和效率。

9.3.7 路标

路标模式（Waypoint，WA）：系统遵循一系列路标所产生的路径的操作模式。主从式和路标模式的区别在于，在路标模式中，每个车辆是独立的实体，并且可以在队形内移动，而主从式中的跟随者是依赖引导车辆的，并且如果引导车辆被禁用，则不能起作用。

9.3.7.1 预先记录的“位置”路标

预先记录的“位置”路标（Pre - recorded“Breadcrumb”Waypoint，WA1）：系统必须首先由驾驶员驱动在预先录制的路径进行“教授”。在最初的学习之后，没有任何驾驶员出现在车辆上。OCU 用于与车队车辆进行通信。请注意，在这个场景中，每个车辆必须使用“位置”编程，而在 LF3 和 LF4 中，只有领头车辆需要“位置”编程。这就增加了单个操作者控制三个后勤平台运行的负担。因此，分析单个操作者可以通过 OCU 合理控制多少车辆，以及单个操作员能够在无疲劳情况下操作 OCU 的时长是非常重要的。

9.3.7.2 上传式“位置”路标

上传式“位置”路标（Uploaded“Breadcrumb”Waypoint，WA2）：将数字地图数据提供给系统，并由操作员绘制路标。在执行任务期间，没有任何驾驶员出现在车辆中。WA1 和 WA2 的区别在于，WA2 不需要人预先驱动路线。这将节省大量时间，从而提高单元的操作节奏和效率。

9.3.8 完全自主式

完全自主式（Full Automation，FA）：一种使车辆成为“自我感知/智能的”的操作模式。在路标模式中，需要人类提供所有的输入参数，例如地图、“位置”、行驶速度、间隔距离等，但在完全自主模式中车辆/系统能够提供大部分的参数，这减少了所需的人工输入。操作员将使用 OCU 在任务完成之前、期间和之后，与全自动化车辆进行通信和控制。

9.3.8.1 上传“位置”和路线建议全自主式

上传“位置”与路线建议全自主式（Uploaded“Breadcrumbs” with Route Suggestion Full Automation，FA1）：数字地图数据被提供给系统，并带有指定的起点和目的地网格坐标。系统将提供建议路线，操作员将选择走哪条路线。

9.3.8.2 自动确定完全自主式

自动确定完全自主式（Self - Determining Full Automation，FA2）：系统决定它本身的路线，假定已经给定起点和目的地的网格坐标，提供执行所有安全关键驾驶功能，监控道路状况，理解传感器信息去识别障碍及相关标识，并动态地变更路线，穿越未知线路，以及观测整个任务的全天候环境。在执行任务期间，车辆中没有驾驶员。这是完全自主的，因为车辆现在是“自我感知的/智能的”。在 FA1 模式下，车辆仍然需要人工输入，例如，建议选项中的行程路线。然而，在 FA2 中，车辆可以自主地到达目的地。要记住，一个人总有能力通过 OCU 控制车辆，但是存在允许车辆独立地从起点到目的地的选项。

9.4　人力投入比例与系统配置的数学建模

9.4.1　*H* 与系统配置方法的建模

分析开始于计算给定场景中每个系统配置所需的人力投入比例，这表明三个机动轮式车辆正在执行一个 60min 的任务。然而，自动化是一项将改变未来战争的革命性技术，而对尖端技术进行建模的一个缺点是，现有的经验数据有限。因此，SME 数据以如下方式进行编译。

首先，在第 9.3 节和附录相应的图表中 SMEs 给出了自动化连续体。然后，对于每个系统配置，SMEs 被要求提供一个三角分布的时间估计量（以分钟为单位），他们期望每辆车在 60min 的任务中都有人力投入。描述三角形分布的三个参数是最小值 a、最大值 b 和模式 c。在收集了每个系统配置的 SME 数据之后，设计了一个三角形分布来估计在一个任务中三个车辆中每一辆所需要的人力投入量。

接下来，SME 数据被纳入蒙特卡罗模拟，进行了 150 次试验。表 9.1 ~ 表 9.3 分别描述了对系统配置｛DA、LFl、LF2｝、｛LF3、LF4、WAI｝和｛WA2、FA1、FA2｝的前 10 个测试。注意，图 9.1 ~ 图 9.3 中没有描述 SQ、RC 和 DW。这些系统配置在蒙特卡罗模拟中得到了评估，但是因为所有配置都需要一个驾驶员随时控制它，所以 $H=1$，或者 100%，而不需要在这里列出。

表 9.1　蒙特卡罗模拟对系统配置｛DA、LFl、LF2｝的前 10 个测试

测试数量	U（0，1）车辆 1	U（0，1）车辆 2	U（0，1）车辆 3	DA			LF1			LF2		
1	0.08	0.43	0.09	57.86	58.31	57.87	60.00	5.07	4.31	60.00	4.07	3.31
2	0.27	0.15	0.40	58.09	57.94	58.27	60.00	4.43	5.01	60.00	3.43	4.01
3	0.18	0.93	0.38	57.98	59.42	58.24	60.00	7.00	4.95	60.00	6.00	3.95
4	0.72	0.53	0.57	58.82	58.47	58.53	60.00	5.36	5.45	60.00	4.36	4.45
5	0.15	0.29	1.00	57.94	58.12	59.96	60.00	4.74	6.93	60.00	3.74	6.93
6	0.05	0.68	0.18	57.82	58.74	59.97	60.00	5.70	4.62	60.00	4.70	3.62
7	0.89	0.65	0.24	59.27	58.67	58.05	60.00	6.06	5.84	60.00	5.06	4.84
8	0.44	0.75	0.69	58.32	58.88	58.72	60.00	6.06	5.84	60.00	5.06	4.84
9	0.39	0.94	0.82	58.25	59.44	59.04	60.00	7.03	6.34	60.00	6.03	5.34
10	0.73	0.79	0.82	58.84	58.97	59.05	60.00	6.22	6.35	60.00	5.22	5.35

表 9.2 蒙特卡罗模拟对系统配置 {LF3、LF4、WAI} 的前 10 个测试

测试数量	U (0, 1) 车辆 1	U (0, 1) 车辆 2	U (0, 1) 车辆 3	LF3				LF4			WA1			
1	0.08	0.43	0.09	60.00	8.58	4.07	3.31	14.94	4.07	3.31	60.00	8.58	9.93	8.61
2	0.27	0.15	0.40	60.00	9.26	3.43	4.01	15.47	3.43	4.01	60.00	9.26	8.82	9.82
3	0.18	0.93	0.38	60.00	8.93	6.00	3.05	15.21	6.00	3.05	60.00	11.46	10.42	10.58
4	0.72	0.43	0.57	60.00	11.46	4.36	4.45	17.21	4.36	4.45	60.00	11.46	10.42	10.58
5	0.15	0.29	1.00	60.00	8.81	3.74	6.93	15.12	3.74	6.93	60.00	8.81	9.35	14.88
6	0.05	0.68	0.18	60.00	8.45	4.82	3.49	14.83	4.82	3.49	60.00	12.80	11.02	9.14
7	0.89	0.65	0.24	60.00	12.80	4.70	3.62	18.26	4.70	3.62	60.00	12.80	11.02	9.14
8	0.44	0.75	0.69	60.00	9.96	5.06	4.84	16.02	5.06	4.84	60.00	9.96	11.63	11.26
9	0.39	0.94	0.82	60.00	9.76	6.03	5.34	15.87	6.03	5.34	60.00	9.76	13.32	12.13
10	0.73	0.79	0.82	60.00	11.52	5.22	5.35	17.26	5.22	5.35	60.00	11.52	11.92	12.14

表 9.3 蒙特卡罗模拟对系统配置 {WA2、FA1、FA2} 的前 10 个测试

测试数量	U (0, 1) 车辆 1	U (0, 1) 车辆 2	U (0, 1) 车辆 3	WA2			FA1			FA2		
1	0.08	0.43	0.09	14.94	16.00	14.96	3.29	3.86	3.31	1.68	2.38	1.70
2	0.27	0.15	0.40	15.47	15.12	15.92	3.58	3.39	3.82	2.03	1.81	2.33
3	0.18	0.93	0.38	15.21	18.63	15.83	3.44	5.27	3.77	1.87	4.10	2.27
4	0.72	0.53	0.57	17.21	16.39	16.52	4.51	4.07	4.14	3.17	2.63	2.72
5	0.15	0.29	1.00	15.12	15.55	19.90	3.39	3.62	5.95	1.80	2.08	4.94
6	0.05	0.68	0.18	14.83	17.02	15.20	3.24	4.41	3.44	1.62	3.05	1.86
7	0.89	0.65	0.24	18.26	16.86	15.83	5.07	4.32	3.53	3.86	2.95	1.97
8	0.44	0.75	0.69	16.02	17.34	17.056	3.88	4.58	4.42	2.40	3.26	3.07
9	0.39	0.94	0.82	15.87	18.67	17.74	3.79	5.29	4.79	2.30	4.13	3.52

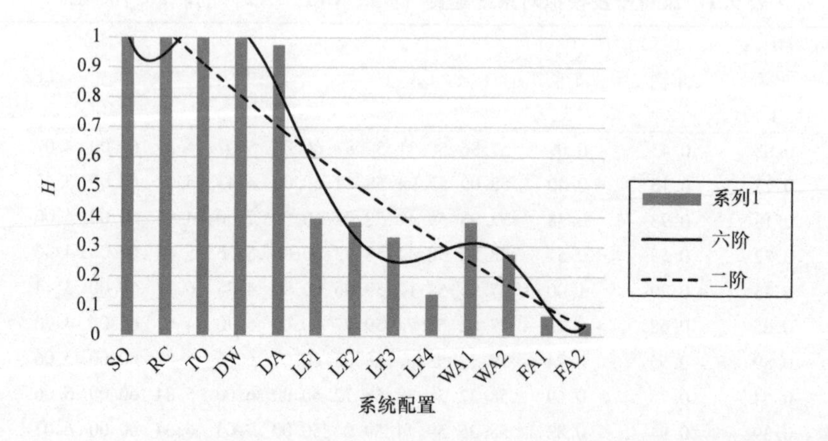

图 9.1 人力投入比例 (H) 与系统配置的数据模型。系列 1 表示每一个系统配置的 H 值，实的和虚的趋势线分别表示六阶和二阶多项式回归方程

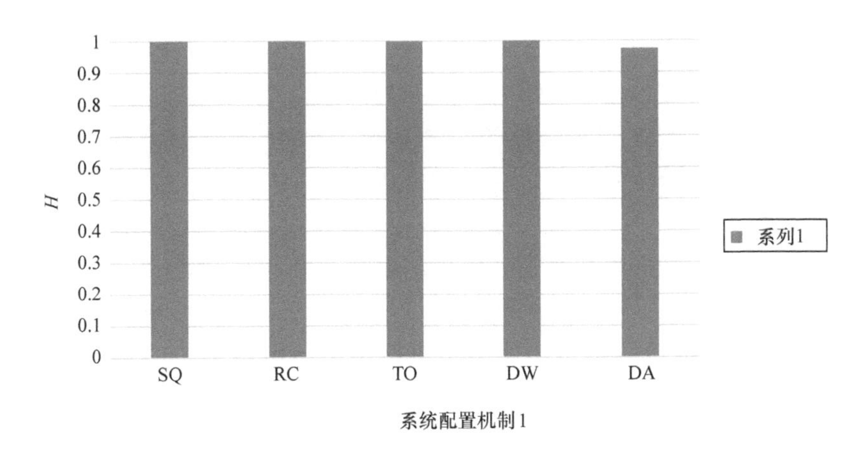

图9.2　在机制1中，人力投入比例（H）与系统配置的数据模型。系列1表示每一个系统配置的累积H值

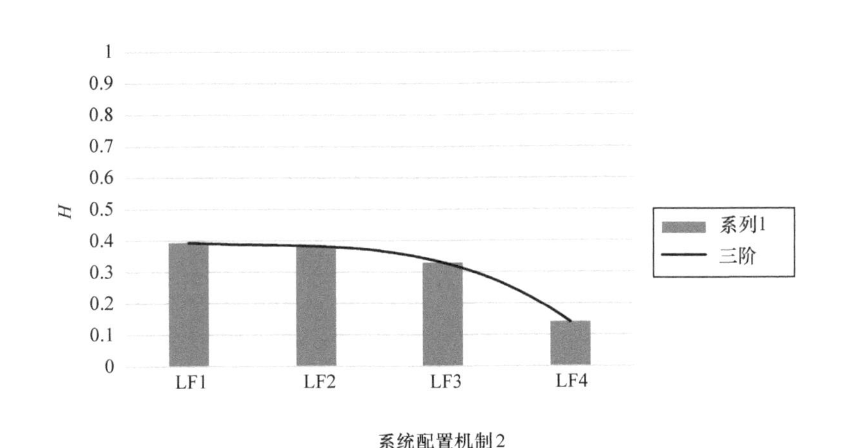

图9.3　在机制2中，人力投入比例（H）与系统配置的数据模型。系列1表示每一个系统配置的H值，实趋势线表示一个三阶多项式回归方程

在图9.2中，所有车辆的H_i值都是用被标注为TRIA（a，b，c）三角形分布来估计的。DA系统的配置是根据SME输入的，使用TRIA（55，59，60）来建模。这意味着，在60min的任务中，人类操作员将以59min的模式控制车辆55～60min。这似乎是合乎逻辑的，因为人类操作员随时都在车辆的驾驶室中，并控制着车辆的驾驶功能。该系统仅仅在发生事故、碰撞等情况下控制车辆的行驶功能。请注意，在LF1中，领头车辆被一个人类操作员所操纵，而第二和第三辆车则使用系绳来模拟领头车辆的行为。因此，基于TRIA（3，5，8）分布对第二和第三辆车的H_2和H_3值进行建模，它们包含了连接车辆之间的系绳所需的时间。最后，LF2再一次要

求一名驾驶员在领头车辆中，但第二和第三辆车通过非物理方式进行联系，例如，无线电。第二和第三辆车的 H_2 和 H_3 值基于 TRIA（2，4，7）分布进行建模，它包含了为跟随车辆制定计划以模拟领头车辆行为的时间。

类似地，在表9.2中，LF3 的 H_i 值计算如下。首先，注意到在 LF3 的计算中使用了四辆车。这是因为我们需要包含预驱动路线所需的时间，这在 LF3 的第一个条目中进行了说明。一旦路线数据被捕获，可以通过路线数据和基于 TRIA（6，10，15）分布的任务参数对领头车辆 H_1 制定计划。在 LF2 中，第二和第三辆车通过非物理方式模拟了领导车辆的行为。因此，为了在不同的系统配置中保持一致性，LF3 的第二和第三辆车 H_2 和 H_3 值都使用了 TRIA（2，4，7）分布。对于 LF4，给领头车辆提供了一张数字地图，不需要预先驱动的路线。因此，LF4 的领头车辆 H_i 值是基于 TRIA（13，16，20）的分布模型进行建模的，它包含了“教授”车辆路径所需的额外制定计划时间。再次，使用 TRIA（2，4，7）来建模第二和第三辆车的 H_2 和 H_3 值。最后，WAl 需要一个人类驾驶员预驱动路线，它在第一个条目被捕获说明。然而，LF 和 WA 之间的区别在于，WA 中的每一辆车都是一个可以独立完成任务的实体，这意味着每辆车都是一辆领头车辆，而且必须相应地进行制定计划。因此，基于 TRIA（6，10，15）分布对车队中车辆的 H_i 值进行了建模，它与 LF3 中领头车辆的参数是一致的。

在表9.3中，WA2 的 H_i 值以 TRIA（13，16，20）为模型，与 LF4 中领头车辆的参数一致。一旦我们加进 FA 系统配置，车辆就会变得具有自我感知并且能够执行许多任务的主要功能。对于 FAl，系统只需要驾驶员输入起点和目的地的网格坐标。然后系统将提供一个建议路线列表，供驾驶员选择。一旦选定路线，车辆将穿过独立于人力投入的路线。在 FAl 系统配置中，每辆车的 H_i 值都使用 TRIA（2，4，6）分布来建模。最后，FA2 与 FAl 相似，除了 FA2 不需要人类驾驶员选择穿越的路线之外。相反，一旦系统提供了它的起点和目的地网格坐标，车辆将开始执行它的任务。FA2 的 H_i 值基于 TRIA（1，2，5）分布建模。

一旦编辑出 SME 数据，就会创建一个蒙特卡罗模拟来运行多个测试或任务。在蒙特卡罗模拟的执行过程中，制造了三个正态分布随机数 U_1、U_2 和 U_3，它们的参数为 a = 最小值 =0、b = 最大值 =1。注意到，随机数 U_1、U_2、U_3 分别对应车辆1、2、3。假定 $U_i \sim U(0,1)$，然后用式（9.3）和式（9.4）中描述的逆三角形分布函数确定每个车辆的近似值 H_i。

$$H_i = a + \sqrt{U_i(b-a)(c-a)}, \quad 0 < U_i < \frac{(c-a)}{(b-a)} \tag{9.3}$$

$$H_i = b - \sqrt{(1-U_i)(b-a)(b-c)}, \quad \frac{(c-a)}{(b-a)} < U_i < 1 \tag{9.4}$$

因此，这并不是执行单一的任务，而是数据被复制到总共150个任务中，这增加了模型的有效性，并提供了在给定的系统配置条件下一个关于车队中每个 TWV 的 H_i值的最佳逼近值。

在编辑 150 个试验数据之后，采用样本大小 $n=5$ 并调用中心极限定理，将三角形分布的数据转换成正态分布的数据。在这种情况下，150 个试验被减少到总共 30 个试验，得出的每个$\overline{H}_i$ 数据此时都可以被一个正态分布模拟。然后，通过取 30 个正态分布 H_i值的平均值，得到车辆 1、2 和 3 的平均值$\overline{H}_i$。最后，通过平均车辆 1、2 和 3 的 3 个$\overline{H}_i$ 值，再除以总任务持续时间（在本例中为 60min），式（9.5）计算了每个系统配置的总体 H 值。

$$H(\text{系统配置}) = \frac{\text{车辆的平均 } H \text{ 值}}{\text{总任务持续时间}} \tag{9.5}$$

注意，在计算 LF3 和 WA1 的平均值$\overline{H}_i$ 时，计算中包含总共 4 辆车，以考虑预驱动路线所需的时间。图 9.4 显示了每一个自动化连续系统配置所计算的 H 值，图 9.1 给出了表 9.4 中数据的图形表示与回归分析。

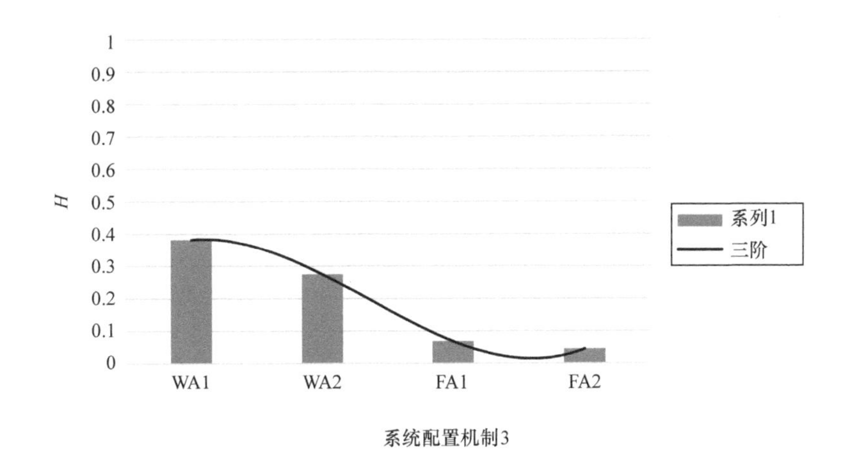

图 9.4　机制 3 中，人力投入比例（H）与系统配置的数据模型。系列 1 表示每一个系统配置的 H 值，实趋势线表示一个三阶多项式回归方程

9.4.2　*H* 与系统配置建模的结果分析

使用回归分析，一个六阶多项式曲线拟合［式（9.6）］了模型 H 与系统配置，并由图 9.1 的实趋势线进行了显示，见表 9.4 和表 9.5。其中，y 表示任务期间所需的人力投入比例，x 表示代表不同的系统配置级别。

$$y = 0.00006x^6 - 9.0026x^5 + 0.0435x^4 - 0.3387x^3 + 1.2527x^2 - 2.0239x + 2.0807 \tag{9.6}$$

表 9.4 蒙特卡罗模拟在系统配置中的人力投入比例（H）

系统配置	人力投入比例（H）
SQ	1
RC	1
TO	1
DW	1
DA	0.975197552
LF1	0.393718536
LF2	0.382607425
LF3	0.330677436
LF4	0.140635348
WA1	0.381694492
WA2	0.274640029
FA1	0.068627109
FA2	0.044909546

表 9.5 通过式（9.6）计算人力投入比例（H）与系统配置

	x	$y=0.00006x^6-0.0026x^5+0.0435x^4-0.3387x^3+1.2527x^2-2.0239x+2.0807$
SQ	1	1.01183
RC	2	0.95102
TO	3	1.07447
DW	4	1.07198
DA	5	0.94295
LF1	6	0.83558
LF2	7	0.92927
LF3	8	1.36022
LF4	9	2.19023
WA1	10	3.4187
WA2	11	5.03783
FA1	12	7.13102
FA2	13	10.01447

这个单一方程准确地模拟了 H 与系统配置之间的关系，其系数 $R^2=0.9528$。虽然上面的方程能够很好地拟合这些数据，但它的适用性有限，因为自变量 x 在本质上是主观的。假设 SQ = 1，RC = 2，LF4 = 9，WAl = 10，WA2 = 11，FAl = 12，$f_0=3$，DW = 4，DA = 5，LF1 = 6，LF2 = 7，LF3 = 8，FA2 = 13。如果一个设计工程师想要用 LF3 来分析一个军用车队作战，那么应该将 $x=8$ 代入式（9.6），并且应该返回一个表示整个任务中需要的人力投入比例的 0 到 1 之间的值。然而，表 9.5 中描述的分析结果是不可取的，因为它们违反了关于 H 的（0，1］约束。

因此，为了创建一个可以用于工程设计的单一方程，必须求解 x，从而使系统配置成为因变量。基于人力约束，工程师可以在整个任务中评估资源的可用性，而且以 x 作为因变量的新方程将提供一个推荐的系统配置。

为了更好地概念化这个新方法（和减轻对任意数据进行难处理的六次根计算的需要），假设回归分析被用来设计一个二阶多项式方程来模拟 H 和系统配置之间的关系，它用图9.1进行了表示，并用式（9.7）进行了计算。

$$y = 0.0022x^2 - 0.01239x + 1.2648 \tag{9.7}$$

注意，x 和 y 的表示仍然保持不变，但式（9.7）的确定系数为 $R^2 = 0.8521$。剩余平方和有所增加，这意味着式（9.7）不能像式（9.6）一样很好地拟合数据，然而，式（9.7）的适用性更加有效。假设现在由式（9.7）求解得到 x；在式（9.8）和式（9.9）中进行结果计算。

$$x = 21.3201(\sqrt{y + 0.479656} + 1.32078) \tag{9.8}$$

$$x = -21.3201(\sqrt{y + 0.479656} - 1.32078) \tag{9.9}$$

通过使 y 在0和1之间以0.1为间隔进行变化，得到的结果见表9.6。请注意，式（9.8）的值对工程师没有太大的价值。另一方面，式（9.9）的结果与当SQ = 1、RC =2、TO =3等时系统配置规模是一致的。

例如，如果一个系统工程师认为有足够的“人力预算”，即 $H = 0.40$（任务所需的人力投入比例为40%），那么上述分析的结果是 $x = 8.16$，这与LF3是相关的。因此，应该利用所分配的资源为LF3系统配置模式设计任务。注意，由于式（9.7）不能精确地对数据进行拟合，x 的结果可能有一些变化，但是方法本身是有效的（因为原始的逼近更准确）。

表9.6　式（9.8）和式（9.9）通过介于（0，1）的 y 值计算 x 的值

y	$x = 21.3201(\sqrt{y+0.479656}+1.32078)$	$x = -21.3201(\sqrt{y+0.479656}-1.32078)$
0	42.92486636	13.393457
0.1	44.3912503	11.92707305
0.2	45.73571901	10.58260435
0.3	46.98441158	9.333911776
0.4	48.15527881	8.163044548
0.5	49.26127927	7.05704409
0.6	50.31213062	6.006192733
0.7	51.31534227	5.002981089
0.8	52.27685987	4.04146349
0.9	53.2014865	3.11683686
1	54.09316828	2.225155071

9.4.3　将 H 与系统配置的自动化连续体划分为不同机制并分析结果

我们可以把前面的方法看作是贸易空间问题的一级近似。一般来说，我们可能会说，数据粗略地表明随着自动化程度的提高，人力投入以一个平方根的关系减少。创新并非总是平稳地运行，随着技术的改进，性能通常会出现不连续的跳跃。可以识别图9.1中的“中断”，其中增强的自动化程度驱动 H 出现显著的不连续性。假设我们将自动化连续体划分为以下的机制：SQ、RC、TO、DW 和 DA 形成了第一种机制；LFI、LF2、LF3、LF4 形成了第二种机制；而 WA1、WA2、FAl 和 FA2 构成了第三种机制。

分析第一种机制的结果如图9.2所示。注意，在机制1中，H 等于或非常接近于每一个系统配置的值。这意味着，尽管自动化技术被纳入到平台中，但 H 的减少并没有实现。这告诉我们，在这个机制中，在人力投入－自动化贸易空间技术并没有减少人类投入的需求，它提供了其他好处，比如增加了士兵操作平台的安全性。因此。如果 DoD 要投资于机制1技术，很明显，人类驾驶员将仍然是需要的，几乎是全职的，来控制 TWVs 的运动，并成功完成任务。

分析第二种机制的结果如图9.3所示。采用回归分析，建立一个三阶多项式方程，并由图9.A.11中的实趋势线进行了表示。其中，y 表示在任务期间需要的人力投入比例，注意到 $0.14 < y < 0.39$，x 表示机制2的不同系统配置级别，其中 $x = 1 =$ LFI，$x = 2 =$ LF2，$x = 3 =$ LF3 和 $x = 4 =$ LF4。

$$y = 0.0162x^3 + 0.0769x^2 - 0.1283x + 0.4613 \tag{9.10}$$

式（9.10）能够精确地模拟机制2，此时 $R^2 = 1$。与机制1相反，机制2显示了 H 的值在自动化连续体上单调递减。此外，预料之中的是人类输入比例将显著下降，因为技术使士兵能够从车辆中撤掉。对于 LF1 和 LF2，车队中的领头车辆需要一个士兵操作平台。然而，第二和第三辆车只在某些情况下需要人力投入，例如，如果车辆之间的技术人员切断联系或通信由于干扰而被阻塞。在这种情况下，人类驾驶员可能需要重新建立连接的系绳/信号，或物理连接控制车辆。在 LF3 和 LF4 中，H 进一步减少，因为这些系统配置允许完全的无人操作。可能是意料之中，与 LF2 相比，LF3 可能会有更大的下降，但是，必须保持对系统配置定义的认识。LF3 需要一个士兵预先驱动路线，这意味着与此任务相关的时间被纳入到累积 H 的计算中。请注意，LF3 和 LF4 之间出现了 H 大幅下降，因为 LF4 具有将数字地图上传到系统中的灵活性，并将数字“位置”用于引导车辆的跟随，这节省了大量的时间。这反过来又提高了他们的操作节奏和效率。

最后，分析第三种机制的结果如图9.4所示。利用回归分析，设计了一个三阶多项式方程，即式（9.11），实趋势线如图9.4所示。其中，y 表示在任务期间需要的人力投入比例，注意到 $0.05 < y < 0.38$，x 表示机制3的各种系统配置级别，其中 $x = 1 =$ WAl，$x = 2 =$ WA2，$x = 3 =$ FAl，$x = 4 =$ FA2。

$$y = 0.0469x^3 - 0.3307x^2 + 0.557x + 0.1085 \tag{9.11}$$

式（9.11）能够精确地模拟机制3，此时 $R^2 = 1$。对于第三个机制来说，有可预见的结果，而其他结果可能需要进一步的解释。当然，当自动化连续性接近 FA1

和 FA2 的时候，需要进行少量的人工输入，这是合理的。然而，请注意，与 LF4 相比，WA1 和 WA2 的 H 值显著增加。问题是为什么会这样？又一次，在定义中找到答案。本质上，LF3 和 LF4 分别与 WA1 和 WA2 有关。对于 LF3 和 WA1，路线是预先驱动的，车辆是无人驾驶的。类似地，对于 LF4 和 WA2，一个数字地图被上传，“位置”被绘制出来，车辆是无人驾驶的。它们之间的主要区别在于，路标被定义，以至于每辆车都是一个独立的实体，这将使车辆能够完成任务，而不管其他车辆在传达中的状态如何。相反，在主从式系统配置中，跟随车辆依赖于领头车辆的可行性。制定一辆跟随车辆计划所需要的时间比制定一辆领头车辆计划所需要的时间要少。因此，LF3 和 LF4 仅需要对车队中的一个车辆增加编程时间，而 WA1 和 WA2 需要对车队中的所有车辆增加相同的编程时间。这解释了 WA1 和 WA2 中 H 增加的原因。

本节基于自动化连续体中每个系统的相对等级，探讨了人力投入比例与系统配置之间的关系。研究人力投入 - 自动化贸易空间的下一步是从数学上对系统配置与它们各自的自主决策能力进行建模。

9.5 自主决策能力与系统配置的数学建模

9.5.1 R 与系统配置建模方法

为了计算 R 与系统配置，使用与第 9.4.1 节中开发的计算 H 与系统配置的类似方法。首先，SMEs 被要求再次提供系统配置概率的一个三角形分布估计，一个给定的车辆能够独立于人类输入完成以下任务：点火、加速、减速、方向/转弯、规划路径、穿越路径、动态地改变路线、地形规划、编队完整性/间隔性、障碍识别、障碍躲避、障碍通过、识别标志、正确应对标志和遵守交通模式。

对于 SQ、RC 和 TO 系统配置，自动化系统不控制或无助于执行上述 15 个任务中的任何一个。因此，SQ、RC 和 TO 的 R 值为 0。对于 DW，SMEs 使用一个 TRIA（90，94，99）分发以逼近车辆能够识别障碍物次数的百分比。正如我们稍后会看到的，尽管 DW 有能力识别障碍，但它没有能力根据它的观察来行动。这种行动上的无作为能力将影响它的 R 值。对于 DA，SMEs 使用 TRIA（88，95，99）、TRIA（88，95，99）和 TRIA（90，94，99）分布来估计车辆减速、识别障碍物和避免障碍时的时间百分比。对于剩余的系统配置，这一过程持续进行，当我们沿着自动化连续体移动时，车辆能够完成更多与人力投入无关的任务，并且成功的可能性更高。

再一次，在收集了 SME 数据后，使用三个均匀分布随机数 U_1、U_2和 U_3，以及参数 a = 最小值 = 0、b = 最大值 = 1，执行蒙特卡罗模拟。对于系统配置，每个任务和车辆的这些均匀随机数和 SME 三角分布参数都被适当地替换为逆三角形分布，即式（9.3）和式（9.4）。将数据代入式（9.3）或式（9.4），结果将是一个介于0到100之间的整数，这个整数表示给定系统配置中的车辆能够完成独立于人工输入的给定任务次数的百分比。因此，所有数据都除以100，去创建成功完成任务的概率 p，这样 $0<p<1$。注意，假定 p 永远不能等于1.0，这是因为无论系统多么可靠，系统都会有失败的可能。

随着新获得的 p 值，一个由10个独立的伯努利试验组成的实验被创造出来，以确定一个给定的车辆在10次中至少有8次能够成功地完成一个给定任务的概率。因此，令 X 是一个具有参数 p（利用上述方法进行逼近）的二项式随机变量，它表示车辆完成一个独立于人类输入给定任务的次数。然后，试验次数 n 等于10，可以计算出任务、车辆数目和系统配置的每个组合的 $P(X>8)$。

$P(X>8)$ 的结果表示了｛DW、DA、LF1、LF2｝、｛LF3、LF4、WA1｝和｛WA2、FA1、FA2｝的 R_i 值。表9.7～表9.9分别显示每个组的 R_i 结果。最后，式（9.12）被用于计算每个系统配置的总体 R 值，对1号、2号和3号车辆的3个 R_i 值进行平均，并除以任务总数，在本例中为15。表9.10显示了 R 与系统配置的数据表，图9.5显示了表9.10中数据的图形表示，其中包含了回归分析。

$$R(\text{系统配置})=\frac{3\text{个}R_i\text{的平均值}}{\text{任务总数}} \tag{9.12}$$

如图9.5所示，回归分析判定了一个六次多项式方程准确地模拟了 R 对系统配置的分布。这些结果的一个不足之处是它没有将 H 合并到模型中。有必要整合人力投入比例到 R 的计算，因为不包括系统可能经历每项任务的时间量，仅仅模拟特定系统配置在第一次尝试时执行已建立任务的能力的概率是不够的。

表9.7　｛DW、DA、LF1、LF2｝系统配置的 R_i 值

任务/子任务		DW			DA			LF1			LF2	
点火	0	0	0	0	0	0	0	0	0	0	0	0
加速	0	0	0	0	0	0	0	0.988	0.995	0	0.991	0.996
减速	0	0	0	0.988	0.964	0.997	0	0.963	0.997	0	0.979	0.998
方向/转向	0	0	0	0	0	0	0	0.812	0.969	0	0.966	0.994
规划路径	0	0	0	0	0	0	0	0	0	0	0	0
遍历路径	0	0	0	0	0	0	0	0	0	0	0	0
动态重规划	0	0	0	0	0	0	0	0	0	0	0	0
地势	0	0	0	0	0	0	0	0.015	0.427	0	0.071	0.578
协同编队整合	0	0	0	0	0	0	0	0.952	0.878	0	0.952	0.878
识别障碍物	0.983	0.999	0.975	0.983	0.999	0.975	0	0	0	0	0	0
避开障碍物	0	0.974	0.838	0.851	0	0	0	0	0	0	0	0
绕过障碍物	0	0	0	0	0	0	0	0	0	0	0	0
识别标志	0	0	0	0	0	0	0	0	0	0	0	0
标志反应	0	0	0	0	0	0	0	0	0	0	0	0

表 9.8　{LF3、LF4、WA1} 系统配置的 R_i 值

任务/子任务	LF3				LF4					WA1	
点火	0	0.994	0	0	0.994	0	0	0	0.997	0.999	0.999
加速	0	0.972	0.991	0.996	0.972	0.991	0.996	0	0.993	0.994	0.997
减速	0	0.985	0.979	0.998	0.985	0.979	0.998	0.996	0	0.990	0.999
方向/转向	0	0.951	0.966	0.994	0.951	0.966	0.994	0	0.975	0.972	0.995
规划路径	0	0	0	0	0	0	0	0	0	0	0
遍历路径	0	0.973	0	0	0.973	0	0	0	0.978	0.978	0.987
动态规划路径	0	0	0	0	0	0	0	0	0.954	0.903	0.918
地形重建	0	0.091	0.071	0.578	0.091	0.071	0.578	0	0.325	0.290	0.778
完整地形	0	0	0.952	0.878	0	0.952	0.878	0	0.990	0.993	0.0984
识别障碍物	0	0.986	0	0	0.986	0	0	0	0.990	0.999	0.986
避开障碍物	0	0.983	0	0	0.983	0	0	0	0.984	0.932	0.938
绕过障碍物	0	0.788	0	0	0.788	0	0	0	0.975	0.997	0.995
识别标志	0	0.959	0	0	0.959	0	0	0	0.989	0.988	0.991
标志反应	0	0.811	0	0	0.811	0	0	0	0.952	0.995	0.981

表 9.9　{WA2、FA1、FA2} 系统配置的 R_i 值

任务/子任务	WA2			FA1			FA2		
点火	0.997	0.999	0.999	0.997	0.999	0.999	0.998	0.999	0.999
加速	0.993	0.994	0.997	0.997	0.997	0.999	0.998	0.998	0.999
减速	0.996	0.990	0.999	0.998	0.996	0.999	0.998	0.997	0.999
方向/转向	0.975	0.972	0.995	0.983	0.981	0.996	0.994	0.993	0.998
规划路径	0	0	0	0.991	0.986	0.994	0.997	0.995	0.998
遍历路径	0.978	0.978	0.987	0.990	0.990	0.994	0.995	0.995	0.997
动态规划路径	0.954	0.903	0.918	0.990	0.980	0.983	0.994	0.989	0.991
地形重建	0.325	0.290	0.778	0.442	0.408	0.837	0.811	0.793	0.958
完整地形	0.990	0.993	0.984	0.988	0.992	0.981	0.993	0.995	0.989
识别障碍物	0.990	0.999	0.986	0.992	0.999	0.989	0.991	0.999	0.988
避开障碍物	0.989	0.932	0.934	0.996	0.978	0.980	0.998	0.990	0.991
绕过障碍物	0.975	0.997	0.995	0.984	0.997	0.996	0.992	0.998	0.998
识别标志	0.989	0.988	0.991	0.993	0.993	0.995	0.995	0.995	0.996
标志反应	0.952	0.995	0.981	0.971	0.996	0.988	0.980	0.997	0.992

9.5.2　加权 H 时的 R 与系统配置的数学建模

采用表 9.4 作为加权系数，并乘以表 9.5 中的值，使用式（9.13）将 H 纳入模型中。

$$R(\text{系统配置通过} H \text{加权}) = (1 - H_{\text{sys. con}}) \times R_{\text{sys. con}} \tag{9.13}$$

表 9.10　R 与系统配置的数据表

系统配置	自主决策能力(R)
SQ	0.0000
RC	0.0000
TO	0.0000
DW	0.0655
DA	0.1919
LF1	0.1717
LF2	0.1758
LF3	0.3107
LF4	0.4142
WA1	0.6439
WA2	0.8586
FA1	0.9345
FA2	0.9405

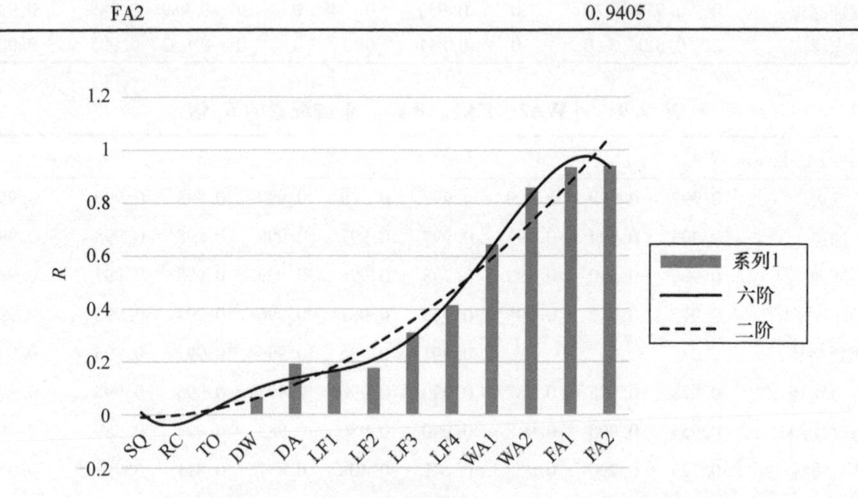

图 9.5　R 与系统配置的数学模型。系列 1 表示每个系统配置的累积 R 值，实线和虚线分别表示六阶和二阶多项式回归方程

从式（9.13）可以清楚地看出，如果 Hsys. con = 1，则相应系统配置的自主决策能力为零。应用式（9.13）的结果列于表 9.11，数据的图形表示用回归分析显示在图 9.6 中。

该模型现在结合了每个系统配置能够执行所识别的任务的概率，而不依赖于额外的人类输入以及车辆在整个任务期间完成所识别任务的时间量。因此，系统现在必须具有执行给定任务的权利和能力。利用回归分析方法，建立了式（9.14）的六阶多项式方程，其系数 $R^2 = 0.9939$。

$$Y = -0.00002x^6 + 0.0007x^5 - 0.0114x^4 + 0.0845x^3 - 0.308x^2 + 0.5005x - 0.2707 \tag{9.14}$$

令 x 表示自动化的各种系统配置级别，y 表示自主决策能力，即军事车队的“智能化”。基于较高的 R^2 值，当采用加权 H 时，很明显式（9.14）准确模拟了 R 和系统配置。然而，当我们试图以可行的方式实现该方程时，我们发现了与在 9.4.2 节试图使用式（9.6）模拟 H 与系统配置时类似的问题。式（9.14）的分析结果见表 9.12。

表 9.11　R（H 加权）系统配置结果

系统配置	R(H 加权)
SQ	0.0000
RC	0.0000
TO	0.0000
DW	0.0000
DA	0.0047
LF1	0.1033
LF2	0.1093
LF3	0.2048
LF4	0.3506
WA1	0.3968
WA2	0.6207
FA1	0.8685
FA2	0.8978

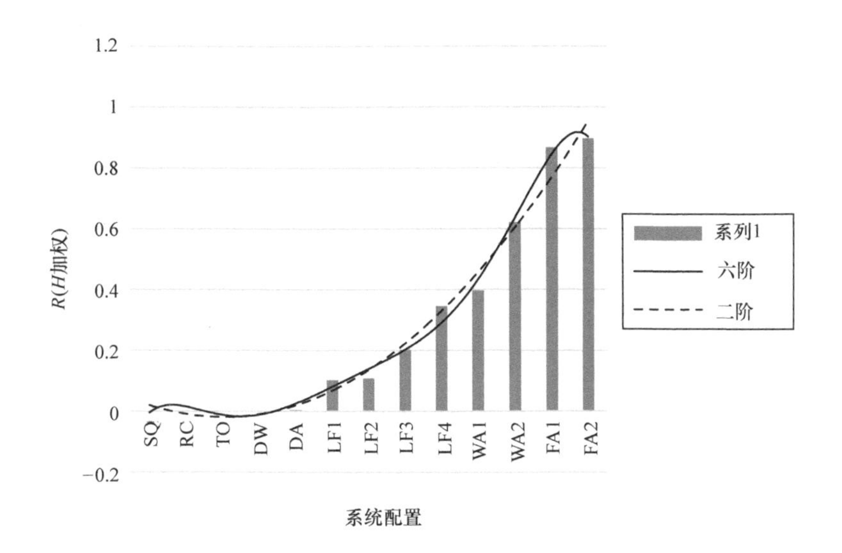

图 9.6　自主决策能力（R）与系统配置（H 加权）的数学模型。柱状图表示当加权为 H 时每一个系统配置的累积 R 值，实的和虚的趋势线分别表示六阶和二阶多项式回归方程

表 9.12 使用式（9.14），用 H 计算 R 与系统配置的模型，计算因变量 y 的值

	x	$y=-0.00002x^6+0.0007x^5-0.0114x^4+0.0845x^3-0.308x^2+0.5005x-0.2707$
SQ	1	0.001888
RC	2	0.21462
TO	3	1.50332
DW	4	6.37898
DA	5	19.5318
LF1	6	48.60278
LF2	7	105.04892
LF3	8	204.72402
LF4	9	368.80508
WA1	10	624.4343
WA2	11	1005.45468
FA1	12	1553.11322
FA2	13	2316.74972

再一次注意到，因变量 y 的结果是不合逻辑的，因为我们已经定义了 y 的范围处于 0 和 1 之间。为了避免这一问题，我们将再次计算二阶多项式回归方程，解出 x。因此，如果基于评估可用的技术能力，即可达到的 R 等级，那么方程将返回可以用来实例化技术的系统配置级别。

当采用一个二阶多项式方程模拟权重为 H 的 R 与系统配置时，结果显示为式（9.15）。

$$y = 0.0097x^2 - 0.0581x + 0.0679 \tag{9.15}$$

结果表明，对于式（9.15），决定系数 $R^2=0.984$。不像我们计算式（9.6）时，式（9.15）在方程拟合数据时没有经历显著的下降。式（9.15）被求解得到 x，由此我们计算了式（9.16）和式（9.17）。

$$x = 10.1535\sqrt{y+0.0191} + 0.294958 \tag{9.16}$$

$$x = -10.1535\sqrt{y+0.0191} - 0.294958 \tag{9.17}$$

如果 y，即 R 在 0 和 1 之间以间隔 0.1 进行变化时，下面的结果是在表 9.13 中计算出来的。请注意，式（9.17）的值对工程师没有太大的价值。另一方面，式（9.16）的结果与 SQ=1、RC=2、TO=3 等的系统配置规模一致。

例如，如果一个工程师评估 $R=0.6$ 时的性能，也就是说，自动的“智能性”车队能够执行独立于人工输入的 60 % 的任务，然后从上面分析得出的结果是 $x=10.98$，这与图 9.6 的 WA2 是相关的。因此，该性能应该被设计到 WA2 系统配置中。注意到，对于 $y=R=0$，式（9.16）计算 $x=4.398$。这将与 DW 或 DA 相关联，但实际上，LFl 下的任何系统配置近似地都有一个值 $R=0$。

表 9.13　使用式（9.16）（第二列）和式（9.17）（第三列）计算 x 的值，表示各种系统配置，y 在 0 和 1 之间变化

y	$x=10.1535\left(\sqrt{y+0.0191}+0.294958\right)$	$x=-10.1535\left(\sqrt{y+0.0191}-0.294958\right)$
0	4.398097671	1.591614435
0.1	6.498917021	-0.509204915
0.2	7.747518411	-1.757806305
0.3	8.730460268	-2.740748162
0.4	9.568022104	-3.578309998
0.5	10.31031012	-4.320598011
0.6	10.98392511	-4.994213003
0.7	11.60500011	-5.615288
0.8	12.18419427	-6.194482163
0.9	12.72898637	-6.739274266
1	13.24486334	-7.255151229

9.5.3　R（加权 H）与系统配置的自动化连续体划分为不同机制

在类似于第 9.4.3 节的情况下，在那里我们将 H 与系统配置进一步划分为不同的机制，对于 R（加权 H）与系统配置也可以这么做。从图 9.6 中，可以识别出系统配置经历了 R 显著变化的“中断”。假设我们将自动化连续体进一步分层为以下机制：SQ、RC、TO、DW 和 DA 形成了第一种机制；LF1、LF2、LF3、LF4 形成第二种机制；而 WA1、WA2、FAl 和 FA2 构成了第三种机制。

分析第一种机制的结果如图 9.7 所示。注意，对于机制 1，R 等于或非常接近于 0，这是合乎逻辑的，因为系统本身没有控制任何车辆功能的能力，或者在 DA 的情况下是很小的一部分。

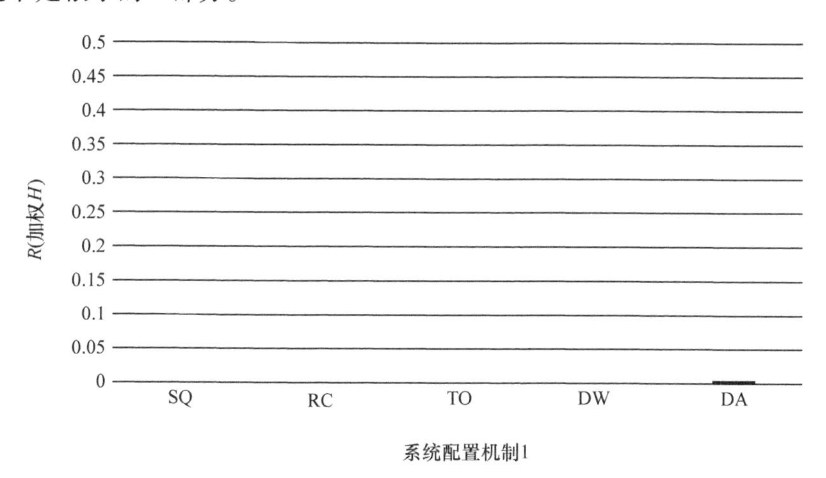

图 9.7　R（加权 H）与系统配置的数学模型。条形图表示每个系统配置的累积 R 值

分析第二种机制的结果如图 9.8 所示。利用回归分析，在式（9.18）中设计了一个三阶多项式方程，实趋势线如图 9.8 所示。其中，y 表示在任务期间需要的人力投入比例，注意到 $0.10 < y < 0.35$，x 表示机制 2 的不同系统配置级别，其中 $x = 1 = \text{LF1}$，$x = 2 = \text{LF2}$，$x = 3 = \text{LF3}$，$x = 4 = \text{LF4}$。

$$y = -0.0065x^3 + 0.0839x^2 - 0.1999x + 0.2259 \tag{9.18}$$

式（9.18）精确地模拟了机制 2，此时 R^2 等于 1。将 H 机制 2 与 R 机制 2 进行比较，即分别为图 9.3 和图 9.8，我们看到在机制 2 连续体中 H 有一个几何减少，而 R（加权 H）有一个几何增加。

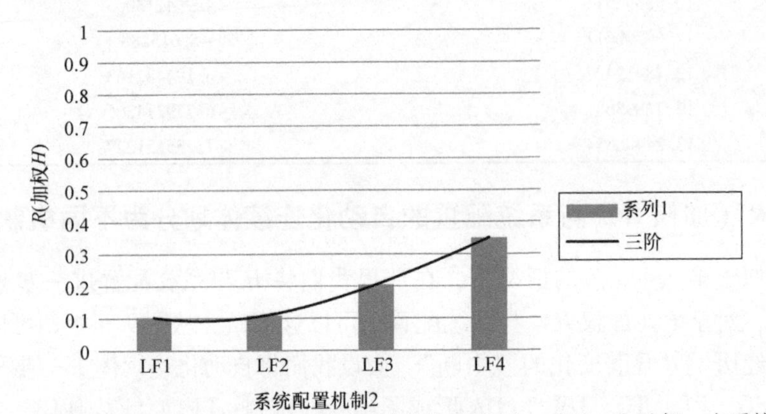

图 9.8　在机制 2 中，R（加权 H）与系统配置的数学模型。系列 1 表示每一个系统配置的累积 R 值，实趋势线表示一个三阶多项式回归方程

最后，对第三种机制的分析结果如图 9.9 所示。利用回归分析，在式（9.19）中设计了一个三阶多项式方程，实趋势线如图 9.9 所示。其中，y 表示所需人力投入比例/任务的持续时间，请注意，$0.39 < y < 0.89$，x 代表机制 3 的各种系统配置级别，其中 $x = 1 = \text{WA1}$，$x = 2 = \text{WA2}$，$x = 3 = \text{WA2}$，$x = 4 = \text{FA2}$。

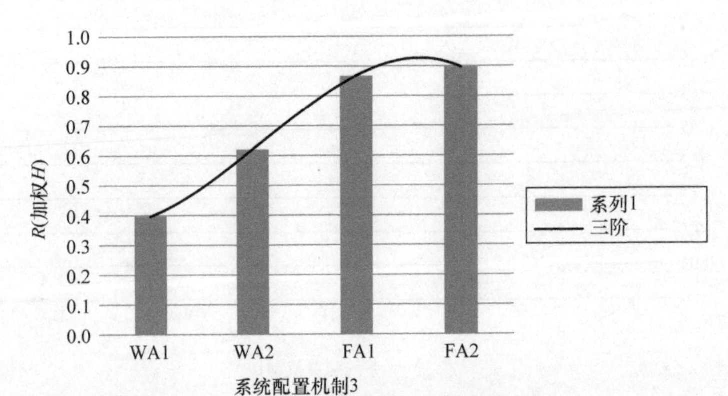

图 9.9　在机制 3 中，R（加权 H）与系统配置的数学模型。系列 1 表示每一个系统配置的累积 R 值，实趋势线表示一个三阶多项式回归方程

$$y = -0.0404x^3 + 0.02542x^2 - 0.256x + 0.439 \tag{9.19}$$

式（9.19）模拟了机制 3，此时 R^2 等于 1。将 H 机制 3 与 R 机制 3 进行比较，即分别为图 9.4 和图 9.9，我们看到在机制 3 中 H 几乎呈线性下降，而 R（加权 H）有一个几何增加。

9.5.4　*H* 与系统配置和加权 *H* 时的 *R* 与系统配置的建模结果总结

表 9.14 显示了 H 和 R（加权 H）中系统配置的最终数据计算，图 9.10 显示了表 9.14 中数据的一个图形叠加。从图 9.10 可知，H 和 R 在两个不同的点 LF3 和 WA1 上相遇。隐含地，这些交叉点可能表明在考虑军用车队作战时，平衡 H 和 R 的自动化程度。展望未来，为了量化成本、收益、运营效率和业绩指标，投资于比较 LF3 与 WA1 的研究、开发、测试是有益的。

表 9.14　计算 *H* 与系统配置的结果，*R*（加权 *H*）与系统配置的结果

系统配置	H	R 加权(H)
SQ	1	0
RC	1	0
TO	1	0
DW	1	0
DA	0.975198	0.004605
LF1	0.393719	0.101899
LF2	0.382607	0.107689
LF3	0.330677	0.203713
LF4	0.140635	0.348738
WA1	0.381694	0.394525
WA2	0.27464	0.617111
FA1	0.068627	0.866391
FA2	0.04491	0.89663

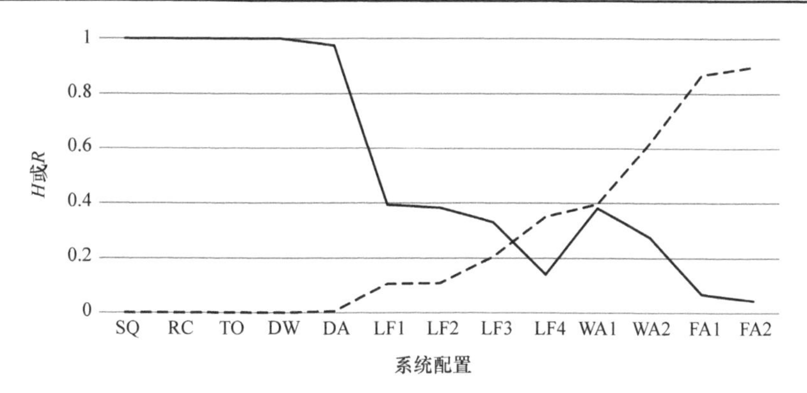

图 9.10　从图 9.1 到图 9.6 的结果概述

9.6 *H* 和 *R* 的数学建模

在成功对各种系统配置下的 H 和 R 进行建模之后，所追求的最终分析是创建一个单独的数学方程，用 H 来精确地模拟 R。显示在图 9.11 中的模型可以用来表示一个自动化军事车队的“智能化”和所需的人工输入量。

分析 *H* 与 *R* 的建模结果

采用回归分析方法设计了“最佳拟合曲线”，这是一个六阶多项式方程。然而，以式（9.20）表示的二阶多项式回归方程在图 9.11 中呈现出一条实趋势线，因为它比六阶多项式方程更符合逻辑，所以为工程师提供了有意义的结果。

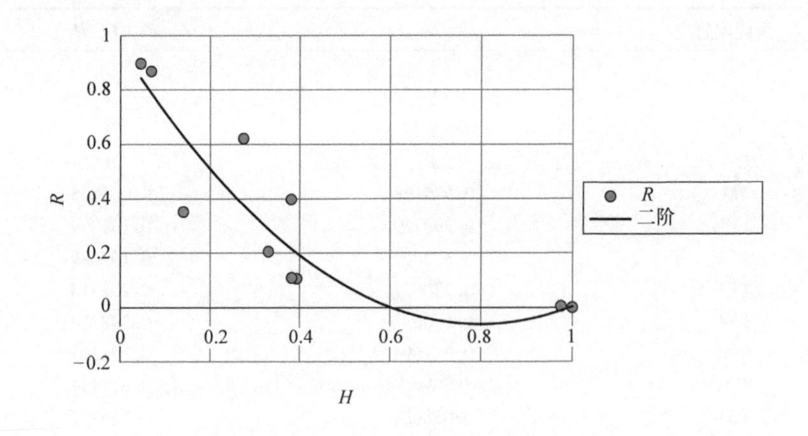

图 9.11　人力投入比例（H）与自主决策能力（R）的数学模型

$$y = 1.5962x^2 - 2.5474x + 0.9553 \tag{9.20}$$

式（9.20）产生了一个值为 0.8434 的确定系数 R^2。以 x 表示 H，y 表示 R，当 x 取值从 0 到 1 代入到式（9.20），计算结果见表 9.15。当 x，即 H 被选为 0 和 1 之间的值时，式（9.20）将为工程师提供相应的 R 值和系统配置。例如，假设 $x = 0.1$，这表示 R 将具有很高的值，因为执行任务所需的人工输入很少。基于式（9.20），$x = 0.1$ 的相应 y 值为 0.9553。于是，工程师可以参考图 9.10 来确认这些数字是相对准确的，然后确定应该将哪个系统配置作为设计点。从图 9.10 中，当 $x = 0.1$ 时近似 R 值为 0.90，相应的系统配置为 FAI。

注意，由于式（9.20）的 R^2 值为 0.8434，回归方程不符合实际数据和期望值。这可能会导致通过 H 去近似 R 时产生误差，反之亦然，但整体趋势是有指导意义的。在实用性方面，由于引用了用来构建图 9.10 的方程，工程师可能会得到更理想的结果。然而，式（9.20）仍然是一个有价值的公式，因为它直接将 R 与 H 联系起来，并且通常会提供最优的系统配置邻域，可以进行更多研究以进一步完善式（9.20）。当 R^2 值趋于 1 时，在量化 H 和 R 方面，公式将会变得更准确，以及更好地为任务执行确定合适的系统配置。

表 9.15　使用式（9.20）模型 H 和 R，计算因变量 y 的值

x	$y = 1.5962x^2 - 2.5474x + 0.9553$
0	0.9553
0.1	0.716486
0.2	0.509524
0.3	0.334414
0.4	0.191156
0.5	0.07975
0.6	0.000196
0.7	−0.047506
0.8	−0.063356
0.9	−0.047354
1	0.0005

9.7　本章小结

自动化对国家安全和国防的潜在影响是巨大的。其可以大大减少对人员的需求，提高燃油消耗率和维护效率，增加平台和资源利用率，从而使其具有同等或更大的战斗力。本章自动化连续体和模型可以作为进一步讨论和分析的基础，因为国防部正在将自动化并入军事车辆作战中。自动化应用的增多将会带来从技术和操作到法律和道德方面的各种挑战，但理解人类输入和自动控制之间的权衡将帮助工程师应对这些挑战。

附录 9. A　系统配置

现状(只分析对物流平台的影响)

人员需求：每个平台2个士兵→需要6个士兵[操作]平台上有6个士兵

优势：自动化不会带来额外的优势

缺点：士兵处于危险当中

成本：自动化不增加额外的成本

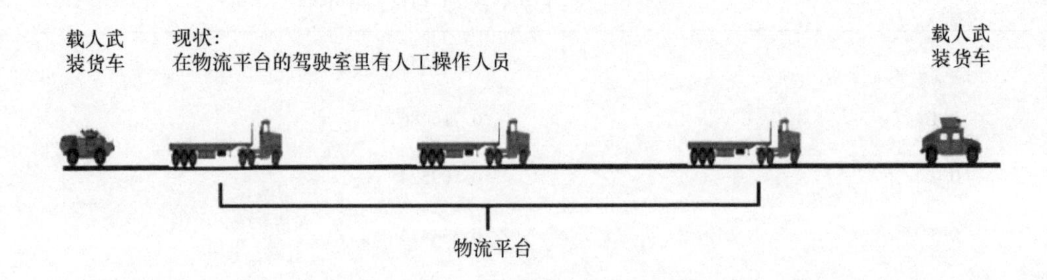

图 9. A. 1　自动化系统配置现状概述

远程控制(只分析对物流平台的影响)

人员需求：每个平台1个士兵→需要3个士兵[操作]平台上有0个士兵

优势：减少了需要操作士兵的数量，同时去除了所有平台上的士兵

缺点：仅限执行特定的任务，如港口泊车、装卸车辆等；不适用于执行本地/线性运输任务

成本：需要控制器、线缆等

图 9. A. 2　远程控制自动化系统配置的组成概述

远程操作(只分析对物流平台的影响)
人员需求：每个平台1个士兵→需要3个士兵[操作]平台上有0个士兵
优势：减少操作上需要的士兵数量，并将他们从平台上全部移除
缺点：仅限执行特定任务，在几小时后操作人员容易疲劳；很可能不适合执行大多数本地/线性运输任务
成本：需要为操作者提供具有态势感知的摄像机

载人武装货车　远程操作：操作人员不在物流平台驾驶室内，而是在视线范围之外，通过控制器控制车辆。同时需要视频查看周围的情况　载人武装货车

图 9. A. 3　远程操作自动化系统配置概述

驾驶员报警(只分析对物流平台的影响)
人员需求：每个平台2个士兵→需要6个士兵[操作]平台上有6个士兵
优势：为操作者提供增强的态势感知能力，防止潜在的事故、翻车等
缺点：没有从平台上撤走士兵
成本：需要额外的传感器、信号等

载人武装货车　驾驶员报警：操作人员在驾驶室内，控制车辆的功能。通过触觉、听觉和视觉传感器/警告用来指示潜在的危险。例如，在车辆"盲区"里的一辆车可能会使你的侧视镜上闪烁红灯，警告换车道不安全　载人武装货车

图 9. A. 4　驾驶员报警自动化系统配置概述

驾驶员辅助(只分析对物流平台的影响)

人员需求：每个平台2个士兵→需要6个士兵[操作]平台上有6个士兵

优势：为操作人员提供比“驾驶员警告”更强的态势感知能力，这可以防止潜在的事故、翻车等。系统能够控制车辆的某些功能，例如制动等

缺点：没有从平台上撤走士兵

成本：需要额外的传感器、信号、执行器等

载人武装货车

驾驶员辅助：

操作人员在驾驶室内，控制车辆的功能。然而，车辆的半自动系统有能力在可能发生潜在危险情况时控制某些驾驶功能。例如，如果一个行人自发地走在车辆前面，而操作人员没有注意到或没有足够的时间做出反应，半自动系统就会踩制动踏板，这样行人就不会受到伤害

载人武装货车

图 9. A. 5　驾驶员辅助自动化系统配置概述

先导-从动1(只分析对物流平台的影响)

人员需求：每个引导车2个士兵→需要2个士兵[操作]平台上有2个士兵

优势：将士兵从平台上撤下，能够节省额外的费用，例如由于系统需要保持一致的速度、制动和间隔距离而造成的油耗

缺点：可能不具有操作效率，因为从动车辆依赖于前导车辆，以及固定线缆的物理连接。如果先导车辆抛锚，或者连接断开，车队就会停止

成本：将需要额外的传感器、信号、执行器、线缆等

载人武装货车

先导-从动1（先导车辆）：

操作人员在驾驶室内，控制车辆的功能。后面的车辆使用一根系紧的线缆，以便准确地通过所需的路径

先导-从动1（从动车辆）：

车辆驾驶室内没有人操作。该车辆跟随其前面的车辆行驶，基于系绳的参数，如角度、松弛等

载人武装货车

图 9. A. 6　绳系先导－从动自动化系统配置概述

先导-从动2（只分析对物流平台的影响）

人员需求：每个引导车2个士兵→需要2个士兵[操作]平台上有2个士兵

优势：将士兵从平台上撤下，能够节省额外的费用，例如由于系统需要保持一致的速度、制动和间隔距离而造成的油耗

缺点：从动车辆依赖于前导车辆，以及通过非物理手段传输的数据。如果先导车辆抛锚，或者连接断开(可能由于干扰)，车队就会停止

成本：需要额外的传感器、信号、执行器等

载人武装货车

先导-从动2(先导车辆)：
操作人员在驾驶室内，控制车辆的功能。后面的车辆使用传感器、GPS等来精确地穿越所需的路径

先导-从动2(从动车辆)：
车辆驾驶室内没有人操作。根据接收到的数据，模拟前面车辆的行为

载人武装货车

图9. A. 7　非绳系的先导－从动自动化系统配置概述

先导-从动3 (只分析对物流平台的影响)

人员需求：每4个引导车1个士兵（假设OCU率）→需要1个士兵[操作]平台上有0个士兵

优势：将士兵从平台上撤下，能够节省额外的费用，例如由于系统需要保持一致的速度、制动和间隔距离而造成的油耗

缺点：从动车依赖于先导车，以及通过非物理手段传输的数据。如果先导车辆抛锚，或者连接断开(可能由于干扰)，车队就会停止。此外，先导车辆还会被预先设置好遵循的“面包屑”(即航点模式)。然而，这条路线必须预先由士兵驾驶，以便收集数据，并将其输入先导车辆的地图/程序中。这是一个“隐性”成本的例子，可能会降低运营效率，因为航点必须预先收集

成本：需要额外的传感器、信号、执行器、Velodyne (LADAR)、OCU等

载人武装货车

先导-从动3 (先导车辆)：
车辆驾驶室内没有人操作。该车辆将配备所需的技术套件。先导车辆将遵循预先的“痕迹导航”

先导-从动3 (从动车辆)：
车辆驾驶室内没有人操作。通过车辆内的传感器接收前面车辆的数据，并模仿其行为

载人武装货车

图9. A. 8　非绳系/无人/预先驱动先导－从动自动化系统配置概述

先导-从动4 (只分析对物流平台的影响)

人员需求：每4个引导车1个士兵(假设OCU率)→需要1个士兵[操作] 平台上有0个士兵

优势：将士兵从平台上撤下，能够节省额外的费用，例如由于系统需要保持一致的速度、制动和间隔距离而造成的油耗。注意，并不需要预先收集航点。这将提高部队的行动速度。反过来又增加了单元的行动效力

缺点：从动车辆依赖于先导车辆，以及通过非物理手段传输的数据。如果先导车辆抛锚，或者连接断开(可能由于干扰)，车队就会停止

成本：需要额外的传感器、信号、执行器、Velodyne (LADAR)、OCU等

载人武装货车

先导-从动4 (先导车辆)：
车辆驾驶室内没有人操作。该车辆将配备所需的技术套件，以运行在路径点模式。领先的车辆将提供数字面包屑，它将用于从起点到终点的旅行。

先导-从动4 (从动车辆)：
车辆驾驶室内没有人操作。该车辆通过传感器接收前面车辆的数据，并模仿其行为

载人武装货车

图 9. A. 9　非绳系/无人/上载先导从动自动化系统配置概述

航点1 (只分析对物流平台的影响)

人员需求：每4个引导车1个士兵(假设OCU率)→需要1个士兵[操作] 平台上有0个士兵

优势：将士兵从平台上撤下，能够节省额外的费用，例如由于系统需要保持一致的速度、制动和间隔距离而造成的油耗。每一辆车都是能够完成任务的独立实体。如果其中某一辆车抛锚，其他车同样可以向前推进

缺点：每辆车都会跟随预先收集的“面包屑”(即路标模式)。然而，这条路径需要由一个士兵来验证，以便收集可以输入到先导车辆的数字地图/程序中的数据。这是一个“隐性”成本的例子，可能会降低运营效率，因为航点必须预先收集。此外，每辆车都必须配备Velodyne (LADAR)，这同样会增加成本

成本：需要额外的传感器、信号、执行器、Velodyne(LADAR)、OCU等

载人武装货车

航点1：
车辆驾驶室内没有人操作。该车辆将配备所需的技术套件，以运行在路径点模式。车辆将提供预先记录好的面包屑，并使用这些面包屑从起点到终点

载人武装货车

先导　先导　先导

图 9. A. 10　预先记录式“痕迹导航”航点的自动化系统配置概述

航点2 (只分析对物流平台的影响)

人员需求：每4个引导车1个士兵(假设OCU率)→需要1个士兵[操作]平台上有0个士兵

优势：将士兵从平台上撤下，能够节省额外的费用，例如由于系统需要保持一致的速度、制动和间隔距离而造成的油耗。每一辆车都是能够完成任务的独立实体。如果其中某一辆车抛锚，其他车同样可以向前推进。通过提供一个数字地图，不必预先收集路标，这将降低成本，提高运营效率

缺点：每辆车将提供一个数字地图，并需要Velodyne，这会增加成本

成本：需要额外的传感器、信号、执行器、Velodyne (LADAR)、OCU等

航点2：
车辆驾驶室内没有人操作。该车辆将配备所需的技术套件，以运行在路径点模式。指挥官只需要在先导车辆提供的数字地图上把“面包屑”从起点绘制到目的地

载人武装货车　　载人武装货车

先导　　先导　　先导

图 9. A. 11　上传式“面包屑”路径点的自动化系统配置概述

全自动化1 (只分析对物流平台的影响)

人员需求：每4个引导车1个士兵(假设OCU率)→需要1个士兵[操作]平台上有0个士兵

优势：将士兵从平台上撤下，能够节省额外的费用，例如由于系统需要保持一致的速度、制动和间隔距离而造成的油耗。每一辆车都是能够完成任务的独立实体。如果其中某一辆车抛锚，其他车同样可以向前推进。指挥官只需提供起点/目的地网格坐标，车辆将自主规划路线，这将减少指挥官的规划要求

缺点：需要执行任务的高水平软件/硬件，如Velodyne，这将增加成本。此外，还需要更多的研究、开发、测试和评估

成本：需要额外的传感器、信号、执行器、Velodyne (LADAR)、OCU等

全自动化1：
车辆驾驶室内没有人操作。该车辆将配备所需的技术套件，以运行在完全自动化模式。领导车辆将提供起点和目的地的坐标。系统将会产生不同的路线，指挥官会选择要走的路线

载人武装货车　　载人武装货车

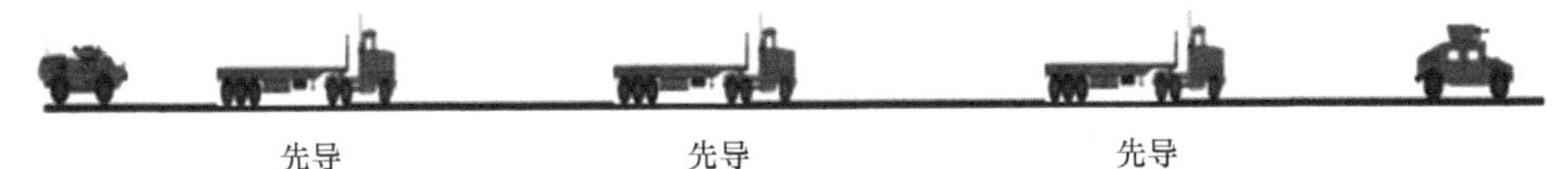

图 9. A. 12　带有全自动路线建议的上传式“痕迹导航”自动化系统配置概述

全自动化2 (只分析对物流平台的影响)

人员需求：每4个引导车1个士兵(假设OCU率)→需要1个士兵[操作]平台上有0个士兵

优势：将士兵从平台上撤下，能够节省额外的费用，例如由于系统需要保持一致的速度、制动和间隔距离而造成的油耗。每一辆车都是能够完成任务的独立实体。如果其中某一辆车抛锚，其他车同样可以向前推进。指挥官只需提供起点/目的地网格坐标，车辆将自主规划路线，这将减少指挥官的规划要求

缺点：需要执行任务的高水平软件/硬件，如Velodyne，这将增加成本。此外，还需要更多的研究、开发、测试和评估

成本：需要额外的传感器、信号、执行器、Velodyne (LADAR)、OCU等

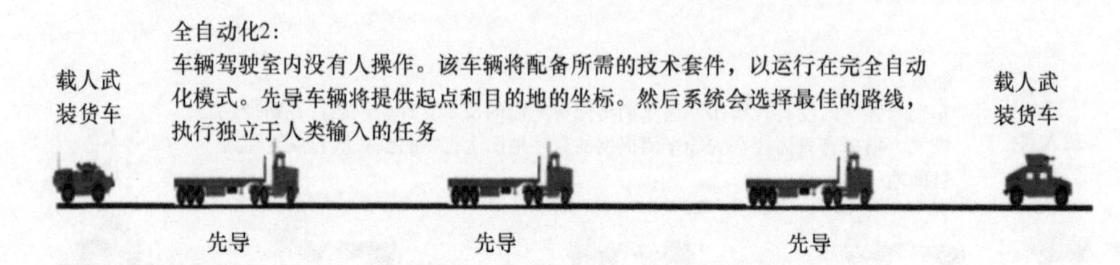

图 9. A. 13　自定义全自动化系统配置概述

第10章　无人飞行系统分析中的试验设计：为无人飞行系统试验引入统计的严谨性

10.1　概述

本章提出了一种有助于实现无人飞行系统（Unmanned Aerial Systems，UASs）试验规划统计严谨性及最终试验的方法。在本章中，我们用通用术语 UAS 表达其他类似的术语，包括无人驾驶或无人操纵飞行器（Unmanned or Uninhabited Aerial Vehicles，UAVs）、无人作战飞行器（Unmanned Combat Aerial Vehicles，UCAVs）、遥控无人机等一些其他的名称。

UASs 几乎无处不在。每天都有一些与 UAS 相关的新闻，或者是一些 UAS 即将投入使用，甚至有一些是 UAS 和商用飞机快要碰撞等相关的新闻。商业公司和研究部门正在融入 UAS 应用的潮流中。甚至一些主流电视媒体也展示了 UAS 在监视和恐怖活动中应用的情景。

不考虑应用和 UAS 平台，试验在任何 UAS 的开发和部署中都起着重要的作用。试验的作用，或至少是涉及试验作用的规范性方法是本章的重点。UAS 试验的例子包括从演示试验到操作试验。演示试验是对特定 UAS 功能的非常集中的测试，例如，UAS 的起飞、汇聚到目标、环绕和观测目标、成功返回基地的演示试验共同构成了监视 UAS 的可行性试验；另一个试验是在不同的飞行剖面下定位 UAS，执行每个飞行剖面并收集各种响应数据以有助于描述发动机的性能。前一种情况下，需要具体的结果来证明试验是成功的；后一种情况下，收集各种数据并将其与飞行剖面设置相关联，根据所获数据的质量定义试验是否成功。前者通常与试验设计环境无关；而后者易被认为受益于试验设计环境。

尽管上述每个试验具有不同的复杂性、范围和目标，但是每一个试验应该通过对试验设计原则和试验统计设计的系统思考方法的理解来解决，至少从试验规划角度来看是这样的。虽然我们更注重那些旨在表征 UAS 性能方面的试验，但我们的方法更适用于演示试验，因为我们专注于试验前的规划。

10.2　无人飞行系统的历史发展

Keane、Carr[1] 和 Blom[2] 主要从国防的角度列出了 UAS 发展和应用的辉煌历史，事实上，大多数所谓的 UAS 技术大都把注意力放在国防上。在国防部（the

Department of Defense，DoD）和民用部门，现代 UAS 技术的应用无处不在。现代军事 UAS 应用包括：

- 情报与侦察。
- 武器投放。
- 传感器平台。
- 通信中继节点。

民用领域的应用也在增加，包括：

- 业余爱好者。
- 城市和公园监视。
- 新闻和体育电视广播。
- 安全监控。
- 包裹递送。

UAS 技术在商业与国防中使用的增加使其成为一个真正的增长性行业，其远远超出了航模飞机爱好行业的想象。我们不是要阐述 UAS 应用和发展的完整历史，但对其进行总结性的阐述是有益的。

大多数历史学家似乎喜欢以早期气球的体验作为 UAS 兴趣的开始。早在美国南北战争期间，气球就已经武器化；历史学家记录了如何用气球来空投引爆装置到敌军阵地。而有记录表明这些努力取得的成功很有限[3]。

带有动力的 UAS 飞行在载人动力飞行前就已经出现了。早在 1894 年，带有蒸汽动力的飞机就已经实现飞行，但这些飞机的飞行距离太短，远不足以进行有效应用[3]。然而，这样的探讨却足以引起人们对 20 世纪初期所谓“飞弹”或“空中鱼雷”的兴趣。这似乎仍然是第一次世界大战期间 UAS 技术开发和应用的重点。

美国的第一个无人武器是第一次世界大战期间在俄亥俄州代顿市开发和测试的“the Kettering Bug”[4]。该设备从来没有上过战场，并不是一个惊人的成功，但其是为合理范围（高达 75mile）、有效载荷（300lb）和明确目标点（通过计算预期的发动机转数到达目标）来设计的。

到了第二次世界大战，UAS 的主要重点和成功是在无人操作飞机上的运行。此类无人机被海军用来释放鱼雷，被陆军作为防空武器的靶标，被空军作为空中打击目标。其成功应用促使这些平台执行侦察任务的演变[2]。早期的这些努力所涉及的实验数量和实验类型尚不清楚，这些仅仅揭示了测试实验概念的一般方法。

UAS 武器从一开始就成为焦点。初期，技术问题阻碍了 UAS 的成功，例如德国 V1 和 V2 火箭上发现的误差问题，第二次世界大战期间美军试图远程驾驶旧飞机时的不可靠性与缺乏经验，以及美国在 20 世纪五六十年代期间的努力。完整的历史可参考 Blom[2]。

在 1982 年以色列成功打击叙利亚的冲突中，UAS 作为一种可用的武器系统引起了人们的真正兴趣[3]。在叙以对抗期间，有人机和无人机的结合在消灭停留在地面上的叙利亚空军时获得了相当大的成功。

美国对 UAS 的兴趣在 20 世纪 80 年代也有所增长，其最有力的证据便是 1988 年出版的 UAS 发展国防部总体规划[2]。国防部战斗活动中 UAS 继续增加，空军掠食者和全球鹰等系统获得了巨大的成功，这些在国家主要新闻报道中都有记录。事实上，UAS 任务的增加引发了有关系统操作的人员类型、应用系统的法律后果，甚至继续使用有人飞行系统的可行性等方面的争议性辩论，这些辩论留待其他报告中进行阐述。

10.3　试验设计的统计学背景

虽然我们的重点是 UAS 的实验设计，但理解实验设计的统计规划过程需要对实验规划和分析中使用的术语有基本的了解。那些对美国国防部研究、开发、测试和评估（Research，Development，Test，and Evaluation，RDT&E）有很好了解的读者可以直接跳到 10.5 节。

参数或实验参数是系统的输入或可控参数。研究人员认为参数会影响 UAS 的性能。在测试期间我们选择更改或控制的参数必须与测试的特定目标相关。每个参数都有规定的、明确的测试标准。这些标准是试验运行参数要设置的具体值以及试验运行中要控制的值。设计要点是在具体实验运行中设置和控制的参数标准集的特定组合。把全部试验范围内规划的设计要点组合到一起就可以得到试验设计或试验设计规划。

响应是在实验运行期间或完成时采集的系统的输出，并认为是所关注的系统输出。对于 UAS，响应可能是来自 UAS 机载仪器的数据流、来自地面站的数据流，或者在演示和试验成功或失败时的数据流。更复杂的试验的目的是了解和模拟参数标准设置的变化是如何影响系统响应的。经验回归模型是一种强大的对由于自变量变化引起的响应变化进行量化的方法。

噪声和偏差是任何实验设计中的关键概念，在 UAS 测试中尤其重要。噪声是由一些未知因素引起的，这些因素在一些书中称为隐含变量，当从相同的设置中得到这些响应时，位置因素会引起响应的变化。在我们的统计分析中，噪声是按随机误差分量建模的。在试验中明确定义噪声源，这样的规划工作能够设计策略来降低噪声对复杂难懂的实验结果的影响。

偏差是参数影响响应的效果，但在实验设计策略或实验执行期间不受控制。例如，考虑一个基于计算机的学习技能试验，其中使用一组 n 个学习场景，随机选择 24 个参与者按顺序使用每个学习场景，并对他们的新技能水平进行评估。如果每个参与者的 n 个学习场景的顺序是相同的，并且后面的场景比前面的学习场景更好，则无法确定参与者中技能水平提高的变化是由于场景的改进，还是由于参与者顺利通过所有场景的学习效应。这种学习效应就是一种响应的偏差，它掩盖了独立变量的影响。糟糕的试验设计和执行得到的结果是有偏差的。

Montgomery[5]指出，试验设计的三个基本原则是重复性、随机性和阻塞性。重复或设计要点的独立重复使得实验员可以估计实验误差。实验误差的来源包括不准确的测量系统以及未知或不可控因素的影响。不论估计因素的影响是否具有统计学意义，估计误差对试验过程都是至关重要的。可重复的设计是更好的，因为①有更多的数据来估计参数影响的水平，以及②能够精确估计实验噪声的纯误差分量。

纯误差估计用于评估噪声失拟程度。失拟是指现有回归模型项和纯误差无法解释的响应变量中原因不明的变化。显著失拟是进一步改进实验模型的统计分析的信号。

无论试验测试运行还是实验单元测试运行中的应用，随机性都是试验规划的一个重要方面。随机使得未知因素和不可控因素的影响在试验运行中被平均。减少试验因素和有害因素间的偶然关联是非常有效的方法。不幸的是，完全的随机化有时是不现实的；更高级的实验设计（如嵌套设计或分块绘图设计）可以适应随机化的这种局限。

最后，阻塞性是一种用于建立尽可能相同的实验单元的技术，以便我们能够更精确地确定对过程影响较大的因素。实验资源的变化，如原材料批次、研究中的人与系统交互的差异，或随着时间的推移，环境实验条件的变化导致试验响应的变化。这些变化增加了我们估计该过程中随机误差的工作量。随着随机误差估计的增加，我们检测有效因子的能力降低。通过将已知的变化源标记为阻塞因子并设计试验矩阵，使感兴趣的因素与阻塞不相关，我们可以获得更精确的误差估计并更准确地识别有效因素。

实验设计（Design Of Experiments, DOE）方法中提及的其他有关重复实验设计的问题包括多重共线性、模型设定错误、预测变化和设计能力。当回归模型中的输入变量（因素）自相关或互相关时会产生多重共线性。当因子高度相关时，回归模型系数可能不正确，基于实验结果会得到错误的结论。如果没有意识到多重共线性的存在，其例子很容易被错过。统计设计方法尽可能多地应用具有独立因素等级的实验设计，当多重共线性无法避免时，应用高级统计技术来减少其影响。实验设计团队的统计学专家有助于识别和减弱与多重共线性相关的问题。

当对基础系统理解错误时就会产生模型设定错误；这导致与回归模型相关的分析不正确。恰当的规划涉及系统主旨专家和统计学专家的密切合作以确保根据DOE的原则进行实验设计。良好的回归模型得到的预测结果在预测值周围变化小而且是一致的。而有一些设计变化特性不一致，当根据试验结果做出判断时可能出现问题。现代基于计算机的统计实验设计方法通常采用最优化设计，即选择因子水平以最优化与设计质量相关的目标函数。

试验的功率值得特别注意，但需要对统计试验的结构进行初步说明。传统上，统计试验是基于研究或试验假设的，试验假设由两部分组成：解消假设和对立假设。当某些分布属性被假定为真时，解消假设是某些样本统计量的期望值；解消假设假定为真。实际上，解消假设是一种我们想要证明为假的统计术语。当试验数据给出的证据证明解消假设是假的时，对立假设就是要得出的结论。

考虑下面的例子来构造假设。新导弹系统也许需要比其前一代系统更高的可靠性。解消假设假定可靠性没有差异（这个假设我们想证明为假），而对立假设认为新系统可靠性更高（这个假设我们接受）。然后收集和分析来自实验的数据以评估数据来自假定的解消假设的概率。当概率低于预定的概率称为一级，解消假设被拒绝，并且对立假设假定为真。如果概率不太低，我们就不能拒绝解消假设。

实验测试有两个常见的错误，I 型和 II 型错误。当解消假设实际为真，而试验数据得到拒绝解消假设的结论时会发生 I 型错误。当解消假设实际为假，而实验得到无法拒绝解消假设的结论，则出现 II 型误差 β。例如，在操作术语中，炸弹武器系统上的 I 型错误意味着我们拒绝了一个好的炸弹。同一系统上的 II 型错误意味着接受未爆的炸弹。在 DOD 中，II 型错误是相当严重的，一般都要避免。试验的功率值是（$1-\beta$）。受 α 某些值的影响，设计功率最大化的试验涉及减少 II 型误差，可通过调整试验的规模、考虑因子的等级数量或重复数的方法。

10.4　无人飞行系统的试验设计

10.4.1　总体设计指南

在 1977 年，Hahn 指出，“从测试程序中获取有效结果要承诺进行声音统计学设计”[6]。这篇早期论文从统计学的角度列举了试验设计中几个对工程师重要的地方。这项工作还描绘了团队中工程师和统计学家的不同作用，该团队致力于完成最终实验计划“为满足具体目标和实际约束而进行裁剪”。

Coleman 和 Montgomery[7] 扩展了 Hahn 的工作，提出了系统的实验规划方法，因为“实际实验之前的规划行为对成功解决实验员的问题至关重要”，他们强调了实验员与 Hahn 提到的统计学家的不同作用[6]，但是在规划团队中两种专家间，通过引入和讨论“差距”来扩展这个概念。

实验员和统计学家之间的这种知识差距是由于实验规划任务中知识和经验水平的不同而带来的。与统计学家相反，实验员可能具备重要的系统知识而缺乏统计学知识。除非差距的存在被忽视，否则它不是坏事。通过系统实验规划弥合差距，给每个团队成员带来动力以在规划过程和影响最终实验设计质量中承担责任。Montgomery [5] 将实验步骤列为：

1）识别和问题描述。

2）因子和层次选择。

3）响应变量选择。

4）实验设计选择。

5）试验组织。

6）数据分析。

7）结论和建议。

尽管实验设计的主要文字还有争议，Montgomery 的文字确实没有提供第一步实验规划过程的重点。这是作者熟悉的所有实验设计文章所共有的缺陷。Coleman 和 Montgomery[7] 的论文，其中一些可以看作文献［5］中的补充材料，提供了一个可行的计划方法，并附有该规划过程的完整文档。

指南表是文献［7］中用来促进多功能统计设计团队全面规划的一种机制。他们讨论的要点包括：

- 全面了解当前试验的背景或关于影响当前试验的知识。
- 定义明确、具体和可衡量的试验目标。
- 与目标相关的以及可测量的响应。
- 清楚地了解所有的因素，受控的因素或不受控的因素，对当前研究的系统有影响的因素或对过程有影响的因素。

Coleman 和 Montgomery[7] 的论文以及该期刊同一期中有关的讨论文章对与测试计划相关的任何人都是有用的。在 1998 国家研究委员会（National Research Council, NRC）关于如何改进国防试验的统计和采集的研究中，包含了类似的建议[8]。

NRC 的研究[8] 侧重于如何改进整个 DoD 的测试和评估（Test and Evaluation, T&E）。重点是统计方法是否有助于 DoD T&E。如果这些建议被采纳，用他们的话说将会给 DOD 一个“基于所有可用、关联数据的高效统计方法在决策中的应用”的环境。他们有关试验规划的详细章节大量参考了 Coleman 和 Montgomery [7]。

Johnson 等[9] 和 Freeman 等[10] 对文献［7］进行了更新，文献［9］给出了来自 DoD 实验的例子，文献［10］提供了关于规划实验的更一般的指导。我们专注于 Freeman 等[10] 的指导论文。

Freeman 等[10] 引用 Donald Marquardt 的话强调了科学方法与统计思想之间的紧密联系。

科学方法是所有实验科学固有的一部分。统计学是以最大强度负责研究科学方法的学科，并负责为其他学科提供深入的专业知识。

Freeman 等[10] 做出的另一个关键结论是所有的实验都是顺序进行的，意味着所有的实验都是建立在过去的经验之上，要么是从系统知识、经验知识，要么是两者组合。这是实验规划中的一个重要概念，实验规划中总是有系统知识可以利用。文献［7］和文献［10］都把重点放在规划上。其中文献［10］提出的重点要求包括：

- 有定义明确的实验目标。
- 让科学问题限于支持这些已定义的目标。

- 对当前实验如何支持任意的总体顺序试验策略进行说明。

10.4.2 无人飞行系统试验设计指南

无论是为了示范还是为了描述某些性能，UAS试验与其他复杂的人机集成系统的试验不同。试验的最终成功取决于成功的试验计划；众所周知，数据分析不能弥补规划的糟糕。UAS试验的规范过程建立在前面讨论的实验设计的概念上。UAS试验规划过程包括以下步骤：

- 确定试验需要解决的具体问题。
- 确定操作人员在研究和试验中的角色。
- 定义和描述研究所关注的因素。
- 确定要收集的响应数据及其与研究问题的关联。
- 选择合适的设计。
- 定义试验执行策略。

10.4.2.1 需要解决的问题

试验要回答的研究问题推动了试验计划的所有方面，并最终决定试验是成功或是失败。为了保持试验的重点，应该至少提出研究问题，问题太多可能导致试验过于复杂并导致在解答这些重要研究问题时降低精确度。每个研究问题都应该具体，确保有明确的验证手段和清晰的成败标准。某些情况下，研究问题推进中的模糊性会使可接受结果的范围太宽。为决策而试图得到统计上站得住脚的结论时，模棱两可的结果不是特别有用。

不幸的是，在UAS领域，可以在测试规划之前定义操作场景和性能要求。UAS的系统需求定义与最终试验之间的分离是Carr等[11]在2003年报告中讨论的无数次失败的推动原因。即使操作试验活动也应该被组织起来测量响应，这些响应解答的问题可追溯到系统需求。

当把试验看作一系列试验中的活动（例如在开发或操作试验活动中）时，问题变得更加复杂。在系统开发过程的早期进行规划是必要的，以便在系统实际准备进行试验时避免后面过程中的问题。Warner [12]把“试验规划的重要性，包括评估规划的制定、利益相关者间规划共享协议的达成”看作是运行试验领域获得最终成功的必要而又困难的组成部分。

10.4.2.2 操作人员的角色

操作员在UAS运行中十分重要，例如，“UAV任务的成功很大程度上依赖操作人员、人-人和人-机交流以及人机交互活动”[13]。操作员是UAS事故的重要原因和实验中的主要变量源[13]。Hodson和Hill[14]指出，在涉及操作员的实时、虚拟和建设性（LVC）仿真实验的情况下，“如果不是试验的焦点，操作员是受控因素，因此他们的自由意志需要受到限制，以获得估计系统的有效性和系统因素贡献所需的客观数据。

这意味着当UAS试验的目标关注操作员的能力时，人就是试验的一部分。因此，操作员被视为实验因素，其控制输入就像试验中对任何其他非人因素的考虑一样。这意味着在试验执行计划中包括对操作员行为的控制，以确保他们保持在试验参数之内，并且不会将偏差引入系统响应。

其他情况下试验时操作员不是实验的焦点。在这些情况下，操作员被看作是一个保持不变的因素，并且其对实验系统的影响应该降至最低。当试验进入操作评估的环境时，这会是一个难以定义和执行的过程，因为这些过程往往侧重于操作员。试验规划团队需要保证明确地定义具体的测试目标，以专门定义适应操作员的角色。

10.4.2.3 研究中关注定义和描述的因素

正如Hahn[6]、Coleman和Montgomery[7]以及Freeman等[10]还有实验设计课本中所提到的，实验规划过程的一个关键部分在于识别那些被认为是影响所关注的系统响应的因素。团队不仅要识别这些因素，还必须确定这些因素的影响水平。这些变化因素称为自变量或控制变量。

另外两种因素也被考虑：常量保持和干扰因素。这两类因素代表可能会影响系统响应、但不是规划实验主要焦点的因素。实验中如何很好地控制每个因素决定了它属于哪类成员 。

常量保持因素可被设置为某一定义水平并保持在该水平。保持该因素不变，那么由其引起的系统响应也应该保持不变。在每个试验运行期间，该规划问题就是设置什么水平以及怎样维持这个水平的问题。

干扰因素是一种被认为对系统有影响但却可能无法控制的因素。在实验运行期间，除非采取预防措施，否则其变化将影响实验数据偏差统计的估计误差。一个有效的方法是在实验过程中测量干扰因素的水平，并应用回归技术消除影响实验误差估计的任何干扰因素。

实验规划中一个看似简单的部分是确定实验因素的等级。分类因素具有定义的等级，但包括所有可能的等级会导致在应用多于两级的多个分类因素时进行极其庞大的因子实验。试验规划者应努力将分类因素限制在两到三个等级。

连续因子似乎会产生更多的测试规划挑战，因为这些因子在理论上可能有无限个等级。然而，通过利用回归分析，连续因子可以用两级或三级进行充分测试。只要有独立变量两个唯一值并且二次模型可拟合三个唯一值，那么线性模型就可以拟合这些数据。

在简单的线性回归中，可以看出基于自变量最大和最小可行值的输入响应数据可得到最小系数方差回归模型。只要所有极端因素水平的组合都是可行的，这个原则就扩展到多元线性回归。应咨询主题专家以确定感兴趣的连续因子的最高和最低水平。如果自变量的等级为整数，则应选择极值使范围的中点也是整数。中点或中心值可用于确定线性模型是否足以对因子和响应之间的关系进行建模，或者二次模型是否更合适。

总而言之，规划团队对因素进行识别和分类、明确界定这些因素可以设定或测量的程度、考虑测试执行策略中所有因素，这是很重要的。对于UAS试验，为了使规划获得成功，可能需要特定的控制、协议和仪器。

10.4.2.4 关联响应数据

规划团队通常不难确定与系统或进程的指定测试对象相关联的响应列表。从这样的列表中获取可测量的响应并直接与推动实验规划的具体目标相关联是有挑战的。比如修改UAS控制站的显示功能以在操作者之间提供聊天功能。操作员是否喜欢该功能的调查表的答案就是响应变量。在这种情况下，试验的目的不清楚、响应不明确。

一个更微妙的问题是，聊天功能是否能够改善操作时的团队表现。虽然仍然有些模糊，但问题比以前更受关注。数据收集系统可以在测试的关键操作阶段监视聊天的使用情况，以将其实际使用与使用阶段相关联并有意进行支持。试验之后的数据分析现在可以客观地确定操作员是否使用聊天功能，以及他们是否喜欢该功能，这与他们使用的特性相关。

定性响应在以人为中心的系统如UAS中非常有用。完全依赖这种响应来产生统计上站得住脚的结果可能是有问题的。在上述情况下，可以在定性问卷调查响应中补充一个响应变量来测量可由聊天功能改进的操作的某些方面，例如完成一组任务的速度。

统计规划团队应该观察与实验目标（研究问题）直接相关的可测量的响应变量。定义此类方法可使规划团队制定用于评估实现这些目标的具体标准。这些方法也可以给通过问卷调查或操作员访谈所收集的定性数据提供支持。在文献［7］和文献［10］中讨论了详细的规划表和支持性阐述，这给统计实验规划团队的响应变量定义提供了很好的综述材料。

10.4.2.5 选择合适的设计

Johnson等[9]讨论了对DoD试验有用的各种实验设计。实验设计课本专门讨论了有效实验设计的范围，以及如何分析试验策略中收集到的数据。设计通常分为常规设计或非常规设计。常规设计的结果要么不相关，要么完全相关。非常规设计至少是部分相关的一对。

基于可重复性、随机化和阻塞原理的试验策略通常涉及2^k因子的使用，这是在两个可能的等级上有k个实验因子集的常规设计。随着因子数量的增加，试验应用2^{k-p}分数阶因子，其中仅包括2^k因子设计中特别选择的子集以减少实验资源需求。如同其中符号所表示的，这些设计的运行规模为2的幂，在某些情况下这可能是有局限的。

当资源约束阻碍了2^{k-p}分数阶因子的使用时，实验员应用非常规设计。DOE文献中的非常规设计类型（非互斥）包括Placket - Burman设计、正交阵列设计、非混淆设计和最终筛选设计（DSD）。非常规设计效果之间可能具有很大的相关性，或不足以检测到积极效果，因此在使用前必须仔细评估。

最优设计是由算法生成的设计，该设计优化与设计矩阵相关的目标函数。产生最优设计的软件需要实验运行次数、因子的数量和类型（分类的或连续的）、每个因子的级别数，以及其他细节如期望的实验模块数量。接下来，该软件产生由用户或软件确定的最优性条件的设计。最常见的例子是 D – 最优设计和 I – 最优设计。D – 最优设计力图最小化实验设计矩阵的行列式。实际上，这种方法提高了估计回归模型系数的精度。I – 最优设计可以最小化平均比例预测方差，其定义超出了本章的范围。实际上，I – 最优设计提高了整个设计空间的预测精度。

当某些因子级别的组合不可行时，最优设计特别有用。应用最优设计的其他原因包括存在具有两个以上级别的分类级别，或者无法开展运行次数为 4 的倍数的实验。与非常规设计一样，软件产生的最优设计应在使用前进行评估。

不同于上述设计给出的细节，特别是由于有许多可产生这些设计的软件包，我们讨论了设计选择过程的一些特征，统计学家应该将其用作统计实验设计团队的一部分，读者可以参考文献［5］得到详细的设计矩阵及其结构。

因为试验资源是有限的，所以应该确定试验的样本规模。样本规模可能是试验成本、允许的测试时间或可用测试项目数的函数。总体样本规模可能需要覆盖多个试验项目。

应将实验过程视为一个顺序的测试活动，其中每个测试活动都是基于上一个实验中获得的信息来规划的。一般的方法是首先组合一大批潜在的影响因子，并通过筛选实验来减少活跃因子。在筛选实验分析之后，随后用减少的因子集开展试验来探讨交互作用效应和可能的更高阶模型项。

实验过程的顺序策略有可能显著地降低实验成本。当因子数量超过 6 时，常规的 2^{k-p} 分数阶乘，可估计主效应（ME）和双因素交互（2FIs）效应（解析 V 设计），要运行 64 次或更多次。因此，在使用筛选设计确定活跃的 ME 时，通常采用简单的顺序策略。再通过对附加试验初始试验矩阵进行增广来消除混淆效应。

筛选实验通常是 ME 与 2FI 相关的 III 级解析设计，或者 ME 与 2FI 不相关的 IV 级解析设计，但是 2FI 与其他 2FI 相关联。一旦消除了许多非活跃的 ME 和 2FI，加入原始设计时需要增加运行次数处理其他候选因子，依然会导致总的运行次数比原始因子数中的初始解析 V 设计的运行次数更少。

这样的结果可用于研究特定因子的效应或估计系统响应的表面效应。后一种情况需要对响应面的形状进行初步估计。所选择的实验设计必须能够估计多项式方程中的预期项。例如，仅能给出线性效应估计的设计不能用于二次模型的估计。当基础响应面阶次较高（模型设定错误）时，常用的二次曲面估计设计是没有用的，例如 Johnson 等[9]中讨论的中心复合设计。

响应变量可以是离散的或连续的。自然地，通过创建响应面，连续的响应变量允许更精细地对独立变量与响应之间的相互作用进行建模。响应变量的类型也影响所需数据点的数量。正如 Coleman 和 Montgomery[7] 所讨论的，优先选择连续响应变量。

试验中的可变性必须予以考虑。回归模型系数或系统响应预测中的可变性是所收集的响应数据（以估计误差的形式）和实验设计的函数。由于规划过程控制了设计，规划团队可能会考虑可得到方差属性的那些设计，以改善响应函数系数的方差或改善任意系统性能预测的方差。计算机软件包通常提供可产生关于回归模型系数的最优设计方法（即 D－最优），或者关于预测方差的最优设计方法（即 I－最优）。Montgomery[5] 对这些方法和其他类字母最优性条件及其如何影响实验设计进行了详细的讨论。

10.4.2.6　试验执行策略

最后一步是定义试验执行策略。实际上，这包括进行试验的所有后勤细节。对于 UAS 试验，它包括飞行安全性检验和人体实验检验。在本次讨论中，从统计和分析的角度来看，我们关注的是促进试验成功的策略的细节。

实验安排表给出了实验运行的顺序。这包括任意数量的设计随机化、试验中为后续试验所做的准备（例如为实验的下一阶段重新定位 UAS 的路径）以及如果需要的话进行人力资产交换（例如交换操作员团队）。

对于 UAS 试验，试验项目失败是一种风险。因此，可能需要制定计划以便在发生故障时取消剩余试验，初步结果可以从成功完成的运行试验中获得。在完整的、未重复设计的连续模块中运行试验是结束试验的一个策略。

因为操作员在 UAS 操作中的作用是显著的，所以试验执行策略应该考虑操作员的行为控制。无论他们是不是实验目标的关注点，操作员在试验过程中都要完成具体的任务。试验策略需要对这些任务进行定义，确保对这些任务偏差进行限制，并澄清为什么操作员的偏差会让人沮丧。由于“换一种方法更简单”，操作员改变试验协议会引起基本试验条件的改变，使从所收集的完整数据集中得到的结果无效。

10.5　无人飞行系统规划指南的应用

随着小型无人空中系统（SUAS）在 DOD 中使用的增加，提高飞机的自主操作能力成为一个重要的研究领域。一种为 SUAS 系统增加自主能力的方法是在导航软件中加入基于状态的逻辑。基于状态的逻辑通常用于有限状态机目标的建模，它涉及根据来自环境的输入改变机器状态的代码[15]。

下一节介绍将开源自动驾驶仪软件 ARDUPLANE 添加到基于状态逻辑的方法，ARDUPLANE 是航模飞机爱好者经常使用的一种 SUAS 飞行平台。UAS 测试规划过程可用于 SUAS 中状态逻辑创建过程的发展和验证阶段。对验证过程的描述可按上一节提到的验证步骤进行划分。

10.5.1 具体研究的问题

软件开发阶段有两个研究问题：当跟踪一辆车时，SUAS 的哪个状态有利于改变系统参数设置以改善飞机自动驾驶仪的性能，以及应该改变哪些系统参数？将遗留软件代码设计成接收 GPS 航点，导航到该航点的指定半径内，然后围绕航点进行盘旋。“Follow me”模式让 SUAS 选择连续不断地接收车载 GPS 发射器发送的新航点，从而使 SUAS 自主地跟踪车辆。

这项研究的核心假设是风向和速度等环境因素将影响 SUAS 跟踪车辆的能力。用于执行“跟随”模式的代码在下一节中称为遗留代码，该代码未考虑环境因素。基于 SUAS 状态（由环境因素定义）所修改的软件参数可提高 SUAS 跟踪车辆的能力。

10.5.2 操作人员的角色

该软件开发的目的是提高 SUAS 的自主导航能力，因此操作员的作用有限。大多数试验是应用航模爱好者训练时的飞行模拟器软件进行的。在模拟试验期间操作员的作用是确保试验参数设置合理。更重要的任务是确保仿真模拟试验条件尽可能相同，以减少响应数据的变化。

在实际实验过程中，操作员有两个重要作用。首先，在飞行活动发生意外或危险的情况下，安全飞行员要出现并接管自动驾驶仪对飞机进行操作。其次，测试工程师负责将测试参数的设置上传到自动驾驶仪。试验工程师用笔记本电脑上运行的软件将航点传送到 SUAS 来引导目标车辆。由于是在仿真环境中，在实验每次运行开始时，试验工程师必须减少因初始条件差异而引起的响应变化。这是靠试验开始之前将 SUAS 设置为目标车辆的盘旋模式来完成的。当 SUAS 位于盘旋模式路径中的指定点时，开始进行试验；该点用于所有试验。

10.5.3 响应数据

有几个响应变量可用于测量飞机在自动驾驶模式下跟随车辆的能力。候选响应变量是 SUAS 和车辆之间的平均距离、最小距离、最大距离和距离方差。在车辆监视环境下，与目标车辆保持恒定的距离对 SUAS 来说非常重要。因此，即便总体平均距离未尽可能减少，但在这些情况下使跟随距离的方差减到最少是有好处的。确定主要响应变量为跟随距离的方差，次要响应变量为平均跟随距离。

10.5.4 定义试验因素

这项研究中的因素分为两类：影响 SUAS 状态的环境因素，以及与决定飞机性能的自动驾驶软件相关的参数因素。图 10.1 所示的鱼骨图用作判别潜在因素的工具。

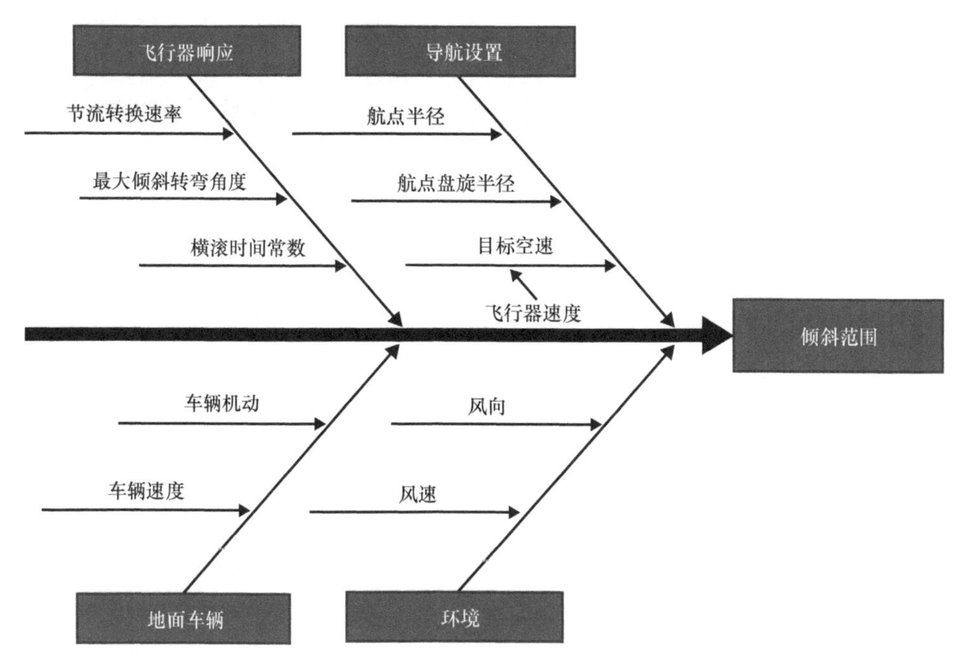

图 10.1　因素判别的鱼骨图

可能影响响应变量的主要因素是影响飞机响应性能的参数，以及与导航设置、地面车辆机动和环境条件相关的参数。在查看了 ARDUPLANE 的软件文档后，节流转换速率、最大倾斜转弯角和横滚时间常数似乎是与飞机响应性最相关的因素。航点半径、航点盘旋半径和目标空速被认为是与导航的相关参数。车辆速度和车辆机动被认为是与地面车辆活动有关的因素。最后选择风向和风速为所关注的环境因素。

虽然认为这些因素都重要，但是在研究每个因素的影响时实际上都有局限。首先，ARDUPLANE 无法确定车辆的速度。SUAS 只是试图到达最后一个已知的航点直到更新的航点被发送。编写软件可以计算车辆速度并相应地修改飞机速度，这确定不是本研究的范围。一个简化的解决方案是设计试验机动，其中车辆保持恒定速度，并且将 SUAS 目标空速设置为相同的恒定速度。应用这种方法可将目标空速和车辆速度这两个因素设定为相同的常值并将其作为试验因素予以消除。虽然这是跟踪模式的简化，但是对 SUAS 进行编程以估计和匹配目标车辆的速度，这样操作是一个合理的近似。

Ishikawa 图下面的部分包含有与自动驾驶仪代码无关、但影响 SUAS 性能的因素。这些因素定义了 SUAS 的操作条件，称为状态。例如，飞机左侧受到 5mile/h 的侧风吹过，并在一种不同的状态下跟随直线行驶的车辆，接下来飞机进入

10mile/h 的逆风状态并跟随 U 形转弯的车辆。

Ishikawa 图上面的部分包含有在遗留软件中设置为常数的代码参数。可疑的是这些因素对响应变量的影响（倾斜范围方差）取决于车辆和环境因素。也就是说参数因素与环境因素之间存在相互作用。如果软件参数和定义状态参数之间确实存在相互作用，那么根据 SUAS 的状态来改变系统参数可能是有利的。

10.5.5 建立试验协议

一般来说，建立试验协议对于任何试验的成功至关重要。每个试验参与者应该了解自身这部分试验的流程。遵循每个实验运行的精确测试流程有助于最小化随机噪声引起的响应变量方差。

在这个测试中，操作员的作用是有限的，因此建立实验协议是比较简单的。试验开始对过程进行标准化是很关键的部分。如上所述，SUAS 被设置在有关目标车辆的盘旋模式中，当 SUAS 与盘旋路径相同时，该测试开始。

确保所有试验参与者了解实验的运行顺序也很重要。如前所述，随机化是分散未知干扰因素的有效方法。一些试验人员将以更方便的顺序重新排列实验；每次试验运行后因素水平的变化不方便而且耗时。必须告知这些人员按照试验矩阵指定的顺序进行试验的原因。

10.5.6 选择适当的设计

应用顺序实验（一种实验活动）的理念，规划了涉及仿真试验和真实试验的几个测试活动。在整个活动中使用了不同类型的设计。本节讨论在 ARDUPLANE 软件中添加状态机逻辑时每个试验阶段的细节。

10.5.6.1 验证因素等级的可行性和实用性

仿真环境中第一个试验活动的目的是确认因素等级的可行性和可操作性。不熟悉 ARDUPLANE 代码就不能确定是否适当地选择了软件参数的因素等级。为了避免在这个预备实验中花费太多时间，选择了一个 6 个因素运行 12 次的 Plackett - Burman 设计。ME 效应和 2F1 效应间所有的非零相关量为 ±1/3；在运行次数比较少的情况下，该设计给出 ME 的合理估计。

预备实验是一个明智的决定，因为初始设定的最大倾斜角的最下限太低。最大倾斜角非常小的话，飞机将不能正常地转向以跟随车辆，导致跟随距离的方差和平均值很大。由倾斜角导致的这种糟糕的性能掩盖了其他因素的影响。幸运的是，这一点在大量实验开始之前就已经发现。基于 Plackett - Burman 实验的结果，最大倾斜角的最小值在增加。

10.5.6.2 因素实验

下一个应用飞行模拟器进行的实验的目的是根据 SUAS 的状态和影响响应的因素来确定响应变量的变化方式。飞机的状态由四个风向（北、南、东、西）和三种车辆机动（直线、右转和U形）定义，总共12个状态。对于每个状态，实验运行时伴有6种因素：节流转换速率、最大倾斜角、滚转时间常数、航点半径、航点盘旋半径和风速。

由于每个状态都需要进行单独的实验，因此运行32次6级2^{6-1}个解的设计太大。12个状态中的每个状态都进行这样的设计将产生$12 \times 32 = 384$个实验。考虑了两种替代设计：24次运行的无混淆设计和17次运行的DSD[16]设计。每种设计都有利有弊。

24次运行的无混淆设计具有正交MEs，MEs也与2FI正交。任何一对2FI效应间也完全没有混淆，所有非零相关值均为1/3。Stone[17]对这种设计进行了实验分析，结果表明该方法准确地估计出了6个ME和2FI模型的回归系数。

另一个选择，即DSD设计也有许多优点。它具有正交ME，也与2FI正交并具有二次型效应。设计的每一列都有三个中心因素水平，允许估计三个或更少因素的完全二次型模型。6个因素的DSD要运行13次，这会提高2FI和二次型效应之间的相关性。删除8个因素DSD中的两列（一个运行17次的设计）增加了运行次数，某种程度上降低了影响之间的相关性。

为了避免更多的实验，首先尝试24次运行的无混淆设计。与17次运行的DSD设计相比，它运行次数更多且最大相关性更小，我们认为，对于最高质量的ME + 2FI模型，这种设计有潜力。然而，如果响应面曲率建模中需要二次型效应，则为了避免更多的实验，17路DSD是更好的设计。

中心运行（所有因素设置为零）可用于曲线的全局测试。24路无混淆设计包括四个中心运行，以确定在使用ME和2FI模型时是否不相称。正确的不相称试验表明在响应函数中对曲率进行建模需要二次型效应，但不确定回归模型中哪个特定因子需要平方项。

选择侧风向右和车辆向右转这一状态，我们开展了4个中心运行的6因子24次运行的无混淆设计。在对其余11个状态实验前，应用回归分析来分析响应数据以确定24次运行设计是否适合于实验条件。回归分析和不相称试验表明，其中一个因素的二次效应是显著的。这种意外的结果证明了DSD能够估计二次效应，是一种更好的设计。DSD还有利于将总体实验运行次数减少到$12 \times 17 = 204$次。

10.5.6.3　首次校验实验

我们应用真实试验来进行校验实验以确定仿真结果的准确性。由于时间上的限制，无法用真正的试验获得204个实验数据点，飞行模拟器是获取建模数据唯一可行的选择。然而时间只够进行12次真实实验。

SUAS的12次实验无法产生足够的数据来进行适当的分析并得出结论，但足以验证仿真结果。如果仿真的飞行路径与真实的SUAS飞行路径明显不同，这说明仿真的结果很不准确。因为风向和风速这两个状态变量无法控制，所以现场试验中车辆机动是唯一真实的自变量。

三种车辆机动方式中的每一种都进行了四次实验：右转弯、U 形转弯和直线。对每种车辆机动方式，SUAS 尝试跟随 60s，此时记录 SUAS 的 GPS 坐标。通过 SUAS 软件确定和记录风向、风速以便在仿真中创建类似的环境。现场试验后，在相同的风力和车辆机动条件下进行 12 次模拟运行，并记录 SUAS 的仿真 GPS 坐标。

对 SUAS 在现场试验和仿真试验中的飞行路径进行比较以验证仿真精度。只要试验的初始条件相同，仿真试验和真实试验的飞行路径结果是非常相似的。也就是说，当车辆开始机动时，SUAS 必须与车辆处于同样的相对位置。这一过程用来说明试验运行的结果对运行初始条件的敏感程度。要知道，SUAS 相对于车辆位置的比较小的变化可能会得到不同的跟随路线，当 SUAS 处于盘旋路径中的同一点时，每个试验开始时要非常小心。

10.5.6.4 分析：建立回归模型

应用 204 次运行的仿真实验结果，针对所研究的因素的不同设置，我们建立了线性回归模型以预测其响应变量。回忆一下，响应变量是平均跟随距离和跟随距离的方差。跟随距离大约每秒记录一次产生自相关的时间序列数据。

通过研究各种滞后的相关性可以看出，每 7s 抽样产生的样本自相关值约为 0.5。我们认为这较好地满足了线性回归模型的独立性假设。有趣的是，数据来自弱平稳时间序列过程，意味着总体均值和方差近似等于任何等间距采样点的均值和方差。

对于给定的车辆机动和风向，应用风速和与软件参数设置相关的五个独立变量拟合多线性回归模型。分析软件能够报出优化响应变量的独立变量的水平。风速、风向和车辆机动方式定义为一个状态，风速被设置为下列两级中的一种：3mile/h 和 11mile/h。然后将其余变量设置为最优值以使跟随距离的方差最小。依赖于状态定义的变量水平，不是所有的软件参数变量都会影响响应变量。如果回归模型中的参数变量不重要，则将变量设置为其默认值。

参数变量的最优值用于为 SUAS 建立基于状态的逻辑规则。对于给定的风向、风力和车辆机动模式，程序代码将五个软件参数设置为由回归模型确定的最优值，使 SUAS 可适应环境条件以及目标车辆行为的变化。

10.5.6.5 软件比较

最后的仿真实验比较运行遗留软件和运行更新软件的 SUAS 的性能（由响应变量衡量）。对 24 个可能状态（由四个风向、两个风速和三个车辆机动方式定义）中的每一个，遗留软件和更新软件均重复仿真两次。这个实验有助于一个状态一个状态地对两个版本的软件进行比较。

最后的真实实验也是遗留软件与更新软件的比较，并用于验证在仿真环境中进行的比较试验。现场试验中的可用时间限制了试验只能运行 12 次。因为风向和风速无法控制，所以车辆机动方式是唯一的独立变量。对于三种机动状态（直线、右转和 U 形转弯），遗留软件和更新软件均运行两次。虽然对跟随距离方差变化的检测能力比较低，但是该试验中有足够的数据来确定仿真结果能否代表 SUAS 的真实性能。

10.6 本章小结

UAS 技术的井喷式发展确实证明了工程技术的卓越性。如当前意识到和设想到的那样，全面应用这一技术需要政策、流程甚至法律上的改变。除非工程和试验数据明确地支持这种改变，否则这样的改变不会发生。统计学上严格的试验结果来自统计学上严格的试验规划。本章提出了这样的 UAS 试验规划方法及采用该方法的例子。

参 考 文 献

1. Keane JF and Carr SS 2013 A brief history of early unmanned aircraft. John Hopkins APL Technical Digest 32(3), 558–571.
2. Blom JD 2010 Unmanned Aerial Systems: A Historical Perspective. Occasional Paper 37. Combat Studies Institute Press.
3. Tetrault C 2009 A short history of unmanned aerial vehicles (uavs). http://www.draganfly.com/news/category/uavnews/.
4. Welshans JS 2014 Much more than an insect pest – the kettering bug. The ITEA Journal 35(4), 311–313.
5. Montgomery DC 2013 Design and Analysis of Experiments, Eighth Edition. A Wiley-Interscience Publication, John Wiley and Sons, Inc.
6. Hahn GJ 1977 Some things engineers should know about experimental design. Journal of Quality Technology 9(1), 13–20.
7. Coleman DE and Montgomery DC 1993 A systematic approach to planning for a designed experiment. Technometrics 35(1), 1–12.
8. Cohen ML, Rolph JE, and Steffey DL (Eds.) 1998 Statistics, Testing and Defense Acquisition: New Approaches and Methodological Improvements. National Research Council.
9. Johnson RT, Hutto GT, Simpson JR, and Montgomery DC 2012 Designed experiments for the defense community. Quality Engineering 24(1), 60–79.
10. Freeman LJ, Ryan AG, Kensler JL, Dickenson RM, and Vining GG 2013 A tutorial on the planning of experiments. Quality Engineering 25(4), 315–332.
11. Carr LK, Lambrecht S, Shaw G, Whittier W, and Warner C 2003 Unmanned Aerial Vehicle Operational Test and Evaluation Lessons Learned. IDA Paper P-3821. Institute for Defense Analysis.
12. Warner C 2011 Continuing the emphasis on scientific rigor in test and evaluation. ITEA Journal 32(1), 15–17.
13. Drury JL and Scott SD 2008 Awareness in unmanned aerial vehicle operations. The International C2 Journal 2(1), 1–28.
14. Hodson DD and Hill RR 2014 The art and science of live, virtual, and constructive simulation for test and analysis. The Journal of Defense Modeling and Simulation: Applications, Methodology, Technology11(2), 77–89.
15. Black PE 2014 Dictionary of algorithms and data structures, nist. http://www.nist.gov/dads/HTML/determFinitStateMach.html.
16. Jones B and Nachtsheim C 2011 A class of three-level designs for definitive screening in the presence of second order effects. Journal of Quality Technology 43(1), 1–15.
17. Stone BB 2013 No-confounding Designs of 20 and 24 Runs for Screening Experiments and a Design Selection Methodology. Ph.D. thesis, Arizona State University, Tempe, AZ.

第 11 章　总拥有成本：军用无人系统的成本估计方法

11.1　概述

成本、进度和质量可能不会驱动一项技术，但它们造就了技术实现的机会。近年来，作为无人系统的主要客户之一的美国国防部（Department of Defensem, DoD），一直在与成本和进度管理做斗争，以实现交付的产品“足够好”，但产品却延误了几个月甚至几年，更糟糕的是导致产品停产。目前使用的成本估计技术是复杂的，并且都是基于与应急系统无关的技术。在无人系统领域，自主是最基本的要求之一。收购团体需要采用新的方法来估计这种新系统的总拥有成本。而应用传统软件和硬件成本模型不能实现这种功能，因为用于创建和校准这些模型的系统不是[1]无人自主系统（Unmanned Autonomous Systems, UMAS）。尽管自主并不是新的概念，但它将重新定义成本估计的全部方法。本章旨在提供一种方法，试图解释自主的成本估计与当前方法的不同，并给出了通过集成和改写现有成本模型来解决该问题的方式。

11.2　生命周期模型

在设计产品时，理想的做法是考虑设计决策及其在全生命周期中的影响。这是一种全面的方法，它迫使工程师必须检查所有阶段，并可以确保利益相关者（例如操作人员、测试人员、维护人员）的需求得到满足[2]。这是在确定产品成本，对生命周期进行全面思考时应该采取的同样方法。为了讨论 UMAS 领域，我们将重点讨论两个生命周期标准：DoD 5000[3,4] 和 ISO/IEC 15288 系统工程 - 系统生命周期过程[5]。

两个产品生命周期标准都分为不同的阶段。每个阶段在生命周期中都有不同的作用，并有助于在产品的全生命周期中区分主要的里程碑。这些生命周期阶段帮助回答“何时发生”的问题，且有助于确定研发、生产和管理等方面的成本。

11.2.1　DoD 5000 获得生命周期

虽然市场上 UMAS 有许多长期的商业客户，但其最大的需求方仍是美国国防部。DoD 5000 是一个应用于产品的框架，因为它促使工程师在以下五个阶段中生产出特定的子方案或子产品[3]。

1）第一阶段：物资解决方案分析，DoD 需要一个初步的性能文件和一个替代性研究分析。

2）第二阶段：技术开发，目的是生产一个可演示的原型，以使客户可以在风险、技术和设计上做出决策。

3）第三阶段：工程和制造开发，促使工程师再次使用原型产品，进行综合测试（开发、运营以及现场消防的测试和评估），为关键设计审查和产品升级方案做准备。

4）第四阶段：生产与部署，工程师将为小批量生产和全面生产做准备。

5）最后阶段：运营与支持，包括维护能力、后勤支持、产品升级、客户满意度调查和妥善处理等活动。

这五个阶段和主要里程碑如图 11.1 所示。

11.2.2　ISO 15288 生命周期

系统生命周期阶段的定义有助于明确工程活动之间的界限。正如 ISO/IEC 15288 系统工程 - 系统生命周期过程标准一样。但基于 ISO/IEC 15288 建立的阶段略有修改，以反映 ANSI/EIA 632 工程系统对建设性系统工程成本模型（Constructive Systems Engineering Cost Model's，COSYSMO's）系统生命周期阶段的影响，如图 11.2 所示。

生命周期模型根据产品的性质、目的、用途和主导环境而有所不同。尽管在系统生命周期模型中存在着无限的变化，但在系统工程领域中有着一套典型的特征生命周期阶段。

1）概念化阶段在于确定利益相关者的需求，探索不同方案，提出候选方案。

2）开发阶段包括完善系统需求、确定解决方案并构建系统。

3）运营测试和评估阶段包括检验/验证系统，并在交付用户使用之前进行适当的检查。

4）其他用户需求。

5）运营、维护或提升阶段包括实际运行和保持系统性能所需的维护工作。

6）更换或拆解阶段包括退役、储藏或销毁系统。

我们将在本章的后续部分讨论这些生命周期模型，并将各种类型的成本分摊到它们的各自阶段，以求得其总拥有成本。

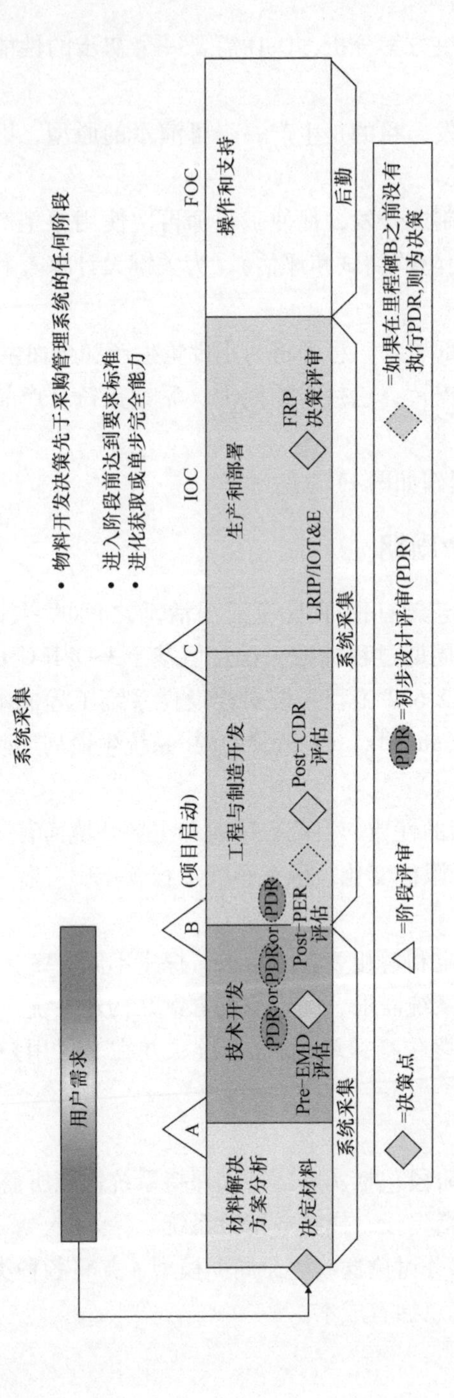

图 11.1 DoD 5000 框架

图 11.2　COSYSMO 系统生命周期的各个阶段

11.3　成本估计方法

探索新的成本建模方法包括理解与 UMAS 相关的成本指标，以及从生产和运营的角度理解它们对成本的敏感性。在这一点上，本节提供了应用在工业和政府中不同的成本估计方法。针对飞机的制造成本，已经有了大量的研究成果[7-9]，虽然其仅仅涉及商用和军用载人飞机，但是仍然提供了如何估计 UMAS 生命周期成本的方法。

11.3.1　案例研究与分析

公司不会在每次新项目出现时就立马投入研究，而是先通过组织的机构记忆来进行成本估计。案例研究代表了一个归纳过程，通过具体事例的推断，评估者和规划人员尝试学习有用的综合经验。他们详细研究了在以前项目的发展过程中出现的环境和限制条件、所做的技术和管理决定以及最终取得的成功或失败。然后他们确定了潜在的因果关系，而这些关系可以拓展到其他环境中。理想情况下，他们寻找描述类似项目的案例，尝试评估，并应用类比规则，假设之前的性能可以对未来性能提供指导。案例的来源可能是评估者自己团体内部或外部环境。而内部案例可能更具相关性，因为其反映了将来可能应用于组织项目的特定工程与业务实践。在类似的其他案例研究中，只要他们的差异能够被确定，那么也会是非常有用的。

11.3.2　自底向上和基于活动的估计

自底向上估计是从最低水平成本组件开始，逐步提升到最高水平的估计。其最主要的优势在于，较低水平的估计通常是由那些负责该工作的人提供。而该工作通常以子系统组件的形式表示，因为它们与每个系统组件所需要的活动密切相关，因此可以合理评估。这种方法也可以实现对每个组件进行不同程度的细节分析。例如，飞机的成本可以分为七个主要部分：中心机体、机翼、起落架、推进器、系统、有效载荷和装配。其中每一个（如机翼）又可以分解为子部件（如小翼、外翼和内翼等）。图 11.3 中详细说明了典型 UMAS 产品的分解过程。这样可以转化为较低层次组件以使估计相当准确。但该方法的缺点是，这一过程需要耗费大量人力，而且不同产品通常是不一致的。此外，每一层都引入了对另一层保守的管理储备，并最终导致估计过高。

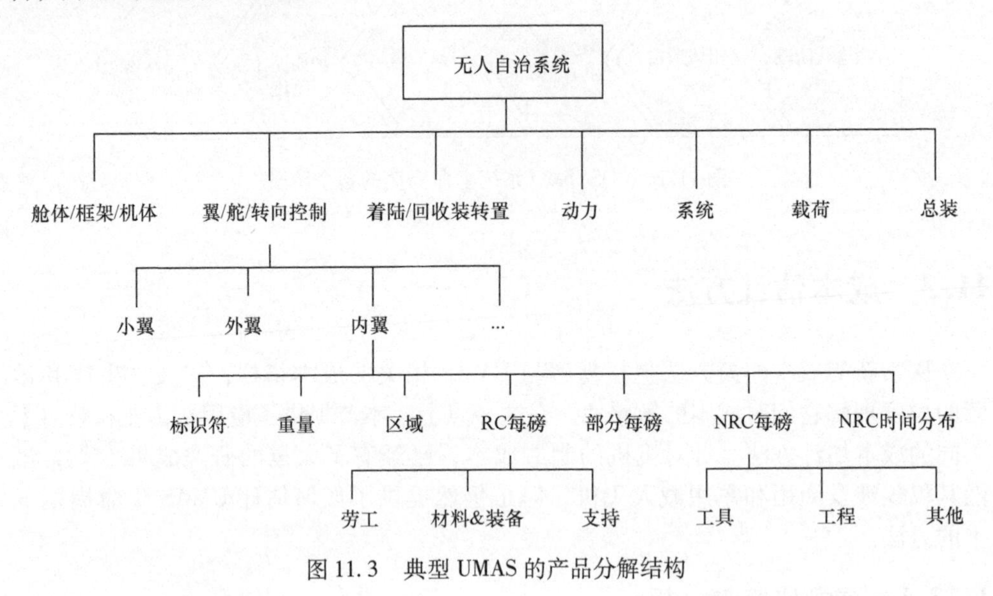

图 11.3 典型 UMAS 的产品分解结构

11.3.3 参数化建模

这个方法是最复杂、最耗时的建模方法，但它通常能够提供最准确的结果。基于独立变量（即需求）与因变量（即工作或成本）之间的数学关系，参数化模型可以进行成本估计。这些输入描述了需要做的工作性质，以及将要完成与交付的产品的环境条件。独立变量与因变量之间数学关系的定义是数学建模的核心。这些关系通常称为成本估算关系（Cost Estimating Relationships，CERs），其通常是基于大量数据的统计分析。回归模型被用于验证 CERs，并利用线性或非线性方程组进行实施。使用参数化模型的主要优势是：一旦验证模型有效，模型运算速度快且易使用。它们不需要很多信息就可以提供相当准确的估计。也可以使参数化模型适用于特定组织特性，如生产率、工资结构和工作分解结构（Work Breakdown Structures，WBSs）。参数化模型的主要缺点是：建模困难且耗时，需要大量无瑕疵、完整且最新的数据来进行模型验证。尽管针对商业和军用飞机存在大量的估计方法，但还没有专用针对 UMAS 的参数化模型。这可能是因为：UMAS 出现的时间还不是很长，因此，没有足够的数据用于验证这些模型。在提出这样一种模型框架之前，首先讨论关于 UMAS 生命周期的问题。

11.4 UMAS 的产品分解结构

众所周知，建立一个 WBS 或产品分解结构（Product Breakdown Structure，

PBS）是描述一个项目最完整的方法[10]。适当地利用或管理 PBS（图 11.3）的细节等级是将成本分配给产品子组件的重要组成部分。在本节中，我们将从系统等级上讨论无人系统设计的 WBS/PBS 的一些共性考虑。在 WBS/PBS 的第二或第三等级上，不同无人自主系统的预算见表 11.1 ~ 表 11.4。

表 11.1　空中系统［无人空中系统（UAS）］

全球鹰无人机	单价/M$	件数	总成本/M$	项目分配（%）
无人机	69.84	45	3143.16	66.60
地面站	21.82	10	218.21	4.62
支援小组	—	—	1357.84	28.77
预计总成本	—	—	4719.21	100.00

表 11.2　地面系统［无人地面系统（UGS）］

UGS COTS/GOTS	单价/M$	件数	总成本/M$
机体	3.39	4	13.56
地面站	0.23	4	0.94
支援小组	—	—	5.86
预计总成本	—	—	20.36

表 11.3　地面系统（UGS）

SUGV	单价/M$	件数	总成本/M$
机体	0.180	311	55.90
地面站	0.012	311	3.88
支援小组	—	—	24.15
预计总成本	—	—	83.93

表 11.4　海上系统［无人海上系统（UGS）］

MUSCL	单价/M$	件数	总成本/M$
机体	0.700	13	9.03
控制站	0.048	13	0.62
支援小组	—	—	3.90
预计总成本	—	—	13.56

从表 11.1 ~ 表 11.4 中提供的 UMAS 例子中，我们可以观察到单位成本的范围。在高端产品方面，“全球鹰”无人机系统的单位成本是 9287 万美元[11, p. 177]。在低端产品方面，模块化无人滨海巡逻船的成本是 700000 美元[13]。另一方面，购

买产品单元广泛，只有四个将有人系统转化为无人系统的商用现货（Commercial Off - The - Shelf，COTS）/政府现货（Government Off - The - Shelf，GOTS）的成套设备，以及多达311个小型无人地面系统[12]。

11.4.1 特别考虑

在研究成本建模方法时，UMAS的独特物理与运营特性需要特别考虑。在图11.4中，国防部已经制定了在未来30年中的UMAS需求。从空中、地面、海洋三个作战环境分别制定了它的需求，并规划了自主系统探索性项目类型。这并不意味着完全详述，但其指导了军用UMAS发展的总体方向。

		前期	中期	后期
技术项目	UAS	C2安全连接，GBSAA验证，改进的传感器，可互操作的有效载荷	经过认证的ABSAA和分离算法，集成设备	SAA集成，下一代进化
	UGS	扩大物理架构，增强特定任务的自主性，V2V	扩展的自治系统和避免算法	自治的体系结构
	UMS	升级电力，传感系统	有效的自治系统和避免算法，安全体系结构	
所需能力	UAS	对NAS的增量访问，有效的信息融合	对NAS的常规访问，依赖视觉，有效利用	在NAS和全球范围内提高了安全性和效率，有效取证
	UGS	鲁棒性	有效的有人无人合作	适应性强的系统
	UMS	地方特派团的自主权，越来越多的网络系统	在扩大的地理区域增加特派团	自主任务

图11.4 操作环境的技术发展时间表（2013—2030）

任务要求是为了保证UMAS运行，其必须服从指定任务[14]。这些要求由UMAS执行指定的功能和能力时的操作环境（Operational Environment，OE）或发生地点所形成——可以是由空中、陆地（地面和地下）或者海上（海面和可潜入水中）所组成的物理环境。

11.4.2 系统性能

UMAS能够为用户做些什么呢？UMAS的功能同时必须包括当前有人系统所具有的性能，如攻击、后勤和侦察等。该功能范围也应包括一个UMAS需要完成但在任务需求中没有明确指定的任意“功能”。这些能力可能包括可制造性、可靠性、互通性、可生存性和可维护性等。

11.4.3　有效负载

UMAS 的一个最终考虑是它的有效负载。这也可以被归类为特殊设备。比如，一个后勤 UMAS［或者是像步兵班任务支援系统（Squad Mission Support System，SMSS™）的货物运输系统］需要有一个牵引系统或回收系统，若它是一个攻击/侦察系统，则它需要足够支撑的弹药、导弹和炮台。

尽管制造一个自主系统时可以确定更多的考虑范围，但是本节则是将重点放在详尽地阐述 WBS/PBS 而非 UMAS 本身的技术性能上。一个系统的制造和生产成本是生产者（和工程师）的决策底线，但是 DoD 需要并期望 WBS 能够代表 UMAS 生命周期的全部阶段。通过将系统准确表达为一个更完整的 WBS/PBS，成本估计则会有更好的准确性和更高的可信度，因为估算者能够在一个成本模型中将最低水平结构与一组成本动因相联系。

11.5　成本动因和参数化成本模型

成本动因是最能够描述所花费精力的工程特性，它通常利用需要完成它们的人员和时间进行度量。如同 11.3.3 小节提及的那样，开发这些特性或动因是需要大量数据及劳动的。模型的开发者必须建立一种很强的数学关系，通常为被识别的特性和它作用于项目的影响之间关系的回归分析。每一种估计类型的成本动因数目会根据部件（硬件、软件等）而变化。

每一个成本动因通常具有五个等级的尺度，它可以最恰当地表示产品特征。例如，一个成本动因可以使用“很低”“低”“正常”“高”和“很高”表示。而且，这些选项中的每一个都有可以增加或减少成本的值。每一个等级需要清晰地被定义，以便用户能够尽可能真实地估计一个系统的复杂度。成功利用参数建模及其动因的关键之处是全面地理解尺度值，并将它们与现实相联系。

11.5.1　估计研发成本的成本驱动

我们提出的系统级估计方法是结合五种不同的参数模型，这些模型能够很好地代表成功构造、测试、生产和操作 UMAS 所需的工作量。它们包括：①硬件；②软件；③系统工程和项目管理；④基于性能的成本估计关系；⑤基于权重的成本估计关系。

这五个模型将在下面小节中进行详细描述，当开发一个完整的生命周期估计时，它们应该被充分考虑。

11.5.1.1　硬件

SEER－H 是一种混合的模型，它利用类比估算法，也利用专用于硬件产品的参数数学成本估算关系。SEER－H 有助于硬件开发、生产和运营成本的估计[17]。

不像其他的估计工具，SEER－H通过穷举测试，来估计许多技术方面。SEER－H含有大量的成本动因，因此我们仅重点讨论它们的机械/结构工作成分分类中的三个方面。

- 材料成分：这些材料将会主导系统，并且它们的获得比较困难。
- 认证等级：所用材料的测试和评估数量。
- 生产工具和实践：如何准备生产所用的材料。

11.5.1.1.1　材料成分

根据构造系统、子系统或者其部件的主要材料的不同，SEER－H驱动因子的分类见表11.5。评估者同样应该考虑一些可能不占支配地位但被认为是至关重要的材料。总成本可能是占关键地位和占支配地位的材料的组合。

11.5.1.1.2　认证等级

认证等级代表了客户对制造商的需求，见表11.6。该参数量化了与用户认证需求相关的附加成本。因此，任何额外的认证、检查或无形财产安全控制等都将会增加成本。

11.5.1.1.3 生产工具和实践

该参数描述了在多大程度上使用有效的制造方法和流程，以及劳动密集型的自动化操作。等级反映的是生产工具的状态，并在硬件生产开始时使用（表11.7）。

表11.5　材料组成评定表

材料	主要特性
铝/韧性金属	金属合金，易于制造 例如：铝、镁、铜、铝－锂
钢	坚硬的金属合金，防锈 例如：钢铁、不锈钢
可贸易获得	可用外来材料 例如：钛、贵金属、硼、高端复合材料
其他	需要非常复杂的冶金工艺，只能通过特殊订单获得 例如：金属基复合材料、颗粒增强复合材料、研究材料
复合材料	日常可得，连续长丝或颗粒增强复合材料 例如：石墨或环氧硼、玻璃纤维
高分子聚合物	非金属化合物，容易成型，可硬化或柔韧 例如：塑料、热塑性塑料、弹性体
陶瓷	很硬，易碎 例如：陶瓷、黏土、玻璃、瓷砖、瓷器

表 11.6　认证等级尺度[17]

等级	描述
很高	非常高水平的合格测试，包括疲劳、断裂力学、爆裂、极端温度和振动测试。例如：载人航天产品
高	高水平的合格测试，包括疲劳、断裂力学、爆裂、极端温度和振动测试。例如：空间产品
标准 +	任务要求的资格测试，包括静态和动态负载测试、风洞测试以及军用飞机所需的所有其他测试。示例：军用机载/飞机产品
标准	按照美国联邦航空局的要求，对商用或通用航空飞机进行资格测试。例子：机载/飞机产品
标准 -	符合美国陆军机动性要求的资格测试，或者海军规范。测试包括满足冲击、振动、温度和湿度要求。示例：军用地面移动或海上产品
低	用于在受控环境（温度、湿度）下进行针对设备的任务要求的名义合格试验。例子：军事地面系统
很低	最小测试要求（功能检测）。例如：商业级产品

表 11.7　生产工具和实践等级尺度[17]

等级	描述
很高	生产工具通常与大规模生产相关（20000 件或以上）。高度精密的工具、压铸、模具。高度机械化、机器人制造、装配和测试。高度集成计算机辅助制造和设计。例如：压铸、多腔模具、级进模具和其他精密工具
高	生产工装一般适用于中型，平均生产 20000 件。工具是用简单的模具定制设计的。一定程度的机械化、数控机床，与计算机辅助设计相结合。例：简单压铸、复杂熔模铸造、钣金加工专用模具
标准	生产工装便于 1000 ~ 2000 件的生产。复杂的工具、简单的模具和铸件。机械化程度低，数控加工操作少。一些带有计算机辅助设计的自动链接。示例：包含复杂的砂铸件、铸件和简单的定制模具等
低	设计的模具最多可生产 1000 件。标准工具、铸件、模具和工装夹具由一些定制工具和夹具补充。偶尔或实验性地使用带有计算机辅助设计的自动链接。例如：砂铸件、熔模铸件和简单的定制模具。许多航空航天/国防部项目都属于这一类
很低	生产 50 ~ 100 件设备所需的最小工装。制造、装配和测试的许多操作都是由熟练工人完成的。主要使用标准工具和夹具。没有自动链接。例子：简单的砂铸件

11.5.1.2　软件

在 UMAS 软件方面，推荐的参数估计工具是构造性成本模型（COCOMO II）。这个模型经过 30 年的改进，已经成为参数建模的工业和学术标准[15]。在 COCOMO II 中，根据进行估计时所处的生命周期阶段，成本动因数量在 7 到 17 之间变化[15]。在项目开始阶段，由于已知的信息较少，COCOMO II 模型仅提供了可供评价的较少的参数。随着对软件项目的更多了解，参数数量也跟着增加。本节的内容并不是替代 COCOMO II，而是要提供关于成本动因的相关细节。与 UMAS 软件相关的三个驱动因素：

- 规模：由代码行数量进行度量。
- 团队凝聚力：四个特性的加权平均。
- 程序员能力：程序员整体效率。

11.5.1.2.1 规模

代码规模以千行代码为单位（Thousands of Source Lines of Code，KSLOC），它用于估计组成应用软件的软件模块大小。也可以利用未调整函数点（Unadjusted Function Points，UFPs）进行估计，转化为 SLOC，然后除以 1000。式（11.1）是基本的 COCOMO II 算法，其中包括作为计算人－月（Person－Months，PM）工作量的中心组件。

$$\mathrm{PM} = A \times (\mathrm{SIZE})^{E} \times \prod_{i=1}^{n} \mathrm{EM}_i \tag{11.1}$$

11.5.1.2.2 团队凝聚力

该参数说明了在软件设计中的人工要素。这些元素包括但不限于多个利益相关方目的、文化背景、团队弹性、团队熟悉度的差异。重点是设计团队如何在项目外部进行交互（表 11.8）。

表 11.8 团队凝聚力评估尺度

特征	很低	低	标准	高	很高	极高
利益相关者目标和文化的一致性	少	一些	基础	相当多	强烈	全部
利益相关者适应其他利益相关者目标的能力、意愿	少	一些	基础	相当多	强烈	全部
具有利益相关者团队合作的经验	无	少	少	基础	相当多	广泛
建立利益相关者团队，以实现共同的愿景和承诺	无	少	少	基础	相当多	广泛

11.5.1.2.3 程序员能力

这里的程序员也涉及在软件工程中的人工因素，但是它的侧重点不同于团队凝聚力。该参数评价在于团队能力的内部运作，因为它关系到团队效率、内部沟通以及合作（表 11.9）。

11.5.1.3 系统工程和项目管理

估算 UMAS 所需的系统工程和项目管理工作，我们使用 COSYSMO。该参数模型输出集成系统部件，将无形的工作量，如需求、架构、设计、检验和验证[16]进行量化[16]。这些模型也依赖于18个大小和成本驱动因素。通过引入一些最重要的动因，我们得到UMAS最重要的成本注意事项。三个最相关的系统工程成本动因为：

- 系统需求量：为满足用户的需要，一个系统必须执行的特定函数的数目。
- 技术风险：技术的成熟程度。
- 工序能力：在能力成熟度模型集成（Capability Maturity Model Integration, CMMI）方面，团队/组织执行的满意度和一致性。

表11.9 团队能力评估尺度

程序员（PCAP）能力	15%	35%	55%	75%	90%	
评级水平	非常低	低	正常	高	非常高	极高
系数	1.34	1.15	1.00	0.88	0.76	—

11.5.1.3.1 需求量

该参数需要评估者计算UMAS在设计的一个特定水平上的需求数目。这些需求或许会涉及系统接口、系统专用算法以及运营情景的数目。需求包括但不限于功能、性能、特性或面向服务的性质，这取决于规范所使用的方法。值得注意的是，需求报告往往包括“应”“将”“应该”或者“或许”这些词汇（表11.10）。

表11.10 需求数量等级

易	正常	难
简单的实现	相似	复杂的实现
可以追踪到来源	需要努力追溯到源头	很难追溯到源头
小部分重叠	部分重叠	需求高度重叠

11.5.1.3.2 技术风险

该参数需要评估一个UMAS子系统的所用技术的成熟度、准备状态以及过时度。未成熟的或即将过时的技术将需要更多的系统工程工作量（表11.11）。

11.5.1.3.3 工序能力

像COCOMO II参数一样，该COSYSMO例子侧重于项目团队执行系统工程过程的一致性与有效性。该动因的评估或许基于工序模型评级（例如，CMMI[18]、EIA-731[19]、SE-CMM[15,20]、ISO/IEC 15504[21]）。若没有先前外部评价，或许可以选择基于项目团队的行为特征（表11.12）。

11.5.1.4 基于性能的成本估计关系

每个产品的一个需要重点考虑的因素是它是否能很好地执行特定的需求。最好地获得一个产品性能特性的模型是美国军队为无人航空飞行系统而建立的，但同时它可以修改以适应其他的自主系统[22]。估计性能的方法论不局限于所列出的这些，它们应该适用于空中、陆地、海上或太空的相似的类别（表 11.13）。

所推荐的性能度量成本动因原本是基于航空平台的，但是本章将其修改以便为所考量的领域提供思路（表 11.14）。

式（11.2）给出了美国军方基于性能的 CER。

$$\text{UAVTIR1}(\text{FY03}\,\$\text{K})118.75\times(\text{Endurance}\times\text{Payload}-\text{Wt.})^{0.587} {}^{*}e^{-0.010(\text{FF\_Yeear}-1990)}\times e^{-0.92(\text{Prod1/0})} \tag{11.2}$$

其中：

UAVT1R1	=	通过单元理论，对无人机空中交通工具硬件初始成本进行归一化学习（95%斜率）和速率（95%斜率）。在 FY03 $K
Endurance	=	无人机的续航能力
Payload - Wt.	=	总载荷重量（lb）。总有效载荷包括飞行所需设备以外的所有设备，不包括燃料和武器
FF - Year	=	首次飞行年份
Prod1/0	=	如果飞行器是一个生产单位则是 1
	=	如果飞行器是一个发展或示范单位则是 0

表 11.11　技术风险评估等级

	非常低	低	正常	高	非常高
还未成熟	技术已被证明并广泛应用于整个工业	经实际使用证明，可广泛采用	在试点项目中得到验证，准备投入生产工作	准备试航	仍在实验室
缺乏准备	任务被证明（TRL 9）	合格的概念（TRL 8）	概念被证明（TRL 7）	概念验证（TRL 5 及 6）	定义的概念（TRL 3 和 4）
过时			技术还在实践状态	技术不新	技术已经过时，应该在新系统中避免使用
			新兴技术可能在未来竞争	新的更好的技术已经准备好用于试点	零件供应不足

表 11.12　工序能力评估等级

	非常低	低	正常	高	非常高	极高
CMMI 评估评级	等级 0	等级 1	等级 2	等级 3	等级 4	等级 5
项目团队行为特征	过程性能的特别方法	执行系统工程流程，仅受合同或客户需求驱动的活动，系统工程重点有限	管理的系统工程过程，以适当的方式由客户和涉众需求驱动的活动，系统工程的焦点是通过设计、以项目为中心的方法——而不是由组织过程驱动的需求	定义了系统工程过程，活动由项目效益驱动，系统工程重点是通过操作，过程方法由组织过程驱动，为项目量身定做	定量管理系统工程过程，由系统工程效益驱动的活动，系统工程关注生命周期的各个阶段	优化系统工程过程，持续改进，活动由系统工程和组织效益驱动，系统工程的重点是产品生命周期和战略应用
系统工程管理计划（SEMP）复杂性	使用管理判断	SEMP 只在需要它的部分项目中以一种特殊的方式使用	项目使用带有一些定制的 SEMP	高度定制的 SEMP 存在并在整个组织中使用	SEMP 使用全面、一致；组织的奖励是为那些改进它的人准备的	组织为 SEMP 开发最佳实践；项目的所有方面都包含在 SEMP 中；对于那些改进它的人，组织奖励是存在的

表 11.13　基于性能特征的评估等级

基于性能的类别	描述
UMAS 车辆或车身	定义和测量 UMAS 的车辆或主体执行预期要求的情况
传感器	定义和度量 UMAS 如何与其预期（或非预期）环境进行交互反应
控制系统	定义和度量命令和控制系统与 UMAS 交互的效率

表 11.14　性能度量成本动因

性能动因	描述
操作环境的约束	定义和度量指导 UMAS 的物理边界
忍耐力	定义和度量在人工交互前 UMAS 能够执行其预期任务的时间或距离
传感器分辨率	定义和测量 UMAS 传感器的灵敏度、准确性、弹性和效率
作战基地	定义和衡量 UMAS 受其后勤需求和有效业务所需资源的限制程度

11.5.1.5 基于权重的成本估计关系

UMAS 成本估计的最后考量是它的权重。权重或许已经作为其他估计模型（如硬件、性能估计模型）中一个重要的成本动因，但是，我们认为这种特殊的估计关系足够强大，足以作为一个独立的方向。当考虑一个自主系统的运营实施时，权重发挥了关键性的作用。表 11.15 中显示了一些从源代码修改为适用于 UMAS 的驱动程序。

表 11.15 基于权重的成本驱动因素

基于重量动因	描述
总系统重量	定义和测量与预期目标相关的整个系统的重量（不包括弹药或其他可附加选项）
负载重量	定义和测量弹药的数量和类型，或任何其他可附加的选项，被认为是关键任务
吊索载荷或恢复作业能力	定义和测量 UMAS 除了其额定容量外，还可以作为吊索负载或拖车容量支持的重量

式（11.3）给出了美国基于权重的 CER。

$$\text{UAVT1R1}(\text{FY03\$K}) = 12.55 \times (\text{MGTOW})^{0.749} \times e^{-0.371(\text{Prod1/0})} \qquad (11.3)$$

其中：

UAVT1R1	=	通过单元理论，对无人机空中交通工具硬件初始成本进行归一化学习（95% 斜率）和速率（95% 斜率）。在 FY03 $K
MGTOW	=	无人机最大起飞重量（lb）
Prod1/0	=	如果飞行器是一个生产系统则是 1
	=	如果飞行器是一个发展或示范模型则是 0

11.5.2 DoD 5000.02 运营与支持的成本动因

11.5.2.1 后勤—从承包商生命支持（CLS）到有机功能的转换

管理后勤支援是复杂的，且其不易被概括成一个单一的参数。然而，所有的系统都需要维护，并可以在表 11.16 所述的范围内进行描述。该参数的目的是让生命周期规划者使系统工程计划符合国防部要求，并且最小化承包商生命支持（Contractor Life Support，CLS）。

11.5.2.2 培训

虽然 UMAS 的开发成本会很大，但需要考虑的是如何快速且高效地训练用户使用该系统。随着 UMAS 自主水平的提高，这保证了它本身的成本动因。

表 11.17 给出了这些培训的注意事项，它们的规划与实施是具有挑战性的。国防部意识到了这些挑战，并给出了图 11.5 所示的预期管理。培训的目的是制定如何将 UMAS 和其他紧急系统融入现有培训体系之中的规划。伴随着工程师构建其自己的系统，理解这些策略将有助于系统在不是它所固有的领域实现。

表 11.16 物流成本驱动因素

服役的军人	>2 年过渡期	2 ~ 5 年过渡期	<5 年过渡期	仅限 CLS
系统设计的方式是目前的生命支持足够用于操作使用	很少有承包商（1 ~ 5）需要上校（0 ~ 6）级指挥单位，以确保适当的生命支持	在上校（0 ~ 6）级别的指挥单位中，很少需要承包商（6 ~ 10）以确保适当的生命支持	每个级别的指挥都需要承包商，队长（0 ~ 3）通过上校（0 ~ 6）。每级最低 1	先进的系统技术，操作使用将需要永久承包商的存在

表 11.17 培训成本驱动因素

影响较小	中等影响	影响较高	影响极高	影响未知
培训适合当前的 TRADOC 吞吐量和需要最低限度的认证（例如，系统是以前集成的系统）	培训计划类似于当前的 DoD 方法；但是，需要一个独立的教学或课程。可以使用当前提供的现有设施和基础设施	培训计划与目前任何 DoD 方法都不相似。需要成为一个独立的课程。需要目前尚未提供的设施和基础设施	培训计划与目前任何 DoD 方法都不相似。需要成为一个独立的课程。需要现有的设施和基础设施	培训系统仍在开发中，需要进行广泛的整合

技术项目	近期：改进模拟器保真度并将有效负载集成到代理平台上	中期：将共性努力与模拟器开发相结合	远期：将模拟器和代理集成到实时、虚拟、建设性和混合现实培训环境中
能力需求	近期：制定并实施国防部 UAS 培训战略；制定规范以支持 UAS 操作的使用；通知收购代理人和模拟人员；确定空域要求	中长期：继续实施和完善国防部 UAS 培训战略；UAS 培训计划，以适应规范的变化；监督获得纳入培训计划的情况	

图 11.5 UMAS 培训目标（2013—2030）

11.5.2.3 运营—有人无人系统合作（Manned Unmanned Systems Teaming，MUM – T）

国防部投资 UMAS 的目标是提高作战人员的能力，同时减少对人员生命的风险，保持战术优势，执行无聊枯燥、难缠或危险的任务[14]。然而，所有这些系统工作将需要某种程度的有人与无人合作。这两个领域越有效协作，作战效果将会越好（表 11.18）。

表 11.18 有人驾驶系统协同成本驱动

很低协作	低协同	标准协同	高协同	很高协同
不满足联合互操作性需求，并产生需要传递到一个共用态势图的数据	满足少量特定分支互操作性需求，但是与它的主分支部署的系统不兼容	满足少量特定分支互操作性需求，与有人系统共享信息，特定分支	满足所有特定分支互操作性需求，也满足一个或更多的联合需求，也与有人系统共享信息	满足所有特定分支互操作性需求，共享一个其他有人和无人系统可用的态势图

11.6 无人地面车辆的成本估计

对于一个综合多个工程学科的大型项目，特别是在 UMAS 领域，尚不存在单一评估工具能够完全获得生命周期总成本。通过应用适当的评估模型，或这些模型的一个组合，评估者可以确保完全覆盖每个计划单元以及它们的相对成本对 UMAS 项目生命周期的影响。

用于说明成本估算过程的例子是洛克希德·马丁公司的无人自主地面系统 SMSS™。通过使用产品工作分解结构（Product Work Breakdown Structure，P－WBS），专家可以在适当的级别上应用一个估算工具。然后，将各个子估计集成到整个项目的估计中。在 P－WBS 中需要评估的考虑事项是每个 UMAS 项目特有的。合同要求将是评估需要详细程度的决定性因素。

为了回应对减轻在战斗中士兵和海军陆战队的负荷，以及提供不能由下级部队运输的设备的效用和可行性的迫切需要，洛克希德·马丁公司正在开发 SMSS™。其可以满足轻型步兵、海军陆战队和特种作战部队在复杂地形和恶劣环境中机动的要求，并携带各种装备、物资和任务设备箱（Mission Equipment Packages，MEPs）。

如图 11.6 所示，SMSS™是一个班组大小的无人地面车辆（Unmanned Ground Vehicle，UGV）平台，大约有一辆紧凑型轿车的大小，能够装载 1500lb 的有效载荷。它是一种用于徒步小型单元作战的货物运输工具，在大多数地形中均具有良好的移动性。在城市环境和越野地形上，SMSS™/运输舰通过携带扩展任务设备、食

图 11.6　班组任务支援系统（SMSS™）

物、武器和弹药，减轻了 9 ~ 13 人小队的负荷。控制模式包括系绳、无线电控制、远程操作［非视线（Non - Line of Sight，NLOS）和视线之外（Beyond Line of Sight，BLOS）］、有监督自主控制以及语音控制。技术成熟度水平（Technology Readiness Level，TRL）为 7 ~ 9 级。

如表 11.19 所示，提出的五种成本模型充分地表述了 SMSS™的所有 P - WBS 元素。在某些情况下，单个元素成本可以由多个成本模型来获得。为了确保成本不被重复计算，评估人员应该决定哪一个成本模型将被用于每个 WBS 元素。这个决策可以基于每个成本模型的保真度，或基于成本模型获得影响成本的 WBS 元素特性的能力。

一旦为每个 WBS 元素确定了适当的成本模型，便可通过计算五个成本模型的输出的和得到总成本，如式（11.4）所示。

$$\text{Cost(convert all individual outputs to \$K)} = (\text{Hardware}) + (\text{COCOMOLL}) + (\text{COSYSMO}) + (\text{Weight Based CER}) + (\text{Perfomace Based CER}) \quad (11.4)$$

根据 UMAS 的性能和复杂性，预期单位成本将在 100 万到 1 亿美元之间。这是基于“全球鹰”无人机系统（9287 万美元）和模块化无人巡逻船（70 万美元）单位成本的结果。如果估计费用超出这个范围，应该仔细分析以确保被估计的 UMAS 能力确实超出了历史数据的范围。

比较的另一个基础是这一章所描述的两个 CERs，它考虑了飞行时间和最大起飞重量。尽管这些成本驱动因素仅适用于无人机，但当性能和重量成为重要的考虑因素时，它们也可以用于完整性检查。

就本章而言，我们无法提供实际成本与估计成本的比较，以验证我们提出的成本建模方法。原因之一是，数据的专有性质；另一个原因是，缺乏可使用相同的成本元素（即车辆、地面控制站和支持单元）比较 UMAS 成本的精确度。

表 11.19　每个产品分解结构元素所需的估算类型

		推荐型号				
参考#	WBS 元素[4]	硬件（SEER - H）	软件（COCOMO II）	系统工程（COSYSMO）	基于 CER 的权重	基于 CER 的性能
1	小队任务支持系统（SMSS™）					
1.1	通用移动平台车辆					×
1.1.1	车辆集成、装配、测试和交付			×		
1.1.2	船体/框架/本体/驾驶室				×	×
1.1.2.1	主机架结构	×			×	
1.1.2.1.1	框架和船体				×	×
1.1.2.1.2	发动机罩				×	
1.1.2.1.3	甲板面				×	

（续）

参考#	WBS 元素[4]	推荐型号				
		硬件（SEER－H）	软件（COCOMO Ⅱ）	系统工程（COSYSMO）	基于 CER 的权重	基于 CER 的性能
1.1.2.1.4	防滑板				×	
1.1.2.2	电子箱结构				×	
1.1.2.3	前刷护罩				×	
1.1.2.4	后刷护罩				×	
1.1.2.5	前传感器/组件安装				×	×
1.1.2.6	后传感器/组件安装				×	×
1.1.2.7	设备架				×	
1.1.2.8	包装架/尾门				×	
1.1.3	系统生存能力			×		×
1.1.4	炮塔组装		×	×		×
1.1.5	悬架/转向					×
1.1.6	车辆电子		×	×		
1.1.7	动力/传动	×				×
1.1.8	辅助汽车	×		×	×	×
1.1.9	消防					×
1.1.10	军备				×	×
1.1.11	自动弹药处理				×	×
1.1.12	导航和远程驾驶					×
1.1.12.1	导航单元		×		×	
1.1.12.2	机器人子系统		×			×
1.1.12.3	自治子系统		×			×
1.1.13	特殊装备			×		
1.1.14	通信		×		×	×
1.1.15	车辆软件发布		×			
1.1.16	其他车辆子系统			×		
1.2	遥控系统				×	
1.2.1	远程控制系统集成、组装、测试和交付			×		×
1.2.2	地面控制中心子系统			×		
1.2.3	操作员控制单元子系统				×	
1.2.4	远程控制系统软件版本		×			

11.7　UMAS 成本估计的额外事项

11.7.1　测试和评估

许多系统工程和项目管理专家建议在项目的早期阶段进行测试和评估（Test and Evaluation，T&E）的协同规划[2]。类似地，估计这些活动的成本也应该尽早开始。随着预算分配和成本估计，一些针对 UMAS 如何测试的关键考虑事项为分析测试、样机研究、产品抽样、演示和修改[2]。许多研究组织的做法是把重点放在产品开发成本上，当项目进行到测试和评估阶段时，使用剩余的资金。这通常会导致减少测试和推迟进度。

11.7.2　演示

演示是测试和评估的一个不同的表现形式，因为有许多类别或子集来展示产品的能力。最重要的两个演示角度是演示系统集成和全面作战能力。与之相关的成本大不相同，并且也会因 UMAS 的类型而异。在估算 UMAS 系统演示成本时，需要考虑的一些问题：

1）自主水平。

① UMAS 被设计运行在多大的自主水平上？

② 自主水平将如何影响安全性、可靠性以及与其他系统的集成度？

2）系统集成。

① 这些演示是与设计审查一致还是独立的？

② 想要演示的关键系统功能是什么？

③ 只专注于高风险技术，还是展示已开发的概念性解决方案？

3）全面作战能力。

① 谁是你的客户，政府还是企业？这将会对你演示的地点及如何演示产生很大影响。

② 是否需要创建一个作战场景来展示 UMAS 如何集成到预期战场的当前范例？例如，你是否需要进行一次模拟战斗，或者在一个分配站或边境通道创建一个排队等待的队列？

11.8　本章小结

在本章中，我们研究了 UMAS 独特的考虑事项。具体来说，生命周期模型帮助结构成本估算、现有成本估算方法、P－WBS 和参数模型。这引出了一个描述军用无人车辆和估计每单位生命周期成本的一种建设性方法案例研究。最后，我们讨论了评估 UMAS 成本的两个独特考虑事项，即自主水平、测试与评估以及演示，这有可能对 UMAS 进行作战应用的复杂性产生极大的影响。

随着 UMAS 的开发以及部署到作战环境中，我们预计估算其成本的成熟度和准确度都将会相应地提高。目前，依赖于完整的 WBSs 和与历史数据的对比，利用现有参数成本模型可以提供一个可靠的估算过程，可以用来制定实际的产品成本目标。

参 考 文 献

1. Valerdi, R., Merrill, J., and Maloney, P. (2013). "Cost metrics for unmanned aerial vehicles." AIAA 16th Lighter-Than-Air Systems Technology Conference and Balloon Systems Conference, Atlanta, GA.
2. Blanchard, B. and Fabrycky, W. (2010). Systems Engineering and Analysis (5th ed.). Englewood Cliffs, NJ: Prentice-Hall.
3. Hagan, G. (2011, May 4). "Overview of the DoD systems acquisition process." DARPA Webinar. Lecture Conducted from DARPA.
4. Mills, M.E. (2014). Product Work Break Down Structure for SMSS™ provided by Lockheed Martin Missiles and Fire Control.
5. ISO/IEC (2002). ISO/IEC 15288:2002(E). Systems Engineering – System Life Cycle. Geneva, Switzerland: International Organization for Standardization.
6. Spainhower, K. (2003). Life Cycle Framework. Retrieved June 10, 2014, from https://dap.dau.mil/aphome/das/Pages/Default.aspx.
7. Cook, C.R. and Grasner, J.C. (2001). Military Airframe Acquisition Costs: The Effects of Lean Manufacturing. Santa Monica, CA: Project Air Force RAND.
8. Markish, J. (2002). "Valuation Techniques for Commercial Aircraft Program Design," S.M. Thesis, Aeronautics and Astronautics Department, MIT, Cambridge, MA.
9. Martin, R. and Evans, D. (2000). "Reducing Costs in Aircraft: The Metals Affordability Initiative Consortium," JOM, Vol. **52**, Issue 3, pp. 24–28. http://www.tms.org/pubs/journals/JOM/0003/Martin-0003.html.
10. Larson, E.W. (1952). Project Management: The Managerial Process / Erik W. Larson, Clifford F. Gray (5th ed. p. cm). New York: McGraw-Hill.
11. Department of Defense Fiscal Year (FY) 2015 Budget Estimates. (2014a, March 1). Aircraft Procurement, Air Force, Retrieved January 7, 2015, from http://www.saffm.hq.af.mil/shared/media/document/AFD-140310-041.pdf
12. Department of Defense Fiscal Year (FY) 2015 Budget Estimates. (2014b, March 1). Retrieved January 7, 2015, from http://asafm.army.mil/Documents/OfficeDocuments/Budget/budgetmaterials/fy15/pforms//opa34.pdf
13. Department of Defense Fiscal Year (FY) 2015 Budget Estimates. (2014c, March 1). Retrieved January 7, 2015, from http://www.finance.hq.navy.mil/fmb/15pres/OPN_BA_5-7_Book.pdf
14. Department of Defense. (2013). Unmanned Systems Integrated Roadmap FY2013-2038. Washington, DC: Department of Defense.
15. Boehm, B.W. (2000). Software Cost Estimation with Cocomo II. Upper Saddle River, NJ: Prentice Hall.
16. Valerdi, R. (2008). The Constructive Systems Engineering Cost Model (COSYSMO): Quantifying the Costs of Systems Engineering Effort in Complex Systems. Saarbrucken, Germany: VDM Verlag Dr. Muller.
17. SEER-H® Documentation Team: MC, WL, JT, KM. (2014). SEER for Hardware Detailed Reference – User's Manual. El Segundo, CA: Galorath Incorporated.
18. CMMI (2002). Capability Maturity Model Integration – CMMI-SE/SW/IPPD/SS, V1.1. Pittsburg, PA: Carnegie Mellon – Software Engineering Institute.
19. ANSI/EIA (2002). EIA-731.1. Systems Engineering Capability Model. Philadelphia, PA: American National Standards Institute (ANSI)/Electronic Industries Association (EIA).
20. Clark, B.K. (1997). "The Effects of Software Process Maturity on Software Development Effort," Unpublished Dissertation, Computer Science Department, University of Southern California.
21. ISO/IEC (2012). ISO/IEC 15504:2003. Information Technology — Process Assessment, Parts 1–10. Geneva, Switzerland: International Organization for Standardization
22. Cherwonik, J. and Wehrley, A. (2003). Unmanned Aerial Vehicle System Acquisition Cost Research: Estimating Methodology and Database. Washington, DC: The Office of the Deputy Assistant of the Army for Cost and Economics.

第 12 章　无人作战系统的后勤保障技术

12.1　概述

运筹学的重点是优化现实中的工作[1]，它与后勤技术直接相关，同时功能保障系统的组成部分可以用易使用的现代软件进行建模、分析和优化。而无人系统自主能力的发展将引起任务的变化以及任务类型的增加。因此，这些系统的后勤保障也必须适应新技术以及任务集的引入。实际上，无人系统的一些新任务属于后勤保障技术领域。

本章的目的是建立后勤保障问题的模型，讨论因引入无人系统而给特定系统带来的适应性问题，并提出在新保障系统建模时要考虑的领域。

12.2　浅谈无人系统的后勤保障技术

由于原始设备制造商（Original Equipment Manufacturers，OEM）资金充裕，并且设备由已经标准化的现代组件构建，因此当前无人系统能够快速投入应用，但这些系统的保障受到传统后勤保障模式的限制和约束。然而，当前处于研究、开发和原型设计中的无人系统将彻底改变操作场景。任务集（包括后勤任务）也将会被改变和扩展，同时后勤保障框架也需要改进以适应新的任务，而且随后的操作将为新的后勤技术提供更多的良性循环。我们将在本章后面的内容涉及这些变化。

12.2.1　后勤

在私营企业内，后勤是供应链的一部分，其规划、实施、控制商品的高效运输和有效存储（包括服务）、原产地到消费地的相关信息，以达到符合要求的目的[2]。商业后勤在很大程度上取决于盈利的效率[3]，并按照以下部分进行组织[4]：

- 客户服务
- 需求预测
- 库存管理
- 后勤通信
- 物料处理
- 订单处理
- 包装

- 零配件和服务支持
- 工厂和仓库选址
- 采购
- 逆向后勤
- 交通运输
- 仓储

商业后勤研究始于20世纪五六十年代，当时总成本分析和交叉活动管理（整合）的概念被认为是可从组织中获取盈利能力的领域。当然，此前军队已经运行两千年的后勤，但并不一定以盈利为重点。军事后勤的主要挑战是（并始终如此），在严峻的环境和威胁条件下通过扩展的供应链提供支持，以确保野战部队的战斗能力。

一般来说，在军营或和平时期，推动军事后勤的原因与商业后勤类似[3]，其目标都是尽快达到准备状态，同时力求百分之百有效，交易期内准备好供应链消耗品和备件。在野外，普遍认为供应链能力会有所降低，因此目标（有时通过野战部队中的基本后勤，称为“iron mountains”[5]）变为获得尽可能高的可用性（功能最大化），即对供应链实现设备维护，最大限度地减少运营中断和资源分配[6]。因此，私营企业规划并为运营分配资源以获得财务成果，而国防部门则规划和预算以获得运营成果[7]。

军事后勤学说的基础是所有后勤管理人员在其军事训练制度下教授和实践的一套原则。随着这一研究领域的发展，美国，澳大利亚和英国已经形成了非常相似的学说，见表12.1。

表12.1 美国、澳大利亚、英国的军事后勤原则对比

美国国防部	美国陆军	澳大利亚国防部队	澳大利亚陆军	英国国防部
实用性	实用性	实用性	实用性	实用性
经济性	经济性	经济性	经济性	经济性
适应性	适应性	适应性	适应性	敏捷性
响应性	响应性	响应性	响应性	
可生存性	可生存性	可生存性	可生存性	
可持续性	连续性	可持续性	可持续性	
	预见性	先见性	先见性	先见性
		平衡性	平衡性	
	集成性	合作性		合作性
可获性				

值得注意的是，没有商业文本提供民用后勤系统发展、应用和执行的原理或指南的列表。民用后勤系统通过总体管理结构来代替其后勤子组件的功能描述，该结构具有整合活动的功能。然而，军事后勤原理本质上可以很容易地转化为商业后勤

中的原理，“可生存”原则例外。对军队这一点或许是最重要的，因为如果后勤部门被敌人摧毁，那么其余的原则就没有任何意义[8]。然而，生存性通常不是民用部门要考虑的因素，而且认为对手的威胁、分包商和供应商的糟糕表现、法律的改变或社会的压力相对于军事行动而言其影响程度更低。民用部门可以考虑把“持续（商业周期）”作为原则。

20 世纪 80 年代末和 90 年代初，信息技术的发展使设备项目功能的管理人员能够对全生命周期方法进行融合。美国国防部率先应用、英国和澳大利亚迅速跟进的后勤保障一体化（the Integration of a Logistics Support，ILS）项目具有“开发材料和支持策略以优化功能支持，利用现有资源并指导系统工程过程以量化和降低生命周期成本、减少后勤痕迹的集成迭代流程”[9]（后勤需求）的保障策略，使系统更容易获得保障。虽然最初是为了军事目的而发展，但这个流程目前已广泛应用于商业产品支持或客户服务机构。从后勤原则出发，为支持后勤保障体系的功能发展，利用一组 10 个 ILS 要素来设计 ILS 系统。这些要素包括构成后勤功能的“stovepipes”，具体如下：

- 工程支持（或设计界面）
- 维护计划
- 人员（人力）
- 供应（仓储）支持
- 支持和设备测试
- 培训和培训支持
- 技术数据
- 电脑（资源）支援
- 设备
- 包装、处理、储存和运输

为简化后勤的定义，图 12.1 以图形化方式将“后勤”转化为简化的网络图。利用这个网络图建模可从优化系统中获得巨大的成本收益，运营人员已经研究超过 45 年了。

12.2.2　后勤运筹学

基于计算机的离散事件仿真（Discrete－Event Simulation，DES）一直都是后勤和供应链系统分析的工具[10]。在此之前，为了更多地分析系统的简单组成，通过从实际/预测的订单中获取数据，给管理者和决策者提供线性规划或仿真的随机集合，并将其用于战略和操作决策。线性规划虽然是战略和军事后勤管理中使用最广泛的规划工具，但近来已被仿真所取代。最早的仿真是由美国空军项目部门兰德公司于 20 世纪 60 年代开发的后勤综合模型（Logistics Composite Model，L－COM）仿真。例如，L－COM 模型通过网络分析仿真了空军基地的作战和支援功能，其中

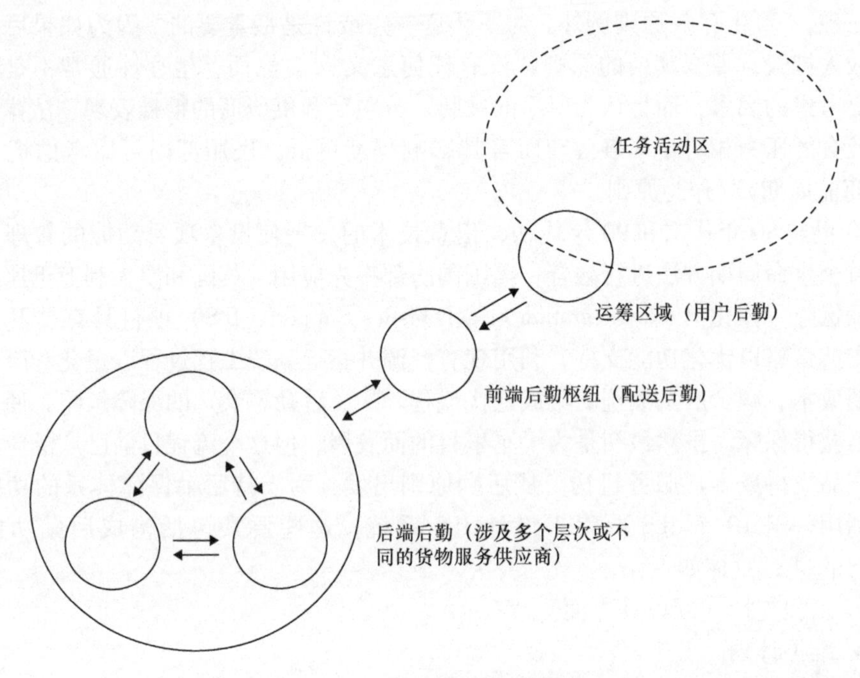

图 12.1 简化的后勤网络图

包括三个主要流程：预处理（转换数据并从飞行程序中生成飞机出动架次要求）；仿真（飞行和基地保障，包括武器装载、加油和故障处理）；后处理（生成报告和统计曲线图）[11]。运行此模型需要由研究团队确定简单、无变化的概率输入，为此他们编写了描述 1500 个日常任务的代码行。针对独立数据收集项目（Project PACER SORT）的模型验证，表明 L－COM 的“广泛验证目标”是令人满意的，并使 L－COM 成为数十年来推进兰德公司模型开发的跳板。

蒙特卡罗仿真是一种用于生成系统模型的技术。最初由 Femi 和 Ulam 于 1930 年将其用于计算中子的特性，蒙特卡罗仿真的基础是产生随机数，并赋值拟合概率分布函数（Probability Distribution Function，PDF）[1]。有一个典型的有关辊压模具例子，Valles－Rosales 和 Fuqua[1] 使用该仿真技术产生从零到一的均匀随机数序列（U（0，1）），并为每个模具分配相同的范围，结果如下：

0.001～0.166：辊压模具 1。

0.167～0.332：辊压模具 2。

0.333～0.498：辊压模具 3。

0.499～0.665：辊压模具 4。

0.666～0.832：辊压模具 5。

0.833～0.999：辊压模具 6。

然后可以通过使用计算机上的伪随机数发生器（a Pseudo－Random Number

Generator，PRNG）来对辊压模具和连续辊压模具的真实情况进行建模。这个简单的例子可以拓展为仿真任何固定范围的均匀随机数，同时也能代替更近似重复非线性结果。以这种方式，可以建立从最简单的辊压模具到最复杂的系统的模型，如核电厂处理等。

随着更廉价、更强大的计算机硬件与软件的出现，系统仿真模型已经发展到允许管理层对包括后勤系统在内的各种策略进行评估和优化。这是通过控制后勤系统变量来完成的，这些变量可以手动输入（类似于 L-COM），也可以通过背景选择和 PDF 编程随机生成。这些进展主要产生于 20 世纪 90 年代，首先是随着制造业中简单的线性处理模型而出现，但同时也面临提高运营效率的压力[12]，随后在“物料搬运系统、土木工程、汽车工业、交通运输、健康、军事、服务业、通信和计算机系统、活动安排、人员配置、业务流程重组和人员系统管理等”行业得到发展。现在有数十种商业软件（Commercially Available Software，CAS）产品可供选择。Da Silva 和 Botter[12]已经提出了一种帮助管理人员从数十种可用的产品中选择其中一种产品的方法。

在系统仿真领域，DES 将系统运行作为时间上的离散事件序列进行建模，其中状态变量仅在事件发生的那些离散点处变化。由于活动时间和延迟，每个事件都发生在特定时刻，并且标志着系统状态的变化。个体可能竞争系统资源，并在等待可用资源时加入队列。活动和延迟时间可能会使个体“保持”一段时间。DES 每一个输出都是时间的函数，其完全适用于后勤系统分析。DES 模型通过仿真时间的推移而推移（“运行”）这一机理实现[13]。

计算机建模通常分为以下四类：平面模型；仓库模型（内部和外部）；网络模型；离散模型[4]。然而，因为现代离散事件模拟器能够把服务属性、成本数据、多区域网络（几乎无限的）结合起来，所以离散模型受到青睐，因为它们可以实现 Stock 和 Lambert[4]中所有的旧模型。现在有许多使用图形界面或视觉交互建模系统（Visual Interactive Modeling Systems，VIMS）的仿真程序[14]可以使用，其甚至可以在系统建模中协助一个未经训练的模型师[1]。VIMS 程序包括 ProModel、Simu18、Arena 和 ExtendSim 等。

当代软件包的内核依赖于 DES 在后勤系统建模中的应用：“一种提供商品或服务的资源配置组合”[15]。该定义确定了后勤系统的四个具体功能：制造；运输；供应；服务（前面讨论过的构成“后勤”的四个要素）。基于计算机的 DES 通过提供动态成本参数和策略[16]以及利用压缩时间[17]，从而增强了人们对后勤和供应链系统的理解。因为基础设施配置的网络和连接特性以及产生相对可量化数据的能力，所以后勤系统适合仿真。此外，后勤系统的规模、复杂性、随机性、研究所需的数据细节以及系统组成部分间的关系，使仿真成为研究后勤系统的一种合适的建模方法[10]。

随机模型精度的关键在于选择正确的统计分布，以近似每个模块的行为，反映真实世界中的变化。需要注意模型是概率性的，并且取决于所建立的“真实世界”模型的精度。统计分布的选择取决于所收集的数据的类型和范围、必要的细节和已知的假设[18]。在后勤系统建模中使用的典型统计分布包括贝塔分布（装运项）、指数分布［电气元件/系统故障间隔时间（Time Between Failure，TBF）或修复时间（Time To Repair，TTR）］、正态分布（自然原因事件的钟形曲线）、对数分布（增长模型，特别是特殊情况下发挥重要作用的情况）、均匀分布（活动持续时间）和韦伯分布（机械部件/系统 TBF 或 TTR）。Krahl 等[18]和 O'Connor[19]给出了如何选择统计分布的建议，同时可用软件协助把数据拟合到分布中。

当前系统的模型应用已知的实例和数据集进行测试、核实和验证，然后应用操作人员研究的优化技术进行优化[4]。然而，对尚不存在的系统进行建模或对于系统将来的大规模变化时，由于建模者不了解真实系统的细节，难以执行离散事件模型的验证和确认[20]。因此，一种公认的方法是对当前（或有代表性的）系统进行建模，根据从当前系统获得的数据对该模型进行验证和确认，然后基于同样的数据、统计分布函数修改将来的模型，建立验证当前模型的准则。为了解决这种“启发式”模型验证和模型核实的误差，Manuj 等[10]提出了模型验证的八步仿真模型开发流程（the Simulation Model Development Process，SMDP），用于后勤和供应链仿真模型的设计、实现和评估。SMDP 还确定了每个步骤的严格标准。进一步的研究也已开展，如文献［21］应用通用验证方法（Generic Methodologies for Verification and Validation，GM－VV）来指导模型验证和核实。这种方法在设计中有助于新模型的仿真和认可。

优化是分析现有的和发展中的后勤支持系统最重要的方法，同时在保障新功能的后勤支持系统的开发中更是如此。事实上，影响产品后勤保障的大多数决策在产品制造之前都起了很好的作用[22]。这些决策是在可靠性、可维护性和可用性等性能指标中设计、制造和权衡成本的结果，接下来又影响到有关后勤系统框架的决策。Chapman[23]指出，产品设计和开发期间，初期所做的决策（设计和支持）将决定总生命周期成本的 80%。这些成本取决于经营理念和产品生命类型的长度，将是采购成本的 2～5 倍。

必须有结构化的方法来确定仿真优化中仿真模型的最优输入参数以改进系统。优化方法必须有效且鲁棒地计算对不同输入因子的系统性能，优化方法可以是定量的（数值）或定性的（结构）[24]。在后勤系统模型中，优化的目标是提高保障模块的效率，以增加被保障系统的利用率。

典型的优化包括两个阶段：搜索阶段和迭代阶段。优化技术可以分成支持这些阶段的两个通用组。首先是搜索方法，它对不同点处的仿真进行评估并应用不同的规则来找到最优值。第二是基于梯度的方法，该方法中模型运行时的梯度信息被用于找到最优值。

搜索方法最适合主要是离散输入参数的模型，也就是说，参数仅采用有限的一组值。搜索方法包括完全枚举法、启发式搜索法、响应曲面法、模式搜索法和随机搜索法。基于梯度的方法通过仿真来寻找梯度值，接下来将梯度值用于加快最优搜索。梯度估计技术包括有限差分法、最速下降法、元建模法、频域法、模拟退火法、梯度面法、摄动分析法和似然比法。

目前，DES 软件提供了许多优化程序，可在图形用户界面程序中作为优化模块的插件来使用。这些程序应用启发式方法重置输入参数来寻求改进系统的性能。优化程序应用所选参数的不同值多次运行模型，搜索解空间直到找到可行解，然后将优化后的参数输入模型[18]。

在后勤系统组成和学术文献中的相关优化实例，包括设施选址和路径规划[26]、资源维护[27,28]，两栖作战保障[29]、备用组件、供应链[30,31]以及空运规划[32,33]，提供了鲁棒数学、分布拟合、验证核实、灵敏度分析与优化技术。

12.2.3　无人系统

将无人系统置于图 12.1 中的“任务/活动/任务区域”运行环境，在简单的现代设置中不会带来改变。之前承担任务的载人设备已替换为无人设备以替代或增加由人来执行的任务。然而，无人机仍然依赖于人的操作。在不久的将来，当无人系统的技术和性能开始扩展任务的距离、持续性和范围时，两者的差异就会表现出来：作用距离从电子视距到卫星洲际范围；飞行持续时间从燃油箱容量的限制到氢燃料/混合动力/太阳能 - 电力推进系统等动力设备几天/几周/几个月的持续时间；作用和任务范围随着传感器系统的自主性，安装在平台上的有效载荷以及克服各种伦理挑战能力的增强而改变。

当前，无人系统定义如下：

• 无人航空系统（Unmanned Aircraft System，UAS）的组成包括必需的设备、网络和无人机控制人员[34]。系统边界包括用于发射、回收和控制［通常称为地面控制站（Ground Control Station，GCS）］飞行器的地面段。本章中无人航空系统与无人机（Unmanned Aerial Vehicle，UAV）、遥控航空器（Remotely Piloted Aircraft，RPA）、遥控航空系统（Remotely Piloted Aircraft System，RPAS）和遥控飞行器（Remotely Piloted Vehicle，RPV）可互换。UASs 通常按照大小和重量分成五类，纳米/微米 UAS 和无人战斗机（Unmanned Combat Air Vehicles，UCAVs）不在这五类中[35,36]。

• 无人地面系统（Unmanned Ground Systems，UGS）是一个带有动力的物理系统，其平台上没有（可选）操作人员，可以远程完成所分配的任务[36]。UGSs 可以是移动的或固定的，并且包括所有相关的支持组件，例如操作员控制单元（Operator Control Uuits，OCUs）。

• 无人海事系统（Unmanned Maritime System，UMS）由水面无人航行器（Unmanned Surface Vehicles，USVs）、水下无人航行器（Unmanned Undersea Vehicles，

UUVs)，所有必需的支持部件、全集成传感器、完成所需任务的有效载荷[36]组成。UUVs 分为两类：线控远程操作航行器（Remotely Operated Vehicles，ROVs）和非线控自主航行器［又称为自主水下航行器（Autonomous Underwater Vehicles，AUVs)］。

然而，注意到技术的维度交叉越来越多［自动驾驶仪、自主控制系统和人工智能（Artificial Intelligence，AI）网络在所有三个维度上都可以转移］，在军事背景下，随着“军种联合”的持续发展，许多人正在采用更通用的术语“无人系统”，其最常用的缩写是“UxS”。尤其值得注意的是，美国海军陆战队（United States Marine Corps，USMC）这样的机构在所有的三个领域中都有运行无人系统，澳大利亚这类国防力量规模比较小的国家也都有运行无人系统。更进一步的证据表明，无人技术机构承认在其专有设计、操作和维护方面无人系统的跨领域性质。

有人 - 无人编组（Manned - Unmanned Teaming，MUM - T）是无人系统在地面上为第三方提供服务的一个概念，由军方首先使用（MUM - T 假装提供监视图像或目标检控），其正在扩大实用性，在未来，所有领域的无人系统将向第三方提供产品/服务。研发团队也大量在混合无人驾驶功能上进行投资，如 UUV 发射 UAS，USV 发射 UAS（Riverwatch Nacra 无人双体船发射和回收 VirtualBotix R Brain 4 六旋翼直升机）及 UAS 空投 UUV 和 UGS。

本书的许多章节涉及无人系统可承担的任务范围、续航时间和任务，但有必要对其中一些内容进行重申。其中一个很好的参考文献是美国国防部无人系统综合路线图 FY2013 - 2038[36]，其中清楚阐述了对未来 25 年所有领域 UxS 的展望。相关要点在表 12.2 中予以总结。

表 12.2　美国国防部任务扩展考虑因素[36]

UAS	纳米型侦察
	微小型侦察
	2/3/4 组垂直起降（Vertical Take Off and Landing，VTOL）监视/小批量打击
	3/4 组 VTOL 再补给
	3/4 组 VTOL 伤员后送
	联合攻击战斗机（Joint Strike Fighter，JSF）机器人僚机
	渗透攻击机（UCAV）
	战略轰炸机（无人 B - 52/B - 1/B - 2）
UGS	爆炸性武器机器人
	区域探测和清除系统（扫雷/清除）车辆
	小队设备运输车辆/机器人
	小队机器人僚机
	自主车队
	超轻型侦察/纳米/微型机器人

（续）

UMS	水面巡逻艇（无人监视和港口/沿岸支援）
	海道测绘（无人海道测绘/传感）
	水下战场空间传感器（移动声音监测网）
	水下战场空间清除（水面和水下排雷）
	大型排水量潜水器（无人潜艇）

由于人类的承受力越来越低，作为无人系统中要考虑的设计因素，特别是随着自主性和人工智能的持续发展，无人系统软件/硬件的可用性成为支持这些能力的关键性能指标。在军事意义上，必须始终最大化无人系统的可用性（目的是100%准备承担军事任务），对于公共/私营部门的无人系统，可用性在预定的时间和地点必须达到100%，这就带来一个问题，支持这些系统会面临什么样的挑战?

12.3　无人系统后勤保障的挑战

无人系统后勤保障面临两组与时间近似性相关的挑战：即时挑战和未来挑战。

12.3.1　即时挑战

第一代投入使用的无人系统跨越了其发展的前90年，主要集中在向作战人员提供即时、快速的运送能力。其例子从第一次世界大战开发的柯蒂斯－斯佩里空投鱼雷（Curtiss－Sperry Aerial Torpedo）和查尔斯－凯特灵空投鱼雷（Curtiss－Sperry Aerial Torpedo），第二次世界大战的洲际DR－2轰炸者（Interstate DR－2 World War II bomber），Ryan BQM－34火蜂（firebee），越南Gyrodyne QH－50 DASH，以色列武装部队应对20世纪六七十年代冲突的IAI Scout，到第一架在科索沃飞行的RQ－1捕食者（Predator）[38,39]。因为需要快速开发和实现这些初步功能，所以往往在研发周期后期才有长期可持续的规划[36]，或者直到系统即将过时并被取代的情况下都没有这种规划。

管理人员发现自身面临许多即时后勤保障的挑战，这些挑战来自于全球反恐战争（Global War On Terror，GWOT）的快速发展以及技术、小批量生产（Low Rate Initial Production，LRIP）、研发的投入。在维持快速发展/截获系统中，很明显，系统的保障条款、有限可靠性、可用性、可维护性（Reliability，Availability，Maintainability，RAM）或知识产权（Intellectual Property，IP）数据由OEM独占，从而使从OEM取回保障所有权以及难于管理和维持的多配置基准成为可能。

这些系统/服务的新买家经常发现如果他们希望对后勤保障系统拥有更大的所有权的话，自己将面临与OEM订立大额后勤保障合同的决定，或者面临投资大量（不可承受的）间接费用的决定。

12.3.2 未来挑战

上述 GWOT 原有的后勤挑战将因财务压力而被迫改变——它们太贵了！

目前，军队中的设备规模很大，但随着技术和无人作战系统任务的发展，尤其是投资的一大群微型系统的研究如果取得成功，设备规模还将继续扩大，无人系统的所有者无法接受目前规划糟糕的后勤保障现状，特别是当他们的设备或他们加入的设备继续在全球扩张时。无论是给美军这样全球部署的军队提供大型保障系统，还是给像 Insitu Scan Eagle 这样拥有灵活载荷平台的中小型企业接入全球网络提供保障，距离的阻隔仍然是对保障系统的挑战。但是，挑战也给全球供应链/分销带来发展和机遇，可以对零件 3D 打印等进行建模来抵消或减轻这些挑战。

12.4 分析和研究后勤保障系统挑战的分类

尽管无人系统的规模、作用、领域和任务各不相同，但说到后勤保障分析及其面临的挑战，未来可将其分为三个组（表 12.3）。

表 12.3 为分析后勤系统而对无人系统进行分组

	UAS	UGS	UMS
A 组	纳米/微小/迷你 1 组	有人便携式系统	机器人/绳系
B 组	2/3/4 组 UCAV	有人便携式系统	
C 组	5 组 ULE/ULR	车辆综合系统	无绳系

12.4.1 A 组 - 后勤保障无变化

在要讨论的第一组 UxS 中，我们有供单人和小型团队使用的设备。该组的特点是便携性，运营商使用（或不使用）所携带的备件和消耗品进行前端维护，以及相对较低的前期成本（有时被称为“丢弃”）经常导致“更换性维修”。具体来说：

- UAS：Nano / micro / mini 和 Tier 1 系统。目前军事上的例子包括英军使用的 Prox Dynamics 黑黄蜂纳米无人直升机，以及美军使用的 AeroVironance 黄蜂和小型 Raven 无人机，同时也为世界上许多其他国家的军事/准军事人员所使用。这些系统的花费大约在 1 万美元到 10 万美元之间，但许多商业系统如 Parrot AR. Drone 在互联网上以 100 美元出售给遥控飞机爱好者、摄影师、电影和体育行业。由于系统和零件成本比较低，新兴企业、中小企业和大学对这些领域的研发工作有很大的贡献。许多公司狂热追求的一个商业应用是 UAS 配送（通过 Paketkopter 配送 DHL 和微型无人机包裹、Amazon 书籍和配送除颤器的“急救无人机”）。这项工作未来将会产生将现有设备进一步小型化的技术（easyJet 正在测试携带小型激光扫描仪进行飞机检查任务的六旋翼直升机），由于电源技术的发展而增加了续航时间（AeroVironment Puma AE 已经在低温液体氢燃料电池下飞行了 48h，LaserMotive 已经应用地面激光功率束保持机载的洛克希德马丁潜行者飞行了 48h 以上），AI 在设备的指挥和控制上的应用，在实际机群上发挥了更大的作用。

- UGS：人工便携式系统。目前军事、准军事和紧急服务上用于探测的无人值守地面传感器（UGS），有应用运动、红外或地震报警器如 ARA eUGS 或者 Textron 系统微观测器，用于监视高价值设备的战术持续监视系统（cameras on sticks），还有支持输入操作的灾难机器人（Remotec ANDROS Wolverine）和“throwbots”机器人（ReconRobotics Throwbot、QinetiQ Dragon Runner 和 iRobot FirstLook）。这类还包括家用机器人（吸尘器和割草机）。尽管已经对 UGS 应用于野生动植物监测进行了测试，并且过去十年中对灾害机器人在灾区进行协助的需求越来越多，但这些工具中尚未有大型或新兴的民用工业[37]。为了保障持续的军事/准军事市场，利用无人系统领域内正在开展的同样的研发工作，未来的系统将继续小型化并且运行更长时间。

未来，这些技术的应用将是广泛的，可能扩展到从房地产到旅游业、电影业、搜救、野生动物保护、资源公司、公共事业单位，当然，还有军事。

虽然这些小型 UxS 的应用领域将继续扩展，但其特点和性质导致后勤保障方法不能改变。由于设备由单人或远程工作的小型团体携带，同时还需要持续在操作地点承担所有保障活动，电池充电、耗材补给、小型维修及更换必须由设备/单人/小组随身携带的物品进行，并且只能由更大的集散地、仓库、货站和运营中心完成补充。该集散地/仓库/货站/运营中心的保障处理方式与 B 组系统相同。

12.4.2　B 组 - 无人系统替代有人系统及其后勤保障框架

B 组设备在过去十年中一直是 UxS 获得投资的最大领域，其中大部分都是保障 GWOT 的结果。在这种情况下，无人系统已被用于镇压叛乱，以消除战斗人员危险并用无人设备（不是真正的无人驾驶，而是在安全距离远程操作）取代战斗人员。极端情况下，在阿富汗的无人系统任务受设在美国和英国的基地指挥和控制。例子如下：

- UAS：包括第 2 ~4 组的 UAS 和 UCAV，目前，这类系统有 Insitu ScanEagle 和 AeroVironment RQ - 20 Puma（第二组），Insitu RQ - 21 Blackjack（Integrator）和 AAI Corp RQ - 7 Shadow 200（第三组），Elbit Hermes 450、Thales IAI Watchkeeper 450、IAI Heron、Northrop Grumman MQ - 8B Fire Scout、GA - ASI MQ - 1 Predator 和 MQ - 9 Reaper（第四组），Northrop Grumman X - 47B UCLASS。未来，像第 2 ~4 组这样的旋翼无人系统（Schiebel Camcopter、Boeing A160 Hummingbird、Kaman K - MAX、Northrop Grumman MQ - 8C Fire Scout）的设计将有效稳定足以投入使用，它可以提供比当前系统多得多的战术发射和回收地点。旋翼机平台不仅将接管监视任

务，而且还将扩大任务范围，包括无人空中补给和医疗疏散（过去三年已在阿富汗进行了测试）。由于推进效率和电子产品可靠性的提高，第四组长航时（Long Endurance，LE）系统将进入超长寿命（the Ultra Long Endurance，ULE）分类（目前航时为 12～30h）。UCAV 系统将崭露头角成为有人作战平台（UCLASS、BAE Taranis、EADS Barracuda、Dassault nEUROn）的补充或替身。未来商业化的另一个领域是军事或商业的航空货运部门，如没有乘务员的 747、777、A380、C－5、C－17等能以 5～20h 的时间跨越全球运输货物。

• UGS：人工便携式系统，只能单独由人移动和安放，但需要车辆将设备从一个操作现场运送到另一个操作现场。目前的例子包括有人/无人值守的地面监视雷达（Ground Surveillance Radars，GSR），如用于阿富汗（罗克韦尔柯林斯持续巡逻监视系统、诺斯罗普·格鲁曼 ExTASS）前沿作战基地（forward operating base，FOB）和长期巡逻停机保护，军事/准军事部队用于处理炸弹和简易爆炸装置（Improvised Explosive Device，IED）威胁的未爆炸药机器人（Unexploded Ordnance，UXO）（如 iRobot PackBot 和 QinetiQ TALON）。未来，如雷达之类的系统将会有所小型化，但是所需电源仍然使设备看起来和现在一样。由于高等院校和其他机器人市场供应商（医药、空间等）的努力，目前利用人来远程操作机器人武器并提供导航引导的设备将获得重大进展，因为 AI 接管了机器人的引导和操作，这些进展应该使人们远离这些系统的运行。

• UMS：从母舰运行的机器人/系绳系统。目前的例子包括数据链接的系绳系统，如 Saab Double Eagle、Seaeye Falcon 和 Leopard。由于水下操作特性对数据链路的限制，预计该领域不会有太大改变。AI 的发展使其中的一些系统可以切断其链接并上升到第三组的自主运行系统中，使他们走得更长远/更深入（如果部件技术指示/允许）。

在 GWOT 之前，政府机构获得了设备、配套技术（在许多情况下，军方提供了研发资金以满足系统的性能指标，并且拥有所有或大部分的知识产权）、初始备件和培训，并将其提供给政府机构中的运营部门。政府的责任和处理决定了这需要很长的时间来完成，时间通常以年来衡量。例如英国国防部 Phoenix UAS 计划和美国国防部 RQ－2Pioneer UAS 计划。

然而，GWOT 在过去十年中启动了对这些比较新的系统新的快速发展，其所定义的快速部署和螺旋式开发周期的政府采购未能与现行做法相匹配。这导致政府需要将大部分保障任务外包给 OEM 或 OEM 的分包商。可以看出，民间的运营单有所增加。例如，在伊拉克已经有 RQ－7B Shadow 200 无人机由政府所有承包商运营（Government－Owned，Contractor－Operated，GOCO）（约 20 个承包商），所有的无人机（包括军用和 GOCO）均由民用承包商 Field 现场服务代表（Field Service Representatives，FSRs）保障。Shadow 200 无人机的前期维修，包括后续运营团队的仓储和维护也位于阿富汗。另一个例子是美国空军在阿富汗的 MQ－1 捕食者无人机，其由不到 10 个美国空军维修人员提供保障，并由约 20 个所在战区的分包商维护人员进行补充。

在战争环境下，这组无人系统运营一个保障系统，军队在战术地点运行所有的或几乎所有的保障操作。其中一个小的例外是从 OEM 的运营单元嵌入到 FSR 以便在运营地点提供深入的工程/技术支持。然而，民间承包商的存在只是对传统保障框架的一种虚假改变，因为如果不是为了快速地将设备投入应用，民间承包商正在承担的是军事人员通常承担的作用。然而，早在亚历山大大帝时期军队就一直在使用民间服务提供商。尽管如此，应用 OEM 和 OEM 分包的后勤保障框架服务还是有优势的，因此目前 B 组的后勤保障框架分为两类：

- 机构（传统）——由运营商的后勤组织运营。
- 承包商后勤保障（Contractor Logistic Support，CLS）——OEM（通常）与运营商签约，通过私人方式（私人仓储、运输和维护）提供后勤保障。

从运筹学的角度来看，这两类保障框架可以很容易地进行互相的对比分析。这是因为它们本质上使用完全相同的过程和离散事件进行建模。而离散事件建模可以轻松地插入不同的时间、比率（使用、故障等），更重要的是，实现系统支持的成本仿真结果可由运营和业务决策者相互权衡。

目前的报告和媒体中有一些例子讨论并给出了这些不同保障框架的相对有效性，这些支持框架还在被修改以实现未来的保障效率的目标。这些新的关键性能指标已经在理论上（通过运营研究和建模）从过去十年的结果中得到优化，其中包括：

- 美国空军 MQ－1/9 捕食者/收割者部队培训美国空军维修人员接管 FSR 维护任务以减少对 FSR 的依赖（和成本）。
- 美国陆军 RQ－7B Shadow 200 部队（和其他国外运营机构）培训陆军维修人员接管 FSR 维护任务以减少对 FSR 的依赖（和成本）。
- 美国陆军（FAA/美国陆军航空条例）将设计验收要求纳入到将来的修订/升级中，以确保航空工程的合规性和系统的可支持性。
- 美国海军要求遵守 MQ－4C Triton 的设计规定，这与美国空军 RQ－4A/B 全球鹰的部署经验形成鲜明对比。

由于 GWOT 获得的 UAS/UGS 的数量，B 组很明显地构成了针对当前和即时后勤保障系统的最大挑战。适应这些挑战的后勤保障系统将是未来系统保障框架设计师的宝贵学习经验。

12.4.3　C 组－无人系统后勤技术的重大变化

目前为止最有趣的性能，从后勤保障的角度来看，C 组设备是最高级别的研发和资助的对象。例子如下：

- UAS：包括第 5 组 UAS 和发展中的超长续航时间/航程（Ultra－Long Endurance/Range，ULE/R）系统（目前特征是具有轻量化结构的飞机），例如诺斯罗普公司的全球鹰（第五组－商用喷气机和小型宽体客机）和太阳能电力驱动的QinetiQ Zephyr和Titan Solara。未来，由混合动力推进的第5组（Boeing Phantom Eye）无人系统将是高效而稳定的，足以投入到应用中，航程和续航时间大幅度增加，这将推动这类无人系统进入到ULE/R类别。ULE/R的另一个例子将是平流层地球同步飞艇，如Thales Alenia Space StratoBus。

• UGS：应用于军事和商用车队的底盘和动力装置的车辆综合系统，包括机器步兵、四轮摩托车和中小型货车。目前的军用例子包括巡逻时携带重型装备的步兵巡逻支援车，如Lockheed Martin MULE、SMSS以及General Dynamics MUTT；用于基地/设施周边巡逻的哨兵机器人，如NREC Gladiator、LSA Autonomy RAP、Northrop Grumman CaMEL和HDT Protector；在美国陆军机器人大会上展示的机器人车队（2009年、2010年、2012年和2013年），包括Lockheed Martin AMAS。当然，民用汽车部门也投资汽车无人驾驶技术，并在年度无人驾驶汽车峰会上进行演示，例如谷歌自动驾驶汽车（这是一个能够安装在当代车辆上的工具），许多其他制造商也在追逐这些概念。将来，这些系统将会成熟并通过技术验证投入应用或商业化。我们将见证汽车可以在没有驾驶员的情况下行驶1000km（基于当前发动机的续驶时间）以上，或只有一两个操作员驾驶的车队。机器步兵也是UGS的一个应用，它很可能在未来成熟，如DARPA的ATLAS机器步兵可能伴随有人步兵行动。

• UMS：已经有原型并初步应用的远离船舶、独立在港口内或沿海岸线运行的自主系统。当前水下UMS例子包括使用浮力（“滑翔机”）的长距离非系绳水文科学数据捕获系统，如Slocum Glider（单个任务中可续航3个月或1800km）；LE电池系统，如Bluefin－21（2014年用于马航370航班搜索）、Kongsberg Remus100、600和6000（2010年用于法航447航班搜索）以及WHOI Nereus。水上UMS例子包括港口巡逻系统，如Textron CUSV、aerRobotix CatOne和丹麦海军的水雷对抗任务mine hunters及sweepers（100t排水船）。由于这些操作的性质决定了数据收集和航程的限制，因此系统应用领域预期不会发生太大变化。然而，数据链或推进系统的改进可能会扩大航程，也就是说，上面这些系统的工作会更长、更深入，海港巡逻的范围可能会扩大到海岸线的巡逻。此外，海上货运船舶远程/自主技术的应用范围也会扩大，使海上货运船在6～10周内就可以在不同的大陆间运送货物。

目前，在军事和民用方面，因为这些空中系统仍然在测试和初始阶段，所以目前正在按照B组的方式进行后勤保障。由于目前的续航时间限制（Global Hawk发动机目前可持续运行33h）或运营限制［由于运营基础设施限制（全球鹰）或由于测试要求（测试者/开发人员的小团队需要在一个地方，如Zephyr的续航时间记录（14天）和UAE概念证明），系统通常会返回到它们启动的同一个地方］。

UGS如果在未来保持与载人车辆设计和保障的相似性，则不应显著地改变后勤保障的结构，因为车辆服务中心的结构和位置将基本保持不变。如果未来的

UGS使用独特的燃油系统（例如将UAS燃油系统应用到UGS空间以增加续航时间）或者需要在非常偏远的地方进行维修，则需要更改后勤保障结构。在这种情况下，应该使用C组后勤保障模型来进行分析，但是，它也许只证明UGS车辆必须按照目前的保障原则被调整到服务中心。

然而，对于UAS或无人水下系统（Unmanned Undersea Sytems，UUS），将来需要一个本质上是全球性的后勤保障框架。可以想象，全球鹰或Zephyr在一个飞行架次中从一个大陆起飞，需要飞行几天、几周甚至几个月的时间，并且在另一个大陆降落或维护。UUS也可能从一个港口出发去执行一个持续数月的收集或巡逻任务，并在另一个港口结束任务或与另一个海域中的保障船会合。这也应用于海运船舶的远程/自主航行。

尽管这些概念的实施尚未完成，但美国海军在运营和保障其Global Hawk（Triton）战队时已经开发了一个保障模型。在这个模型中，Triton的五个中心可以同时覆盖地球海洋表面的很大一部分，并且可以通过中心之间的飞行走廊来保障在各个地点之间飞行的飞机。在每个中心，供应和维护的后勤节点位置可以被确定，并对这些飞机的运行续航时间进行日常保障。然而，如果将未来的Global Hawk/Triton（或后续系统），现在配备了ULE/R推进系统，留空一个星期或一个月，那么资源是无效的，而且在每个节点保持保障团队的成本很高。

C组是改变功能和后勤保障的真正挑战。下面将讨论调整后勤保障框架以说明这些任务和涉及的技术进展的一些方法。

12.5　进一步的考虑

在某些其他类型军事系统上对后勤保障系统建模的好处之一是，当受到一组鲁棒近似和合理分布的约束时，后勤系统的几乎所有组件都可以随机地建模得到定量的结果，为此，对任何未来的无人驾驶系统的后勤、成本、运营效率和效益都可以建模。要考虑的因素包括：

- FIFO维护：对于ULE UAS，当每个ULE飞机返回其中心进行补给时，单一的维护团队会用自身喷气式飞机在全球节点来回跳转而开展飞入/飞出（Fly－In/Fly－Out，FIFO）服务吗？启发式方法告诉我们，这将比在全球各地的节点/中心上设置五个（如美国海军Global Hawk/Triton）永久性维护团队更划算。
- 军事或民用维护人员：考虑到维护中心（通常是主要的航空公司或后勤基地）所提供的安全性，这些维护团队是军人还是平民？如果不考虑安全风险，使用OEM和OEM分包的后勤保障框架服务是有好处的。
- 集中维护：对于超长距离（Ultra－Long Range，ULR）的UAS，新系统是否要利用全球飞行走廊在用户国家的单一中心运营，飞到世界上有需要的任何地方再返回单一中心进行补给？这可能违反了在运输线路上“浪费”时间的现代逻辑，但是当你有数十天的时间可用，且权衡全球预定位或全球定位维护团队/备件时，运输成本可能是一个很好的投资。

• 合并交易：UxS 在其控制系统数据链路和机电元件中共享跨领域技术。随着元件可靠性和安全性数量级的增加，还需要像之前飞机/航空电子机械师仅在 UAS 上起作用、地面机械师仅在 UGS 上起作用、海洋机械师仅在 UMS 上起作用这样在维修人员中进行行业分工吗？元件部分和控制系统的共同点表明，所有 UxS 的维护可以由组合的机器人技术员进行。一个例外是内燃机/发电厂，因为这些大型子系统，目前采用活塞和涡轮风扇技术，需要除了钳工/电工/电子/光学/计算机（也就是机器人技术员）以外的发动机力学方面的专业技能。在工作人员集中的节点/中心，机器人技术员团队可以维护所有的 UxS，效率很显著。

• 维护机器人：节点/中心是否需要技术人员？维护机器人首先在空间、医疗和汽车行业中应用，人们可以看见正在远程进行的节点/中心维护工作，有资质的技术人员在后台，通过视频流数据链路指示助理或设备操作人员（像目前在一些高度专业化的外科手术中所做的"远程医疗"）。此外，技术人员可以使用类似于工业机器人或工业操纵器的维护夹具来控制机库/车间地板上的维护无人机/机器人[37]。该维修无人机/机器人甚至可以完全编程，并且人工智能可以自主进行大部分的维护操作，如果故障诊断超出其编程手段时，才会返回给技术人员。这种"机器人"或"远程"维护将通过驻留在设备本身内部的内置测试/诊断来实现。

• 预期备件订购：内置的测试/诊断功能可以预备备件。想象一下，UxS 已就位了几个星期，然后检测到系统恶化的情况。其数据链路可以使平台能够自我诊断、识别和订购该组件以缩短交付时间，并在完成任务返回到节点/中心时等待维护服务。

• 分销：通过应用成本分析，现代后勤认为第三方后勤经销商提供的服务是有利可图的。如 FedEx 和 DHL 把运送个人物品全部外包给像 Linfox 和 Toll 这样的公司以及他们的汽车/铁路运输。无人技术可以进一步扩展。无人货车可以连续运行而不用关心驾驶员的休息时间，从而产生更高的效率。当去掉操作人员时，无人货船和飞机可以提高成本效益。在分销的末端，可以利用小型 UAS 将包裹直接从分销中心运送到门口，所以 FedEx 和 DHL 的快递员也可以省掉。这些概念和技术很容易应用于民用或军事后勤系统，而且很容易进行建模以优化投资效益。

• 技术支持网络：如果客户通过全球数据技术支持网络分享其经验，难题诊断处理将变得更加容易。可以通过上传和分享他们的报告来创建经验数据库并返回：辛普森沙漠中运营的澳大利亚维修团队解决由环境诱发的故障的经验可以与在莫哈韦沙漠中运营的美国维护人员共享，以缩短诊断和随后的修理时间。

• 组织备件制造：3D 打印/制造技术在持续进步，由于其小型化，更容易买得起。这样可以大大减少节点/中心货架上的备件数量，而不需要在节点/中心现场制造组件。这些技术将使“即时后勤”一词真正有意义。最低限度，这项技术应该为车队经理节省大量成本，因为他们不需要为这些组件而付钱给制造商，而是在需要时有组织地制造。当然，在采购阶段，这需要来自设备制造商的知识产权或工程支持。

- EA/SD/TR：因为新技术被很快地利用和实施，其中许多技术是无人系统技术，GWOT 在盟军内出台了新的采购方法。美国国防部应用渐进式采办（Evolutionary Acquisition，EA）作为防御系统开发的流程，其中系统作为单个采办程序的一部分分阶段开发。由于技术成熟度和可靠性的提高，不同阶段可以增加额外的硬件和软件功能并改善性能[40]。这些阶段由 Farkas 和 Thurston[41]所定义的“螺旋式开发方法”（Spiral Development，SD）实现，作为识别所需功能的过程，但在程序启动时尚未知道最终状态的要求。这些要求通过示范和风险管理进行完善，有持续的用户反馈，并且每个增加的要求为用户提供尽可能最好的功能。与 SD 并行的是技术更新（Technology Refresh，TR）。TR 是一种保持设备尽可能“突出”的支持方法，避免了元件过时：在更大型的系统中，TR 涉及定期更换商业产品（Commercial Off - The - Shelf，COTS）和军用产品（Military Off - The - Shelf，MOTS）组件，如处理器、显示器、计算机操作系统和 CAS 等，以确保该系统在无限期的使用寿命中具有持续可支持性[42]。TR 已经在 EA 中采用［例如，联合攻击战斗机（Joint Strike Fighter，JSF）计划］以确认计算/处理器的快速报废，并从工程角度支持开放系统架构（独立于供应商）的基本设计要求（非专有系统和组件）。

所有这三种策略都可以被仿真，基本上仅改变升级系统的时间，然而每种策略都有自身的问题。第一个问题有关后勤保障的承包：不同的计划批次、模块或难以远程保障的配置[43]。第二个问题可以描述为多部分配置的复合效应：如果 SD/TR 仅部分应用于车队，后勤保障会变得非常低效。考虑设备车队的下一个 SD，并且预算只能对一半的车队进行升级：用户明确要求增强的性能，同意修改车队规模到原来的一半，导致现在车队中有两个配置基线［后勤保障中（可能）备件数量加倍，维护手册页数翻倍，备件购买力减半］。下一个 SD 上，预算只能对 2/3 的车队进行升级……现在有三个基线。下一个 SD 有 3/4 的预算，现在有四个配置基线。TR 具有相同的效果，其中可能只有预算更新一半的车队，因此这样做（允许拆卸一半的旧配件用于保障一半无配件更新的部分）——两种配置。那么下一个 TR 就有 2/3 的资金——三种配置，以此类推。结合 SD 和 TR 的配置，车队管理员要管理的基线排列呈指数级增长。EA/SD/TR 对现代功能用户来说风靡一时[44]，并且是可保障的，但前提是资金充足、安排有效、配置管理程序非常强大、功能管理规划系统规范灵活。

12.6 本章小结

即将到来的技术将会在一定规模上创造出新的设备任务应用，这不是不可能的。这些技术中很大一部分将不会有人的参与。为支持前端活动/操作/任务的令人兴奋的扩展，后端将被迫创造性地适应前端，也包括作为工具的许多技术本身。从第一原则的角度看，产品的后勤网络、分销以及维护将仍然存在，但是，如何执行这些功能需要对可增加选择的更广泛的技术进行分析。在不久的将来，DES 仍然是运营研究人员能够分析这些选择以帮助设计最优后勤支持系统的最好的方法。本章给读者提供了设计未来无人系统后勤保障系统的一系列思路和将来可用技术的选择。

参 考 文 献

1. Valles-Rosales, D.J. and Fuqua, D.O. (2007). 'Optimizing Logistics Through Operations Research,' in *Army Logistician* Jan/Feb 2007, 39:1:49–51.
2. Council of Supply Chain Management Professionals (CSCMP) (2014). www.clm1.org, accessed 29 Nov 14.
3. Gallasch, G.E., Lilith, N., Billington, J., Zhang, L., Bender, A. and Francis, B (2008). 'Modeling Defense Logistics Networks,' in *International Journal of Software Tools and Technology Transfer*, (2008), 10:75–93.
4. Stock, J.R. and Lambert, D.M. (2001). *Strategic Logistics Management*, 4th Edition, McGraw-Hill, New York.
5. Pagonis, W.G. (1992). *Moving Mountains: Lessons in Leadership and Logistics from the Gulf War*, Harvard Business School Press, Cambridge, MA.
6. Miner, N.E., Welch, K.M., Handy, S.M., and Andrade, L. (2010). 'Logistics Modeling, Simulation and Analysis for Lifecycle Decision Making,' in *Logistics Spectrum*, Apr–Jun 2010, 44:2:4–10.
7. Yoho, K.D., Rietjens, S., and Tatham, P. (2013). 'Defense Logistics: An Important Research Field in Need of Researchers,' in the *International Journal of Physical Distribution and Logistics Management*, (2013), 43:2:80–96.
8. Clark, D. (2014). 'Only the Strong Survive–CSS in the Disaggregated Battlespace,' in the *Australian Army Journal*, Winter Edition 2014, 11:1:21–33.
9. Defense Acquisitions University (2014). *Integrated Logistic Support (ILS) Elements*, http://acqnotes.com/acqnote/careerfields/integrated-logistics-support-ils, accessed 24 Nov 14.
10. Manuj, I., Mentzer, J.T., and Bowers, M.R. (2009). 'Improving the Rigor of Discrete-Event Simulation in Logistics and Supply Chain Research,' in the *International Journal of Physical Distribution and Logistics Management*, (2009), 39:3:172–201.
11. RAND Corporation (1968). *The Logistics Composite Model: An Overall View*, Memorandum RM-5544-PR May 1968, The RAND Corporation for United States Air Force Project RAND, Washington, DC.
12. Da Silva, A.K. and Botter, R.C. (2009). 'Method for Assessing and Selecting Discrete Event Simulation Software Applied to the Analysis of Logistic Systems,' in *Journal of Simulation*, (2009), 3:95–106.
13. Banks, J. (1999). 'Discrete Event Simulation,' in *Proceedings of the 1999 Winter Simulation Conference*, 7–13.
14. Robinson, S. (2005). 'Discrete-Event Simulation: From the Pioneers to the Present, What Next?,' in *Journal of the Operational Research Society*, (2005), 56:619–629.
15. Wild, R. (2002). *Operations Management*, 6th Edition, Continuum, London.
16. Rosenfield, D.B., Copacino, W.C., and Payne, E.C. (1985). 'Logistics Planning and Wvaluation When Using 'What-If' Simulation,' in the *Journal of Business Logistics*, (1985), 6:2:89–119.
17. Chang, Y. and Makatsoris, H. (2001). 'Supply Chain Modeling Using Simulation,' in the *International Journal of Simulation*, (2001), 2:1:24–30.
18. Krahl, D., Diamond, B., Lamperti, S., Nastasi, A., and Damiron, C. (2007). *ExtendSim 7*, Imagine That Inc.San Jose, CA.
19. O'Connor, A.N. (2011). *Probability Distributions Used in Reliability Engineering*, Reliability Information Analysis Center (RIAC), University of Maryland, Baltimore, MD.
20. Amouzegar, M., Drew, J.G., and Tripp, R.S. (2010). 'A Simulation Model for the Analysis of End-to-End Support of

Unmanned Aerial Vehicles,' in the *International Journal of Applied Decision Sciences*, (2010), 3:3:239–258.
21. Voogd, Rosa M., and Sebalj, D. (2012). 'The Generic Methodology for Verification and Validation to Support Acceptance of Models, Simulation and Data,' *Journal of Defense Modeling and Simulation: Applications, Methodology, Technology*, (2013), 10:347.
22. Hatch, M.L. and Badinelli, R.D. (1997). 'Concurrent Optimization in Designing for Logistics Support,' in the *European Journal of Operational Research*, (1997), 115:77–97.
23. Chapman, W.L., Bahill, A.T., and Wymore, A.W. (1992). *Engineering Modeling and Design*, CRC Press, Boca Raton, Florida.
24. O'Rorke, M. and Burke, A. (2001). *Optimization Problems in Discrete Event Simulation*, University College Dublin, Dublin, Ireland.
25. Hagendorf, O. (2009). *Simulation Based Parameter and Structure Optimization of Discrete Event Systems*, Liverpool John Moores University, Liverpool, UK.
26. Ghanmi, A. (2011). 'Canadian Forces Global Reach Support Hubs: Facility Location and Aircraft Routing Models,' in *Journal of the Operational Research Society*, (2011), 62:638–650.
27. Guarnieri, J., Johnson, A.W., and Swartz, S.M. (2006). 'A Maintenance Resources Capacity Estimator,' in *Journal of the Operational Research Society*, (2006), 57:1188–1196.
28. Fan, C.-Y., Fan, P.-S., and Chang, P.C. (2010). 'A System Dynamics Modeling Approach for a Military Weapon Maintenance Supply System,' in *International Journal of Production Economics*, (2010), 128:457–469.
29 Lenhardt, T.A. (2006). 'Evaluation of a USMC Combat Service Support Logistics Concept,' in *Mathematical and Computer Modeling*, (2006), 44:368–376.
30. Julka, N., Thirunavukkarasu, A., Lendermann, P., Gan, B.P., Schirrmann, A., Fromm, H., and Wong, E. (2011). 'Making Use of Prognostics Health Management Information for Aerospace Spare Components Logistics Network Optimization,' in *Computers in Industry*, (2011), 62:613–622.
31. McGee, J.B., Rossetti, M.D., and Mason, S.J. (2005). 'Quantifying the Effect of Transportation Practices in Military Supply Chains,' in *Journal of Defense Modeling and Simulation*, April 2005, 2:2:87–100.
32. Baker, S.F., Morton, D.P., Rosenthal, R.E., and Williams, L.M. (2002). 'Optimizing Military Airlift,' in *Operations Research*, Jul/Aug 2002, 50:4:582–602.
33. Ciarallo, F.W., Hill, R.R., Mahadevan, S., Chopra, V., Vincent, P.J., and Allen, C.S. (2005). 'Building the Mobility Aircraft Availability Forecasting (MAAF) Simulation Model and Decision Support System,' in *Journal of Defense Modeling and Simulation*, April 2005, 2:2:57–69.
34. United States Department of Defense (2010). *Joint Publication (JP) 3-52, Joint Airspace Control*, US DoD, Washington, DC.
35. United States Army (2010). *Eyes of the Army: US Army Roadmap for Unmanned Aircraft Systems 2010-2035*, US Army UAS Center of Excellence, Fort Rucker, Alabama.
36. United States Department of Defense (2013). *Unmanned Systems Integrated Roadmap, FY2013-2038*, US DoD, Washington, DC.
37. Murphy, R.R. (2014). *Disaster Robotics*, MIT Press, Cambridge, Massachusetts.
38. Newcombe, L.R. (2004). *Unmanned Aviation: A Brief History of Unmanned Aerial Vehicles*, American Institute of Aeronautics and Astronautics Inc., Reston, Virginia.
39. Keane, J.F. and Carr, S.S. (2013). 'A Brief History of Early Unmanned Aircraft,' in *Johns Hopkins APL Technical Digest*, (2013), 32:3:558–571.
40. US Army, 2011.
41. Farkas, K. and Thurston, P. (2003). 'Evolutionary Acquisition Strategies and Spiral Development Processes: Delivering Affordable, Sustainable Capability to the Warfighters,' in *Defense Acquisition University PM Magazine*, July-August 2003, 10–14.
42. Haines, L. (2001). 'Technology Refreshment in the DoD: Proactive Technology Refreshment Plan Offers DoD Programs Significant Performance, Cost, Schedule Benefits,' in *Defense Acquisition University PM Magazine*, March-April 2001, 22–27.
43. Drew, J.G., Shaver, R., Lynch, K.F., Amouzegar, M.A., and Snyder, D. (2005). *Unmanned Aerial Vehicle End-to-End Support Considerations*, Project Air Force - RAND Corporation, Santa Monica, California.
44. LTCOL B and C (2014). 'An Essay on Technical Refreshment and Evolutionary Acquisition of Land Materiel,' in *The Link: Australian Defence Logistics Magazine*, Issue 11: June 13, 17–21.

第13章　网络化行动中提升效能的组织方法

13.1　概述

网络化部队的效能取决于许多因素，其中之一是我们如何组织它。但是我们应该如何衡量其组织的有效性呢？有几个可量化的指标来区分结构上完全不同的网络化部队，并且有较少的可量化指标仍然可以一直来区分单一链路上的不同结构，而不管该链路是否重要。本章的研究旨在深入了解应如何组织信息时代的战斗力，初步尝试使用 Perron－Frobenius 特征值（λ_{PFE}）来衡量网络化军队组织的有效性。

有史以来，军事力量的组织在很大程度上取决于那个时代的武器性能。军事组织需要被迫适应由于技术进步导致武器的杀伤力和速度大幅提高的这种变化。从方阵时代到 18 世纪线列阵时代的早期战争重点在集中人力上，而枪械和火炮杀伤力的扩大，再加上机关枪的出现和间接火力能力，将这一重点从集中人力转移到集中火力上。速度的提高导致机动作战的出现和非线性战术的使用。从工业时代跳跃到信息时代的战争需要军事组织在同等程度上的演进。那么如何组织信息时代的战斗力来优化其效能呢？

Jain 和 Krishna[1]介绍了曲线的 Perron－Frobenius 特征值（λ_{PFE}）与其自催化集的关系，并利用图形拓扑来研究各种网络动力学。Cares[2]在制定信息时代作战模型（the Information Age Combat Model，IACM）时采用了类似的方法来描述分布式网络部队或组织之间的战斗。IACM 重点关注λ_{PFE}，以衡量网络产生战斗力的能力。Cares 指出，λ_{PFE}的值越大，该网络化部队的组织效能就越大。本章提出的研究初步尝试通过构建基于 IACM 的智能体模型来确定λ_{PFE}的效用。

这项工作的结果表明，λ_{PFE}是测量网络化部队性能的一个重要指标，但它取决于所考虑的结构是否存在唯一的λ_{PFE}。然而，可以通过增加我们在本文中引入的称为鲁棒性的测度来增强λ_{PFE}的效用，以提高λ_{PFE}作为网络性能量化指标的有效性。要重点强调的是，这项工作的目的不是提出一个完整的模拟网络部队间战斗的模型，而是初步了解作为网络部队组织有效性量化度量的λ_{PFE}（如果存在的话）。

13.2　浅谈 IACM

IACM 的基本对象不是能够独立运行的平台或其他实体，而是可执行基本任务的节点和连接这些节点的链接。传感节点接收被观察现象的有关信号，并将信息发送到决策节点，用以指导其他节点的动作。感应节点接收这些指令并与其他节点交互以影响这些节点的状态。目标是除传感节点、决策节点或感应节点外具有军事价值的节点。节点之间的信息流通常是产生有价值活动所必需的。所有节点必属于两个对立方的其中一方，通常称为蓝方（在图中用黑色表示）和红方（用灰色表示）。

图 13.1 所示的基本作战网络是一种最简单的情况，即一方可以影响另一方，通常称为作战周期。蓝方传感节点（S）检测红方目标（T）并通知蓝方决策节点（D），然后决策节点指挥感应节点（I）吸引目标，对其施加影响，如体力影响、心理影响、社会影响或其他形式的影响。该过程可以重复直到决策节点确定已达到期望的效果。需要明确的是，效果评估需要感知，这意味着该过程将在一个新的周期中进行。

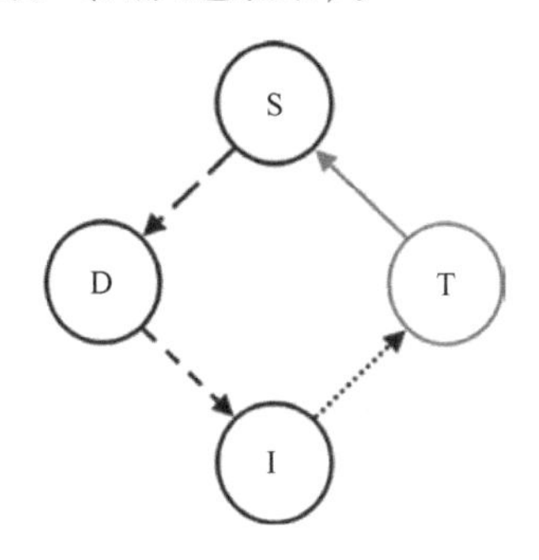

图 13.1　基本作战网络代表了一方可以影响另一方的最简单的情况

最简单的全面作战网络代表了传感、决策、感应和目标间有意义的相互影响的所有方式。在这个网络中有 18 种类型的链接，由于蓝方和红方之间的对称性，每种链接都出现两次。这些链接列在表 13.1 中，其中的节点标识如图 13.2 所示。因为目标是被动的，并且决策节点和传感节点不会对其产生影响，所以其他 28 种链接类型被排除在外。图 13.2 中节点与其自身的链接被解释为连接相同类型和同一方的两个不同节点。请注意，表 13.1 中的一些链接（类型 1、2、9、10、11 和 13）的解释是模棱两可的，这种链接的两种解释都会使用，一般模型的上下文总是明确了应该用哪种解释。

表 13.1　IACM 中提供的链接类型

链接类型	起点	终点	说明	链接类型	起点	终点	说明
1	S_{BLUE} S_{RED}	S_{SLUE} S_{RED}	S 探测己方 S 或 S 联合己方 S	10	I_{BLUE} I_{RED}	D_{BLUE} D_{RED}	I 攻击己方 D 或 I 报告给己方 D
2	S_{BLUE} S_{RED}	D_{BLUE} D_{RED}	S 报告给己方 D	11	I_{BLUE} I_{RED}	I_{BLUE} I_{RED}	I 攻击己方 I 或 I 联合己方 I
3	S_{BLUE} S_{RED}	S_{RED} S_{BLUE}	S 探测己方 S	12	I_{BLUE} I_{RED}	T_{BLUE} T_{RED}	I 攻击己方 T
4	D_{BLUE} D_{RED}	S_{BLUE} S_{RED}	S 探测己方 D 或 D 指挥己方 S	13	I_{BLUE} I_{RED}	S_{RED} S_{BLUE}	I 攻击对方 S 或 S 攻击对方 I
5	D_{BLUE} D_{RED}	D_{BLUE} D_{RED}	D 指挥己方 D	14	I_{BLUE} I_{RED}	D_{RED} D_{BLUE}	I 攻击对方 D
6	D_{BLUE} D_{RED}	I_{BLUE} I_{RED}	D 指挥己方 I	15	I_{BLUE} I_{RED}	I_{RED} I_{BLUE}	I 攻击对方 I
7	D_{BLUE} D_{RED}	T_{BLUE} T_{RED}	D 指挥己方 T	16	I_{BLUE} I_{RED}	T_{RED} T_{BLUE}	I 攻击对方 T
8	D_{BLUE} D_{RED}	S_{RED} S_{BLUE}	S 探测对方 D	17	T_{BLUE} T_{RED}	S_{BLUE} S_{RED}	S 探测己方 T
9	I_{BLUE} I_{RED}	S_{BLUE} S_{RED}	I 攻击己方 S 或 S 探测己方 I	18	T_{BLUE} T_{RED}	S_{RED} S_{BLUE}	S 探测对方 T

一旦根据网络节点和链接定义了 IACM，图论的语言和工具（例如，可以参见文献［3］）便可以用于描述和分析。任何图形的简明描述可由邻接矩阵 $\boldsymbol{A}$ 表示，其中行和列索引表示节点，并且矩阵元素要么是 1 要么是 0。根据规则，如果存在从节点 i 到节点 j 的链接，则 $\boldsymbol{A}_{ij}=1$；否则，$\boldsymbol{A}_{ij}=0$。图 13.3 是图 13.2 所描述的最简单完整的作战网络邻接矩阵的表示形式。请注意，图形描述和邻接矩阵中的链接都是有方向的，在邻接矩阵中它们被表示成“从”（左列）哪些节点“到”（顶行）哪些节点。假设任意 $N\times N$ 矩阵的不同子网络数量是 $2^{(N\times N)}$，很明显，想要迅速分析除了最简单的作战网络之外的各种节点和链路结构的作战网络的有效性是不可能的。

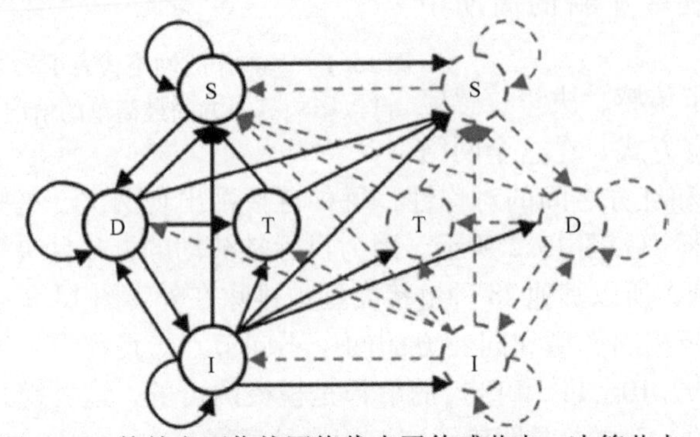

图 13.2 简单全面作战网络代表了传感节点、决策节点、感应节点和目标间有意义的相互影响的所有方式

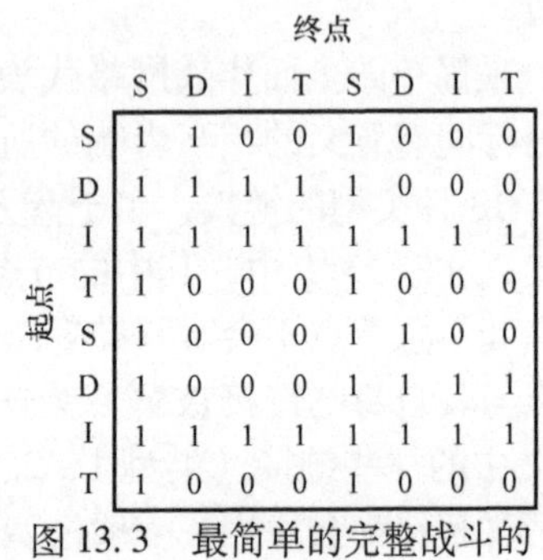

终点（列）／起点（行）

起点 \ 终点	S	D	I	T	S	D	I	T
S	1	1	0	0	1	0	0	0
D	1	1	1	1	1	0	0	0
I	1	1	1	1	1	1	1	1
T	1	0	0	0	1	0	0	0
S	1	0	0	0	1	1	0	0
D	1	0	0	0	1	1	1	1
I	1	1	1	1	1	1	1	1
T	1	0	0	0	1	0	0	0

图 13.3 最简单的完整战斗的邻接矩阵

一种用于研究复杂自适应系统（化学、生物、社会和经济）演化的方法是计算邻接矩阵的主（最大）特征值[4]。如果 $\boldsymbol{A}_{ij}$ 是非负不可约矩阵，则 Perron－Frobenius 定理保证 $\boldsymbol{A}_{ij}$ 存在正实数主特征值。因为 IACM 针对作战周期，所有潜在的目标节点都链接到所有的对方传感节点和感应节点上。本研究中各种结构的图形描述使用一个具有代表性的目标节点来突出显示结构上的差异，但实际上它们之间的关联性仍然很强，因此是不可约的。

λ_{PFE} 是网络内选择连通性的度量（即具有相同数量链路的网络可能具有不同的 λ_{PFE}，这取决于链路的布局）。Jain 和 Krishna[1] 在研究人口动态时指出，具有自催化集（autocatalytic sets，ACSs）的网络总是优于没有自催化集的网络，这是“由于 ACS 结构中固有的正反馈提供了无限联通，然而，非 ACS 结构没有反馈，只能提供有限联通”。因此，Cares[2] 指出，ACS 结构通常代表了网络产生反馈作用的能力，特别是在 IACM 情况下的作战能力。

13.3 基于智能体的 IACM 仿真

IACM 的结构清楚地表明，λ_{PFE} 是衡量网络化部队组织的量化指标，但它是有效性的指标吗？为了确定这一点，我们进行了一个基于智能体的 IACM 仿真，并设置物资与能力相同、但联通结构和配置不同的两方军队开展一系列实兵对抗演练。这些联通性上的不同常常会（但也不是必然）引起λ_{PFE}的不同。

应用基于智能体范例的目的是因为所得到的模型既提供了小单位组织的能力，又提供了我们研究所需的行动自主权。利用基于智能体的仿真的另一个优点是能够解决 IACM 中链路解释的模糊性。例如，感应节点“瞄准”传感节点或传感节点“感应”感应节点，这两种能力都可以在基于智能体的仿真中进行表示，而不是在从蓝方感应节点到红方传感节点（表 13.1 中的类型 13）的有向链接之间的互斥选择。

IACM 建模的第一个挑战涉及网络邻接矩阵的表示。由 Cares[2] 最先描述的 IACM 使用单一邻接矩阵来反映蓝军和红军的集体组织。在这种方法中，λ_{PFE}值取决于蓝军和红军的配置，并且能很好地代表交战中发生反馈作用的程度。显然，蓝军和红军分别寻求自身的组织效能的最大化，同时最小化对方的组织效能。这不可能由单一的λ_{PFE}值表示，因此我们计算各自的值（λ_{BLUE}和λ_{RED}）来衡量双方每个配置的潜在有效性。这些计算要求邻接矩阵包括代表能够被攻击的所有敌军的单一目标节点。换句话说，λ_{BLUE}和λ_{RED}的值仅由各自的物资配置决定，与对方的物资配置无关。

NetLogo[5] 是本研究应用的基于智能体的仿真环境。基于智能体的模型代码严格遵循 IACM 的逻辑，但还有一些明显的例外。智能体作为传感节点、决策节点和感应节点，但不包括目标，因为其除了吸收损失，没有任何作用。没有探测、定向或感应能力的目标智能体只会使结果混乱。此外，决策节点不能在当前的模型中被破坏，这是为了显示它们在连接多个传感节点和感应节点方面的独特作用。决策节点的破坏通常会使许多其他节点失去作用（有效地被破坏），使其成为一个价值非常高的目标。因为在我们的模型中，目标是以随机顺序探测和攻击的，我们希望给予所有目标相等的值以避免产生使结果有偏向的非典型攻击。

智能体规则根据 IACM 设置功能。传感节点在感知距离参数范围内探测敌方节点，并将该信息传送给指定的（与其连接的）决策节点。决策节点将感知信息传送给指定的感应节点。感应节点会破坏最近的敌方节点，该敌方节点由连接到感应节点的决策节点的传感节点“感知”，并且在感应距离参数范围内，决策节点将传感节点直接移动到可疑敌方节点的区域。决策节点指令感应节点向最近的“感知”敌方节点移动。所有节点被假定完全且即时地执行了它们的指令。智能体的交互被假定是确定性的，也就是说，探测、通信和毁伤的概率都是“1”。一旦更好地理解了研究问题，就可以建立模型的随机维度，并且这个新的维度可以被用来建立误差和延迟的模型，该误差和延迟代表技术和人类表现的因素。最重要的是，蓝方和红方智能体的规则集和参数值是相同的。

因为这项工作的重点是深入了解λ_{PFE}与网络化军队有效性之间的关系，所以基于智能体的交战仿真规则相当简单。模型中的作战空间（即“世界”）是刻意没有特征的，目的是为了把注意力集中在配置本身上。在每次战斗开始时，智能体随机分布在二维作战空间中。这种随机设置避免了必须定义起始位置及军队应如何接近和相互交战。最重要的是，这可能对交战结果产生潜在影响。每次交战都会持续到其中一支军队获得胜利（即对方部队的所有传感节点和感应节点都被摧毁）或出现僵局（即两支军队都无法继续作战，因为任何一方都缺少带有正常传感、感应功能的决策节点）。每个交战多次运行以求得每个特定配置的获胜概率。

13.4 实验结构

为了更好地把军队有效性与连通性的差异联系起来，双方军队由相同数量的传感节点、决策节点和感应节点组成，不同的仅仅是它们之间的排列（即连接）。因为传感节点的潜在值可能不等于感应节点的潜在值，因此，本实验中的每个配置组合包含相同数量的传感节点和感应节点，以防止对更多其他配置产生偏差。另外，两种类型的节点具有相同的性能（即选择感应范围相等，并且两种节点的移动速度也相同）。因此，双方军队的组合遵循 $X-Y-X-1$（传感节点 - 决策节点 - 感应节点 - 目标）型网络模板。

对于 X 和 Y 的任何特定值，存在数量有限的方法来安排这些资源。为了对 IACM 进行“一阶”解释，我们做出了两个关键的辖域决定。首先，每个传感节点和感应节点只能连接到一个决策节点（但任何给定的决策节点可以连接到多个传感节点和感应节点）。第二，任何 $X-Y-X-1$ 型网络模板内的连通性仅限于创建作战周期必需的那些链路（即表 13.1 中的 2、3、6、13 和 15 链接类型），这是 λ_{PFE} 的本质（IACM 最基本元素）。而其他链接类型可以明显地增强 λ_{PFE} 和任何给定网络配置的性能，现有模型提供了一个基准来评估这些潜在的影响。

虽然 $X-Y-X-1$ 型网络模板明显地限定了本章的重点，但可能的配置数量仍然在快速地增加。例如，在三个决策节点中分配四个传感节点和四个感应节点（表 13.2）共有九种可能的方式。无论你如何分配它们，一个决策节点将会有两个传感节点与它相关联，一个决策节点（可能是也可能不是同一个决策节点）将分配两个感应节点。幸运的是，由于 IACM 节点是通用的，因此可以通过消除实际上同结构的那些配置来减少该组。4 - 3 - 4 - 1 型网络的九种可能配置之间唯一有意义的区别是与两个传感节点相关的决策节点是否与两个感应节点相关的决策节点是相同的（图 13.4）。其余七种可能的配置都与 IACM 中的这两种配置相同（表 13.2 中的灰色部分）。

加入单个传感节点和感应节点可产生 5 - 3 - 5 - 1 型网络，可以配置 36 种不同的方式。应用同样的逻辑，我们将这 36 种减少到只有 8 种有意义的配置。即使有这些最基本的例子，可能的配置和有意义的不同配置之间的数量差异也是很明显的。

表 13.2　4－3－4－1 型网络的所有可能配置

序号	与决策 1 相关的传感器数量	与决策 2 相关的传感器数量	与决策 3 相关的传感器数量	与决策 4 相关的传感器数量	与决策 5 相关的传感器数量	与决策 6 相关的传感器数量
1	2	1	1	2	1	1
2	2	1	1	1	2	1
3	2	1	1	1	1	2
4	1	2	1	2	1	1
5	1	2	1	1	2	1
6	1	2	1	1	1	2
7	1	1	2	2	1	1
8	1	1	2	1	2	1
9	1	1	2	1	1	2

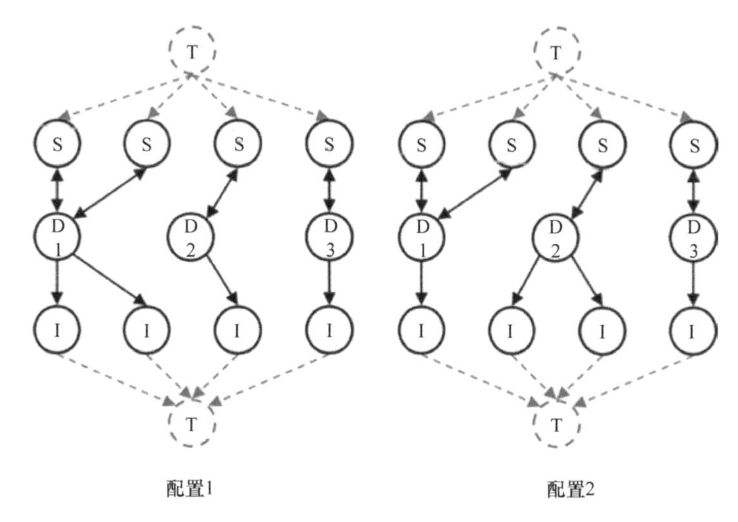

图 13.4　4－3－4－1 型网络的两个有意义的不同配置

识别有意义的不同配置对于辖域问题至关重要。而 7－3－7－1 型网络拥有 225 种可能的配置，应用相同的逻辑将其降低到一个更易于管理的数量，只剩下 42 种有意义的不同配置。测试 7－3－7－1 型网络所有 225 种可能组合中的每一种以对抗敌方 7－3－7－1 型网络的所有 225 种可能的配置，这需要 50625（即225^2）种单独作战场景，但是 42 种配置的组合只需要 1764（即42^2）种单独作战场景。因为对任意给定的节点集，有意义的相异组合的数量是在 Y 上 X 分配组合唯一值数量的函数，所以我们尝试定义该函数以便自动生成节点组合。这不是一个简单的任务。虽然分配类似于分区问题，但是有意义组合数量的准确数值序列很难获得。因为确定这个函数不是本研究的目的，所以我们应用基于决策节点中的传感节点和感应节点分布的唯一值数量的简单算法计算了所有 $X-Y-X-1$ 型网络有意义的相异配置的数量，其中 $X<11$ 和 $Y<8$。结果汇总在表 13.3 中。

表 13.3　$X<11$ 和 $Y<8$ 的所有 $X-Y-X-1$ 型网络模板有意义的不同配置数

		决策节点数量（Y）				
		3	4	5	6	7
感应节点（X）和传感节点（X）数量	3	1				
	4	2	1			
	5	8	2	1		
	6	19	9	2	1	
	7	42	27	9	2	1
	8	78	74	30	9	2
	9	139	168	95	31	9
	10	224	363	248	105	31

这些配置的每一个都有表示其节点连通性的唯一邻接矩阵。所有配置的邻接矩阵将仅在两个部分中不同（参见图 13.5 中的示例邻接矩阵的非阴影部分），而不考虑传感节点、决策节点或感应节点的总数。这些非阴影部分反映了每个传感节点和感应节点与特定决策节点之间的连接情况，并根据决策节点中传感节点和感应节点的分配情况逐个配置。阴影区域表示这些节点类型之间绝对不存在任何链接，或者这些类型的节点之间绝对存在链接。因为 42 个配置中的每一个相邻矩阵的 16 个部分中的 14 个是相同的，所以λ_{PFE}之间的方差大大降低。

终点

起点	S	S	S	S	S	S	S	D	D	D	I	I	I	I	I	I	I	T
S	0	0	0	0	0	0	0	1	0	0	0	0	0	0	0	0	0	0
S	0	0	0	0	0	0	0	1	0	0	0	0	0	0	0	0	0	0
S	0	0	0	0	0	0	0	1	0	0	0	0	0	0	0	0	0	0
S	0	0	0	0	0	0	0	1	0	0	0	0	0	0	0	0	0	0
S	0	0	0	0	0	0	0	1	0	0	0	0	0	0	0	0	0	0
S	0	0	0	0	0	0	0	0	1	0	0	0	0	0	0	0	0	0
S	0	0	0	0	0	0	0	0	0	1	0	0	0	0	0	0	0	0
D	0	0	0	0	0	0	0				1	1	1	1	1	0	0	0
D	0	0	0	0	0	0	0	0	0	0	0	0	0	0	0	1	0	0
D	0	0	0	0	0	0	0	0	0	0	0	0	0	0	0	0	1	0
I	0	0	0	0	0	0	0	0	0	0	0	0	0	0	0	0	0	1
I	0	0	0	0	0	0	0	0	0	0	0	0	0	0	0	0	0	1
I	0	0	0	0	0	0	0	0	0	0	0	0	0	0	0	0	0	1
I	0	0	0	0	0	0	0	0	0	0	0	0	0	0	0	0	0	1
I	0	0	0	0	0	0	0	0	0	0	0	0	0	0	0	0	0	1
I	0	0	0	0	0	0	0	0	0	0	0	0	0	0	0	0	0	1
I	0	0	0	0	0	0	0	0	0	0	0	0	0	0	0	0	0	1
T	1	1	1	1	1	1	1	0	0	0	0	0	0	0	0	0	0	0

图 13.5　7－3－7－1 型网络的 42 个有意义的不同配置中的一个邻接矩阵

相同的配置总是具有相同的λ_{PFE}；然而，有意义的不同配置可能共享相同的λ_{PFE}。在 7－3－7－1 型网络的情况下，42 个有意义的不同配置具有 13 个单独的λ_{PFE}，范围从 1.821 到 2.280。当这种情况发生时，作为这些配置之间潜在性能指标的λ_{PFE}将失去其作用。对于$X<11$和$Y<8$的所有$X-Y-X-1$型网络有意义的配置，λ_{PFE}唯一值的数量见表13.4。请注意，λ_{PFE}唯一值的数量与有意义的不同配置的数量并不成正比。例如，尽管8－3－8－1型网络有78个有意义的不同配置，具有20个唯一λ_{PFE}，但是9－5－9－1型网络的95个有意义的不同配置只有13个唯一的λ_{PFE}。这种数量上的减少将对本研究稍后提出的建模结果分析产生重大影响。

包含18个节点的邻接矩阵λ_{PFE}的全部范围为0（对于没有链路的网络）到18（对于最大连接的网络）。请注意，7－3－7－1型网络的42个有意义的不同组合的λ_{PFE}仅是可能取值全部范围的一小段（1.821～2.280），这是由于任何两种配置链路内部的差异比较小。虽然λ_{PFE}间的变化很小，但是由于网络化系统的其他常见统计测量值（如链路到节点比率、度数分布和其他由Cares[2]编写的各种研究中的变量等）根本不变。因此，其他这些指标都不能衡量这42种配置有效性的任何潜在变化。

表13.4　$X<11$和$Y<8$的所有$X-Y-X-1$型网络的唯一λ_{PFE}的数量

		决策节点数量（Y）				
		3	4	5	6	7
感应节点（X）和传感节点（X）数量	3	1				
	4	2	1			
	5	4	2	1		
	6	8	4	2	1	
	7	13	8	4	2	1
	8	20	13	8	4	2
	9	27	20	13	8	4
	10	38	27	20	13	31

13.5　初始实验

初始实验包括两个7－3－7－1型网络（蓝方和红方）的42种有意义的不同配置的所有可能的实兵对抗演练。因为这些配置中的每一个都包含相同数量的传感节点、决策节点和感应节点（每种类型具有相同的功能），仅仅连通性不同，因此性能差异很可能是这种连通性差异的结果。对这42种配置中的每一种进行综合测试，需要1764种不同的操作。每一种通过重复30次基于智能体仿真来表示，其中每次仿真在作战空间中随机分配蓝方节点和红方节点。每次重复仿真导致蓝方获胜、红方获胜或不确定的结果（即任何一方都不包含功能性的作战周期）。产生不确定结果的重复仿真次数为2717次（占52920总数的5.13%）。图13.6以图示方式给出了仿真结果，其中阴影表面代表了蓝方获胜概率大于0.5的作战，而无阴影表面表示蓝方获胜概率小于0.5的作战。

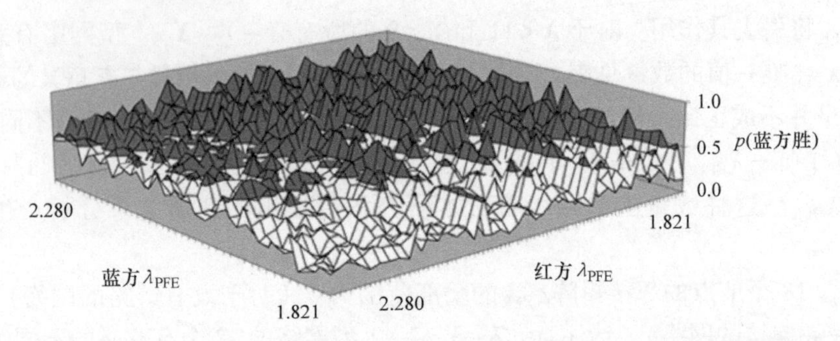

图 13.6　对应 42 个红方配置与 42 个蓝方配置中的每一个，蓝方获胜的概率

这些初步结果表明，由于蓝军是以更大的λ_{PFE}进行组织，其有效性总体上是增加的。虽然所得到的表面很粗糙，但总体趋势确实如此：λ_{PFE}越小，获胜的概率就越小。这种趋势在图 13.7 中更加明显，其中任意特定配置下的蓝方获胜平均概率超过所有红方配置。请注意，许多蓝方配置具有相同的λ_{PFE}（42 个配置中有 13 个唯一的λ_{PFE}）。

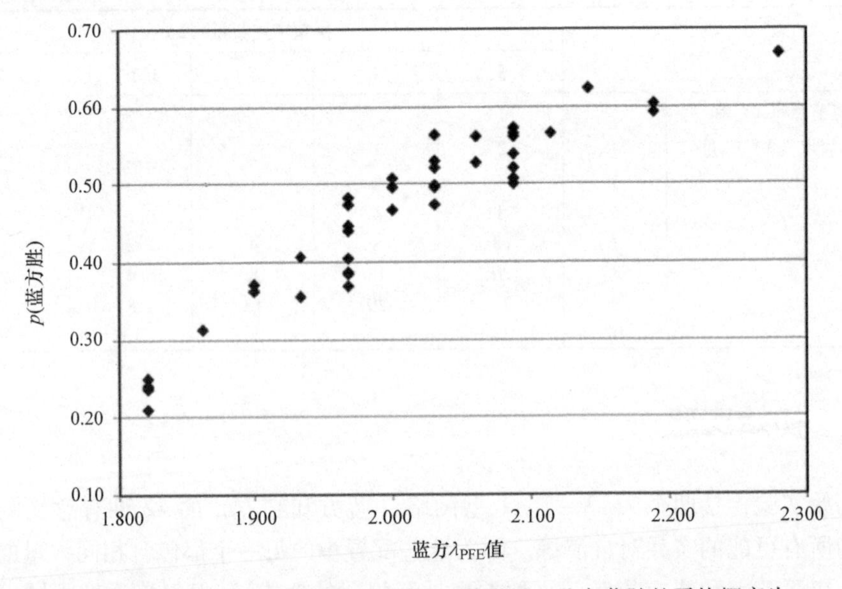

图 13.7　对于 7－3－7－1 型网络蓝方的 42 种配置，蓝方获胜的平均概率为λ_{PFE}

显然，对于具有较大λ_{PFE}的蓝方配置，看起来蓝方胜算的概率增加。简单的线性回归证实了下列方程的决定系数（R^2）为 0.896：

$$y = 1.0162x - 1.5780 \tag{13.1}$$

式中　y——该配置下蓝方获胜的平均概率；

x——配置的λ_{PFE}。

13.6　扩展实验

Deller 等人报道了这些研究成果，并将其应用于“应用 IACM：网络中心战的定量分析”[6]。自本文发表以来，得出了更多的深度分析。

在 7－3－7－1 型网络中增加一个附加的传感节点和一个附加的感应节点（即进行 8－3－8－1 型网络配置）就将有意义的配置数增加到 78 个。其中每一个配置的综合测试需要 6084 种不同的操作。而每一种又由 30 次重复仿真表示，每次重复仿真都在作战空间中随机分配蓝方节点和红方节点。每次重复导致蓝方获胜、红方获胜或不确定结果（即由于缺乏传感节点或感应节点，蓝方和红方都不能完全消灭对方）。产生不确定结果的重复仿真次数为 8820（4.83%）。图 13.8 给出了每种配置的平均获胜概率值。这些是 78 个配置中 24 个唯一的λ_{PFE}。

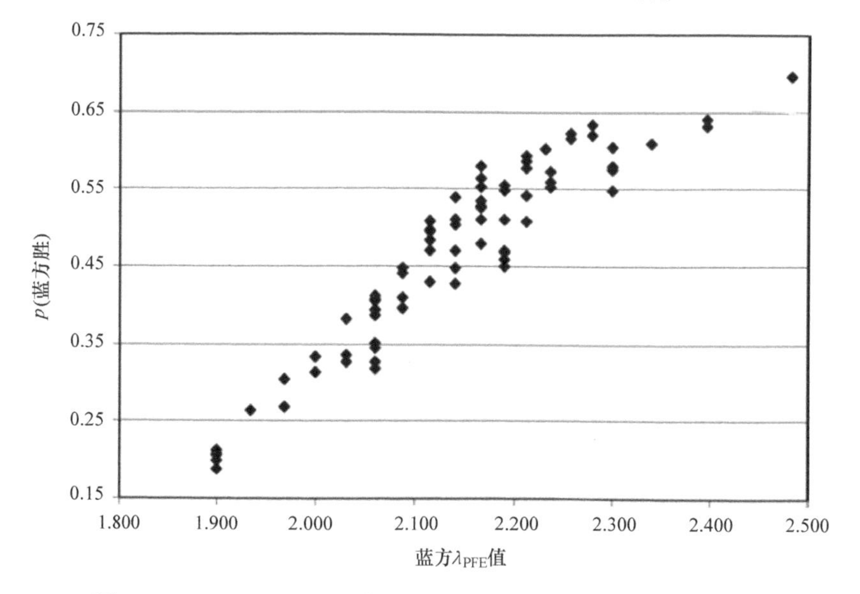

图 13.8　8－3－8－1 型网络蓝方的 78 个配置的λ_{PFE}获胜平均概率

这些结果还表明，由于蓝军以较大的λ_{PFE}进行组织，其有效性一般会增加。简单的线性回归证实了下列方程的决定系数（R^2）等于 0.876：

$$y = 0.9484x - 1.5633 \tag{13.2}$$

式中　y——该配置下蓝方获胜的平均概率；

x——配置的λ_{PFE}。

再一次使用顺序量表，这些蓝方配置可以根据其平均获胜概率从 1 到 78 进行排序（接下来，在可能的情况下，对于具有相等获胜概率值的那些配置的 λ_{PFE} 进行排序）。

由于传感节点和感应节点数量的增加证明了初步结果，下一个步骤是确定决策节点数量增加带来的影响。选择 9－5－9－1 型网络是因为有意义组合（95 组）的数量相当多，却足以在合理的时间内建模（需要大约 78h 基于智能体的仿真模型运行时间）。对其中的每一个配置进行全面测试，需要 9025 种不同的操作。每一个由 30 次重复仿真表示，每次重复仿真都在作战空间中随机分配蓝方节点和红方节点。每次重复仿真导致蓝方获胜、红方获胜或不确定结果（即由于缺乏传感节点或感应节点，蓝方和红方都不能完全将对方消灭）。产生不确定结果的重复仿真数量为 19892（7.35%）。图 13.9 给出了这些配置的平均获胜概率值。这些是 95 个配置中 13 个唯一的 λ_{PFE}。

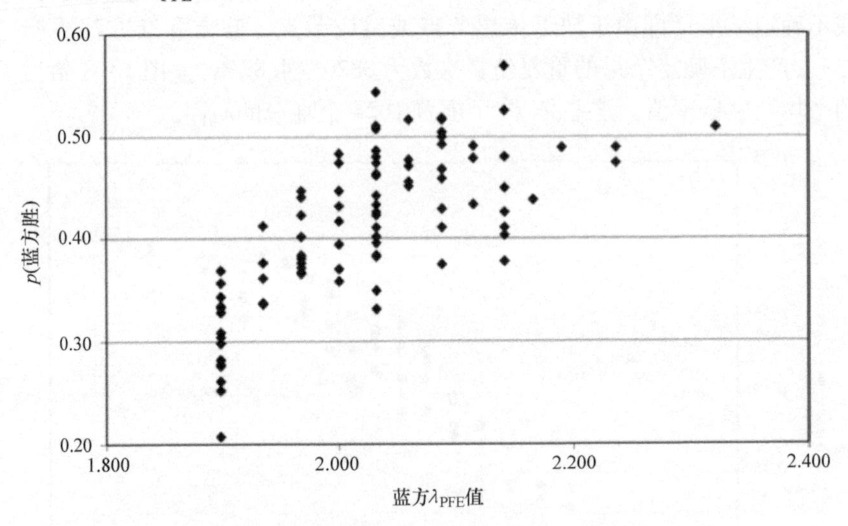

图 13.9　9－5－9－1 型网络蓝方的 95 个配置的 λ_{PFE} 获胜平均概率

请注意，最高的获胜概率值不属于具有最高 λ_{PFE} 的配置。这表明存在一些其他的相关因素，而且所得方程的决定系数（R^2）急剧降低到 0.519，这证明：

$$y = 0.5861x - 0.7736 \tag{13.3}$$

式中　y——该配置下蓝方获胜的平均概率；

x——配置的 λ_{PFE}。

资源数量增加到 9－5－9－1 型网络的一个意外结果是，唯一 λ_{PFE} 的数量明显减少到 13，比例为 13.68%。前面两个实验包含比例大得多的唯一 λ_{RED}：7－3－7－1 型网络中的 13/42（30.95%），8－3－8－1 型网络中的 24/78（30.77%）。9－5－9－1 型网络中比例减少带来的影响是，对于任意特定的唯一 λ_{PFE} 都会有更多种类的获胜概率值。因此，决定系数（R^2）值显著减小。

配置中任何特定决策节点的传感节点和感应节点的分布可以是相似的也可以是不同的。配置的差异是否对获胜概率产生正面或负面的影响，由该配置中每个决策节点的传感节点和感应节点的平衡决定。同样地，传感节点－感应节点的平衡影响网络中包含的作战次数。该平衡也可以很容易地进行测量，我们将使用术语鲁棒性（Barabasi[7]用鲁棒性来描述某些节点丢失后的网络故障恢复能力）。鲁棒性定义为丢失节点的最小数目，这将使整个配置无法再摧毁敌方节点，数学表达为

$$\text{Robustness} = [\min(S_1, S_2)] + [\min(S_2, I_2)] + \cdots + [\min(S_n, I_n)] \tag{13.4}$$

式中　S_n——分配给决策节点 n 的传感节点数量；

　　　I_n——分配给决策节点 n 的感应节点数量。

例如，配置 3 的决策节点 1 有五个传感节点，但只有一个感应节点，而决策节点 2 有一个传感节点和四个感应节点。这种不平衡对配置的性能产生了负面影响，因为在一部分军力被宣布作战无效前，它减少了可能丢失节点的最小数目。如果连接到决策节点 1 的唯一感应节点丢失，那么五个传感节点将是无效的，因为传感节点收集的信息不起作用。因此，配置 3 的蓝方获胜平均概率仅为 0.2365，这是所有 7－3－7－1 型网络配置中性能第二差的。

实质上，鲁棒值反映了λ_{PFE}随时间推移的减少率。鲁棒值越大，配置保持作战有效性的时间越长。鲁棒性强的配置具有更大的获胜概率值，而鲁棒性差的配置则具有更小的获胜概率值。在这一点上，鲁棒值非常有用。再次利用顺序量表，这些蓝方配置可以根据其平均获胜概率从 1 到 95 进行排序（接下来，在可能的情况下，对于具有相同获胜概率的那些配置的λ_{PFE}排序）。图 13.10 给出了鲁棒性的发生趋势。

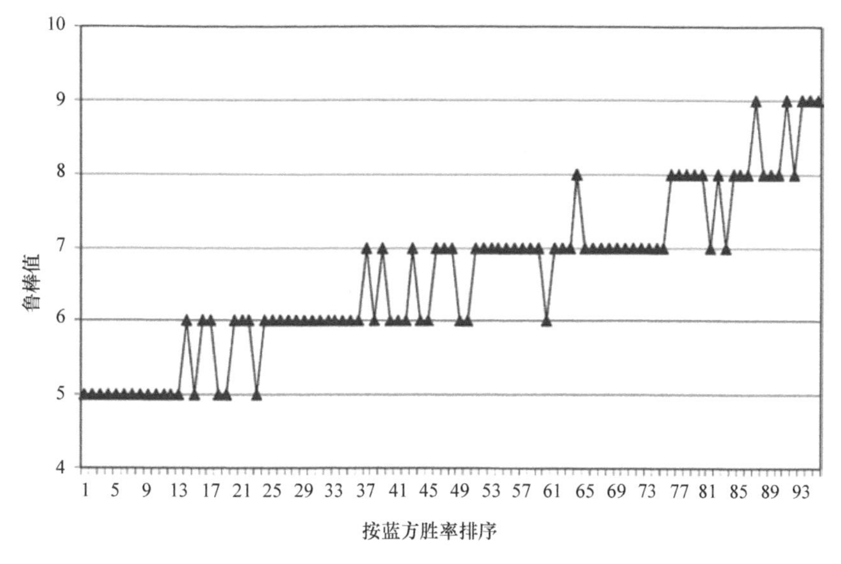

图 13.10　9－5－9－1 型网络蓝方的 95 个配置的鲁棒值

因为 λ_{PFE} 与获胜概率的相关性降低，所以鲁棒值在区分配置方面有用得多。

例如，95 个配置中的 20 个共享λ_{PFE}为 2.031。哪个配置应该有更大的平均获胜概率值？通过查看每个配置的鲁棒值（从 6 到 9 不等），我们看到鲁棒值为 9（配置 93）的唯一配置具有最高的平均获胜概率值。此平均获胜概率值为 0.5425，远大于具有相等λ_{PFE}的任何配置。配置 93 在具有相等λ_{PFE}的配置中具有最高的平均获胜概率值而不管是否包括连接点（0.5710 的概率不包括连接点）。请注意，具有最高平均获胜概率（配置 43）的配置不是λ_{PFE}最高的配置（尽管它的$\lambda_{PFE}=2.141$是相当高的），而是具有最高鲁棒值的配置之一。对λ_{PFE}和鲁棒值的回归分析得出，从 0.621 到 0.850 的决定系数（R^2）显著增加，并给出下列公式：

$$y=(0.0997x_1+0.0613x_2)-0.1617 \tag{13.5}$$

式中 y——该配置下蓝方获胜的平均概率；

x_1——配置的λ_{PFE}；

x_2——配置的鲁棒值。

即便我们再次列入连接结果，决定系数（R^2）的值仍然增加很多。在这种情况下，R^2的值为 0.805，并给出下列公式：

$$y=(-0.0307x_1+0.0615x_2)+0.0678 \tag{13.6}$$

式中 y——该配置下蓝方获胜的平均概率；

x_1——配置的λ_{PFE}；

x_2——配置的鲁棒值。

13.7 本章小结

这项研究的目的是了解如何组织信息时代的战斗力来优化其效能。鉴于对区分各种网络部队排列上的不同缺乏量化指标，这项研究使用 Perron - Frobenius 特征值（λ_{PFE}）作为网络部队组织有效性衡量标准。基于智能体的仿真建模结果表明，λ_{PFE}是网络部队性能的重要度量。以更大的λ_{PFE}组织的部队将会击败一支具有相同资源和能力的部队，但更多的时候是以非最优的方式进行组织的。7 - 3 - 7 - 1 型网络和 8 - 3 - 8 - 1 型网络的决定系数（R^2）显示了λ_{PFE}与平均获胜概率之间的紧密相关性。

虽然λ_{PFE}对三个决策节点的网络部队来说是一个充分的指标，但对于有五个决策节点的部队来说是不够的。具有相同λ_{PFE}的大多数配置降低了区分这些配置λ_{PFE}的有效性。因此需要另一个指标。本研究中引入鲁棒因子以提高λ_{PFE}作为网络性能可量化度量的有效性，并可作为量化因子用于其他类似研究。通过利用λ_{PFE}和鲁棒值，9 - 5 - 9 - 1 型网络的决定系数（R^2）表现出与获胜平均概率很紧密的相关性。没有其他可量化的网络指标可以一贯地区分相差一个链接的配置而不管该链接的重要性。

这项研究的成功值得在一些领域进行进一步探索，例如扩展实验以包括其他的链接类型（来自表 13.1）及更大的网络，用 0 和 1 之间的随机值代替确定性链接以代表探测概率、通信概率和毁伤概率。此外，可以开展包括单个传感节点、决策节点和感应节点特定功能的仿真，比如移动速率、传感范围、感应范围、搜索模式和可生存性等。λ_{PFE}还是信息时代战斗力性能的度量吗？我们能够确定传感节点相对于感应节点的价值吗？从根本上来说，我们要寻求的答案是：组织优化能够补偿多少资源？对资源数量不同的军队间的作战效能进行研究，可以确定一个规模更小的、组织更优化的军队能否击败一支强大的军队。

参考文献

1. Jain, S., and S. Krishna, 2002, “Graph Theory and the Evolution of Autocatalytic Networks,” John Wiley, New York. http://arXiv.org/abs/nlin.AO/0210070 (last visited 31 Aug. 2011).
2. Cares, J., 2005, *Distributed Networked Operations*, iUniverse, New York.
3. Chartrand, G., 1984, *Introductory Graph Theory*, Dover Publications, New York.
4. Jain, S., and S. Krishna, 1998, “Autocatalytic Sets and the Growth of Complexity in an Evolutionary Model,” *Physical Review Letters*, Vol. 81: 5684–5687.
5. Wilenski, U., 1999, *NetLogo*, Center for Connected Learning and Computer-Based Modeling, Northwestern University, Evanston, IL, http://ccl.northwestern.edu/netlogo (last visited 31 Aug. 2011).
6. Deller, S., M. I. Bell, G. A. Rabadi, S. R. Bowling, and A. Tolk, 2009, “Applying the Information Age Combat Model: Quantitative Analysis of Network Centric Operations,” *The International C2 Journal*, Vol. 3 No. 1; Online Journal of the Command and Control Research Program, http://www.dodccrp.org/files/IC2J_v3n1_06_Deller.pdf (last visited Mar. 2012).
7. Barabasi, A., 2002, *Linked*, Perseus Publishing, Cambridge.

第 14 章　集团作战效能分配的问题探讨

14.1　概述

20 世纪 90 年代末，美国具有革新思想的战略家为了跟上由科技推动的快速发展并鲜为人知的新兴“信息时代”的步伐而信奉一种战争理念——以网络为主导的战争（Network Centric Warfare，NCW）。它之所以能够占据主导地位，是因为 NCW 理念几乎被第一时间采纳且几乎被所有主要的国防承包商和五角大楼的高级领导人所信奉（那些不理解或完全拒绝这种理念的人则认为他们自己被边缘化了，就像勒德分子一样）。NCW 是一个变革性的理念，因为它刺激了在企业范围内信息技术（Information Technology，IT）系统的巨大的投资，而且直到今天它仍然继续作为全球国防预算的主要部分。如今，在超过 15 年的时间里，NCW 的概念早已被抛在一边，但硬件依然存在。

新一波创新浪潮正在席卷全球的国防工业，即许多人所说的“机器人时代”。这个新时代将会像 NCW 被 IT 完全激活一样：互联集群的自组织或远程控制的无人驾驶车辆有望在一个包括传统载人系统在内的网络集体中占据一席之地。尽管业界和学术界都在努力开发这些新的载体与控制系统，但他们的注意力却集中在建造载体上，就如同 NCW 狂热者专注于 IT 硬件一样。而如何使用这些新平台进行战斗这种艰难的概念性工作，正在落后于载体产品，就像 NCW 理论分析与 IT 投资一样。

一些人将“机器人时代”的战争视为 NCW 发展结果或成熟标志。尽管这在严格意义上并不正确，但我们还是要慎重地重新审视 NCW 最初的一些作战理念，看看它们是否等效，是否可以应用于以自动化、连接性和相互依赖为特点的战争。但不幸的是，NCW 的大部分说法只是简单的理论，并没有经过测试。例如，网络必然提高整个部队性能的说法被认为是一种基本的理论，但其从未被证明过，因为在战斗条件下 NCW 部队的特定数据以前没有而且现在仍不存在。由于在无人作战技术成熟的情况下，网络化集体作战性能的问题无疑会重新出现，本章试图利用另一种竞争性比赛，职业棒球的个人和网络性能数据进行初步调查来讨论这个问题。

14.2　命中概率

美国空军很早就知道“Ace Factor”——战斗机飞行员中只有极少数人的命中

率很高。Bolmarchic[1]对这种街头智慧提出了正式而严谨的看法，并调查了许多不同形式现代战争的结果分布规律。例如，他指出在坦克/反坦克战斗、在潜艇对抗战以及在空战中击败敌人的分布都遵循类似的统计规律。与人类竞争中遵循的其他类型的偏态分布（如幂次法则、Zipf 定律或其他类帕累托分布）不同，他注意到战斗结果中一个多次重复出现的分布，即少数参战者取得很高的战果，适当数量的人取得中等的战果，而许多人则取得非常小（甚至为零）的战果。Bolmarchic 不仅要寻找能够描述这些分布的图形，还要寻找可被单一参数描述的分布，这样他就可以将一个分布的差异与另一个分布的差异进行比较，甚至可以将两种不同类型的战斗进行比较。为了发展这种不均等的统计，他研究了从“坛子模型”推导出的著名的多元齐次波利亚分布的单参数形式。

波利亚坛子模型描述如下。假设桌子上有许多坛子，每个坛子都有相同的重量 β，该 β 值是你放入这些坛子中单个球重量的整数倍。当你把球扔进坛子时，记录每个坛子与它里面的球的重量和，用现有坛子和球重量分布的一个概率表达式来描述你对下一个坛子的选择倾向，而你则偏向于选择更重的坛子。这是一种典型的“富者越富”模型，其分布形状由一个单一值 β 来确定。如果 β 相对于每一个球的重量很小，那么分布差异是很高的，因为任何坛子在一开始被选中都将使它未来被选中的机会增大，而使其他坛子不太可能被选中。如果 β 值相对于每一个球的重量较大，那么分布差异则是很低的，这是由于对于每一个坛子来说，重复被选中而取得高权重倾向几乎是均等事件。最终，其中某个坛子会受到偏斜，但在重量在全体范围内扩散之前不会出现。

从数学上来说，一个坛子得到下一个球的概率取决于现有球的位置

$$\Pr[\text{Urn } i \text{ gets the } k+1^{\text{st}}\text{ball} \mid K_1=k_1, K_2=k_2, \cdots, K_n=k_n]\frac{\beta+k_i}{n\beta+k} \tag{14.1}$$

在抛出 r 个球之后，在坛子中球的分布遵循单参数 β 的多变量均匀波利亚分布，

$$\Pr[K_1=k_1, K_2=k_2, \cdots, K_n=k_n] = \frac{\binom{\beta+k_1-1}{k_1}\binom{\beta+k_2-1}{k_2}\cdots\binom{\beta+k_n-1}{k_n}}{\binom{n\beta+\sum_i k_i-1}{\sum_i k_i}} \tag{14.2}$$

当然，在实际中，战斗数据不是坛子和球，而是射手和射杀量。我们关心有多少射手 N_0 没有射杀，有多少射手 N_1，……。方程（14.2）可以被处理为显示一个外形概率的分布：

$$\Pr[N_0 = n_0, N_1 = n_1, \cdots, N_r = n_r] = \frac{n!}{n_0!n_1!,\cdots,n_r!} \frac{\binom{\beta}{1}^{n_1}\binom{\beta+1}{2}^{n_2}\cdots\binom{\beta+r-1}{r}^{n_r}}{\binom{nb+r-1}{r}} \tag{14.3}$$

另一方面，我们可以通过β来参数化。而实际上，我们不能直接观察到β，我们只知道谁射了多少。但是，我们可以把谁射了多少的数据代入到式（14.3）中，并且改变β直到我们得到最大值。利用这个最大似然估计，我们可以比较不同的数据集。因为对于某些统计规律，Bolmarchic 建议使用最大似然估计的自然对数作为差异统计，$K=\log(\beta^*)$。这两个数值在分析中都是很有帮助的：β类似于权重和偏差，而K则允许在不同的β^*值上进行更好的比较。

14.3 棒球比赛的个体化与网络化绩效

Bolmarchic 计算并比较了各种战斗数据的β^*值，这些数据集包括美国海军和空军对飞机的击落数量（1965—1972）、在“东 73”战役中美国对伊拉克装甲的反坦克输出、在第二次世界大战中美国潜艇击毁日本船只吨位数以及在德国 U 型潜艇击毁盟军船只吨位数等。其中一些数据集被解析为子集，如针对空对空数据分为机翼/中队/机组人员伤亡数，针对 U 型潜艇数据分为每一个指挥官（Commanding Officer，CO）/艇型/区域的伤亡数，针对反坦克数据分为车辆/人员的伤亡数。他发现，对于所有的标准统计测试数据来说，多元均匀波利亚分布对于每一个完全不同的数据集都有很好的拟合能力。这些数据是针对典型的以平台为中心的战争，它不适合解决关于网络对性能分布影响的问题。

要回答上述遗留问题，数据必须满足两个要求。首先，这些数据必须是网络化、具有协作性竞争的数据。其次，数据还必须有个体表现，以便可以将个体和集体表现进行比较。而美国棒球职业大联盟（Major League Baseball，MLB）数据库正好满足这两个要求且得到了非常好的维护。它包含了从 1871 年到 2014 年间被严格核实的击球、防守和投球统计数据。这些数据在很多地方都有，并且对公众的核实、维护是开放的，在 Lahman 棒球数据库主页上可以免费在线使用[2]。首先考虑第二个要求，棒球运动员完成许多不同的任务，这些任务可以归类为个人表现，最明显的就是“全垒打（Home Run，HR）”。当球员在界内场地将一个棒球从棒球场打出时，就会发生全垒打。

棒球也可以被认为是一种布局呈网状、协作性的比赛。最明显的例子就是“双杀”（Double Play，DP），按定义说，这是一个连续的进攻性比赛，其中记录了两次“出局”。球队轮流进攻，每一轮进攻被称为一“局”。每一回合进攻都记录到三次出局，这可以通过一个正在进行中的球来标记一个正在运行的球员，在球触地之前接住球，或者发生在一个跑垒者到达之前，把球推进一个“垒”（处于菱形球场每一个角落的织物填充方块区）。

DP 非常普遍，可以以任何方式发生在有 1 个到 9 个防守球员的地方（9 个防守球员在技术上是可行的，但是在一个双杀中涉及 4 个球员是不可行的）。通常在菱形区内有 6 个球员，他们分别是一垒手（1B）、二垒手（2B）、三垒手（3B）、游击手（SS）（通常处于二垒与三垒的中间）、接球手（位于本垒的那名球员）和投手（站在菱形区周围一个凸起处将球扔向击球手，如果球没有被击中则由接球手接住）。最典型的 DP 是当一个跑垒者在一垒，击球手将球击向站在菱形区内的外野手。外野手可以把球扔向二垒，迫使跑垒者试图从一垒跑向二垒以至出局。抓住这个球的外野手继续将其投向一垒，如果在跑垒者从本垒出发而没有进垒，球已经到达，那个跑垒者也将出局。

当击出的球在空中被接住时，双杀也是很常见的。球员不可能提前在空中抓住球，除非他们在他们想要前进的垒等待直到球被抓住。在空中接球是第一个出局的，如果球员没有在那个垒上等待（如果在奔跑的球员回垒之前球已经到达，该球员将出局）或如果等待但没有将扔向该垒的球击向他们想进垒的方向，将发生一次双杀。所有 9 名球员都可以参与这种类型的 DP。

当一个跑垒者试图在两次投球之间前往一个新垒时，将发生另外一种常见的 DP。这被称为“盗垒”（Stolen Base，SB）。当击球手有两个“击球失败”（一次击球失败是一个击球手没有击中球；出现三次击球失败则会给出一次出局）时，尝试盗垒会导致 DP。在这种类型的 DP 中，击球手若三次没有击中，接球手将球扔向试图盗垒的球员，球及时到达在那个垒接球的外野手，并在跑垒手到达那个垒之前尾随他，将球传给那个垒的外野手。所有的内野手都可以参与到这种“击球员出局，投掷”类型的 DP，但通常涉及的是接球手、投手和二垒手或游击手。

因为所有的这些规则都需要球员在竞争压力条件下相互依赖、相互协作共同完成，所以针对第二个要求：“网络化”性能数据，它们是合适的代替者。

棒球有很多统计数据，而且每个赛季都会引进更多的数据，这是由数十亿美元的职业棒球行业的管理需求所推动的，以从他们日益增长的球员投资中获得更多回报。在过去的 50 年里，美国棒球研究协会（Society for American Baseball Research，SABR）一直在关注如何衡量与分析棒球，但在过去 10 年中，私人体育研究已经成为非常大的行业。虽然取自一项“娱乐”的数据似乎是作战数据替代的轻量级来源，但棒球数据分析实际上是非常严肃的学术和智力工作。

一些棒球统计数据的度量是基本单元；一些是这些基本单元的分析组合。一个基本的棒球度量例子是一名球员在一个赛季中的击中球次数。击球率是指在一个赛季中球员每次上场的击球次数。源自坛子球模型的多元均匀波利亚分布被应用于基本单元（你可以计数的东西），而不是分析组合。此外，我们感兴趣的是取得成绩的直接衡量方法，如击中球次数，而非间接衡量，如击球次数。当然，若没有持续产生后者，将不会获得前者。但重点是，击中球次数是衡量一个击球手表现好坏的直接指标。表14.1描述了用于此分析的棒球基本数据统计。

表14.1 棒球基本数据统计

数据	描述
投手数据	
胜场（W）	一个队的胜利是由于当获胜队领先时最后投球的投手
败场（L）	一支球队的输球是由于在输球队落后时最后投球的投手
完投场次（CG）	一名投手投出的九局全垒打
投手完封场数（SHO）	一场完整的九局比赛，对一个完整的投手没有得分
安打（H）	一个投手在一个赛季所允许的安打数
投手责任失分（ER）	当击球手在垒包时没有出现防守失误时，就会被认为是进攻中的自责分
全垒打（HR）	一个投手在一个赛季被允许的本垒打数
四坏球（BB）	如果投手向击球手投掷四个不可击球，则需要投手投掷可击球
三振（SO）	一个击球手如果没有击中三个可击的球（“三振”），他就会“三振出局”。投手因三振击球手而被表扬
故意四坏球（IBB）	一些击球手被故意送到一垒，在球上，以防止更多的破坏性打击。投手们被判对球棒的打击负责
暴投（WP）	球掷得太猛，接球手接不住；授予投手
触身球（HBP）	击球手被一颗瞄不准的球击中，被推进到一垒；授予投手
双打滚地球（GIDP）	有些投手会把球投出去，从落在地上的球投出经典的二垒安打
牺牲触击（SH）	有些球被打出的方式是击球手出局（“牺牲”），但是跑者可以前进
高飞牺牲打数（SF）	有些球被打到高空中的外场，这样击球手就出局了，但是跑垒者可以前进
打击数据	
得分（R）	一名击球手从三垒打过本垒被认为得一分
安打（H）	击球是指球员在没有防守失误的情况下，将球击到本垒
二垒安打（2B）	当击球手击出的球到达二垒时，得两分
三垒安打（3B）	当击球手击球到达三垒时，得三分
本垒打（HR）	本垒打是指击球手用击出的球打到本垒，通常是因为球被公平地打出了本垒打
打者打点（RBI）	击球手的跑者数被认为是进入本垒的原因
盗垒成功（SB）	记入跑者名下的盗垒次数
盗垒失败（CS）	跑者盗垒被抓住的次数
四坏球（BB）	判给球的垒数
三振（SO）	一季中击球手三振出局的次数
故意四坏球（IBB）	故意把击球手放在一垒上的次数

（续）

数据	描述
触身球（HBP）	击球手被投球击中的次数
牺牲触击（SH）	有些球被打出的方式是击球手出局（“牺牲”），但是跑者可以前进
高飞牺牲打数（SF）	有些球被打到高空中的外场，这样击球手就出局了，但是跑垒者可以前进
双间隙接地（GDIP）	击球手被诱导成经典的滚地球双杀的次数
防守数据	
使出局数（PO）	外野手使跑者出局的次数
助杀（A）	一名球员在一场比赛中参加出局的比赛次数
失误（E）	球员把投球或击球放错地方的次数
捕手漏接（PB，捕手）	接球手错过投球手投出的可接住的球的次数
盗垒成功（SB，捕手）	接球手多次未能阻止跑者偷球
盗垒失败（CS，捕手）	接球手阻止跑者盗垒的次数
暴投（WP，捕手）	接球手在比赛中投球的次数，投球手投出一个疯狂的投球。这通常不是捕手的错，但是非常好的捕手可以防止暴投，所以棒球可以同时追踪投球手和捕手
双杀（DP）	一名外野手参与任何一种双打的次数

14.4　分析问题

既然已经确定了一个有效的单参数统计分布和一个合适的数据集，我们现在可以正式地描述我们的分析问题。从 Bolmarchic 关于战斗数据的研究中我们知道，个体的表现不仅是偏态的，而且在很多情况下都可以由多元均匀波利亚分布来表示。然而，我们并没有类似的用于相互关联的集体研究的作战数据（例如，空军联队和空军中队级别的空对空数据的聚集仅是一个团队的数据，而不是高度集成的、相互关联的效能表示结果）。而 MLB 数据集，它显示了个体的和相互依赖的数据。一些早期的 NCW 概念声称，互联可以使一个团队表现得更好（尽管不清楚他们是在讨论一个团队内部的个体表现还是作为一个整体团队性能）。因为个人表现数据是偏态的，所以存在少数表现好的人和大量表现差的人，当这些人混合在一起时会发生什么？高水平的人会使低水平的人表现更好吗（水涨船高）？或者，将少数高绩效的人与大量表现差的人组合在一起，会拖累高绩效的人，这样就会有更少的人在分布中处于“肥尾”部分？有些人乐观地称其为一种“aces 分布”，但也有人称其是一种“劣等分布”，而且赞同“劣等分布”的人比赞同“aces 分布”的人多得多。

接下来将以如下方式讨论集体绩效。我们将在棒球中检验个体的和互联的基本绩效度量（可以计数的东西），并计算最大似然估计、β^*、差异统计量、K（实际上，波利亚分布是一个很好的选择）。接下来，我们将比较 β^* 和 K 值，检验 MLB 中个体的与互联的绩效之间是否存在差异。然后，基于关于网络和无人系统在未来战争中所产生的影响的假设，继续研究棒球结果，这将启发我们应该在网络作战绩效中期待的内容。

14.5 职业棒球大联盟数据的差异统计

表 14.2 显示了 2013 年常规赛（不包括季后世界大赛锦标赛的统计数据）所选择的 MLB 统计数据的 β^* 和 K 值。在表 14.2 中，90%（38 个中有 34 个）列出的“可数”统计数据可以很好地符合多元均匀波利亚分布，可以使用标准统计拟合优度检验（卡方检验、最大似然估计、craven - von Mises 检验、柯尔莫诺夫 - 斯米尔诺夫检验和似然比检验）进行检验。四个不太适合的统计数据将会在后面进行讨论。

表 14.2　2013 年 MLB 常规赛的不均等统计数据

数据		β^*	K
投手数据	胜场（W）	1.02	0.02
	败场（L）	1.10	0.09
	完投场次（CG）	5.06	1.62
	投手完封场数（SHO）	8792.50	9.08
	安打（H）	1.06	0.06
	投手责任失分（ER）	1.03	0.03
	全垒打（HR）	0.89	-0.12
	四坏球（BB）	1.19	0.17
	三振（SO）	0.96	-0.04
	故意四坏球（IBB）	2.25	0.81
	暴投（WP）	1.15	0.14
	触身球（HBP）	0.70	-0.36
	双打滚地球（GIDP）	0.70	-0.36
	牺牲触击（SH）	0.97	-0.03
	高飞牺牲打数（SF）	1.59	0.46
打击数据	得分（R）	0.51	-0.66
	安打（H）	0.60	-0.51
	二垒安打（2B）	0.68	-0.38

（续）

数据		β^*	K
打击数据	三垒安打（3B）	1.03	0.03
	本垒打（HR）	0.64	-0.44
	打者打点（RBI）	0.56	-0.57
	盗垒成功（SB）	0.19	-1.64
	盗垒失败（CS）	0.57	-0.56
	四坏球（BB）	0.45	-0.79
	三振（SO）	0.50	-0.68
	故意四坏球（IBB）	0.32	-1.14
	触身球（HBP）	0.67	-0.41
	牺牲触击（SH）	0.65	-0.42
	高飞牺牲打数（SF）	1.25	0.23
	双间隙接地（GDIP）	0.84	-0.17
防守数据	捕手漏接（PB，捕手）	2.21	0.79
	盗垒成功（SB，捕手）	0.98	-0.02
	盗垒失败（CS，捕手）	1.51	0.41
	暴投（WP，捕手）	1.07	0.06

回想一下坛子模型中 β 的概念。在这里我们没有对“坛子”和“球”进行称重；球员在一项运动中进行比赛。在理解表 14.2 的结果之前，我们应该如何解释 β^*（β 的估计）？在坛子模型中，一个非常轻的坛子意味着早期的成功是以后反复成功的强有力的推动。相反，一个非常沉重的坛子意味着早期的成功是以后反复成功的一个很弱的推动。$\beta=1$ 是“倾向于强驱动”（$\beta<1$，并预测出现更多差异）和“倾向于弱驱动”（$\beta>1$，并预测出现更少差异）的临界点。在此点，坛子中球的以后安排会像所有其他的一样。使用 $K=\log(\beta^*)$ 作为差异统计量的一个很好的特性是，当 $\beta^*<1$ 时，K 为负数，而当 $\beta^*>1$ 时，K 为正数。K 在 0 附近比 β^* 在 1 附近具有更强的对称性，所以与特别大的和非常小的 β^* 值相比较，K 是非常有用的。在具有极大差异的条件下，高绩效者和低绩效者都是可预期的；在均等的条件下，高绩效者和低绩效者都是不可预期的。

14.5.1　职业棒球大联盟的个人绩效

我们可以用 K 来回答两类基本问题。第一类问题是关于分布本身的（例如，今年和去年相比，全垒打是否会更多？在本垒打球员和二垒手之间是否存在更多的类似？）。第二类问题是关于个体球员分布中的绩效（例如，与 Mark McGwire 相比，Babe Ruth 是更好的全垒打球员吗？）。

对于表 14.2 中的数据，让我们看看如何在这两种方法中使用不同统计量。有人可能会问："在 SBs 或三垒打（3Bs）中，球员成为队长是否会更难?"棒球球迷们知道，跑垒速度在 SBs 和 3Bs 中均起着重要作用，好的击球在 3Bs 中发挥着重要作用，但在 SBs 中完全不是这样。从表 14.2 中，我们看到 $K_{SB} = -1.64$，$K_{3B} = 0.03$；在 SBs 中存在着较少均等，而在 3Bs 中存在着较多均等。这意味着在 SBs 中很多球员表现得很差，少数球员表现得很好，所以人们会期待一个超级快速的跑垒员从垒包里跑出来，取得很多的 SBs。有很多球员缺乏跑垒速度，但他们依靠其他天赋在联赛中生存下来，比如接球手具有很好的防守能力或强大的击球力量。这些天赋不能帮助 SBs 的发生，因此 SBs 的分布确实与棒球运动员的脚步速度差异有关。三垒打需要极快的速度和强大的击球力量，这比仅仅具有极快的速度或强大的击球力量更罕见。具有极快速度和适当击球力量的球员与具有适当速度和强大击球力量的球员都将会争夺 3Bs 中的超前离垒，这将导致数据分布中的更多均等。由于 K 值的确定，因此 3Bs 中的球员比 SBs 中的球员更难成为队长，这是因为前者比后者存在更多的均等。换句话说，尽管在 SBs 中少量快速跑垒者在争夺超前离垒时存在激烈的竞争，但大多数竞争者都会很早被淘汰。对于 3Bs 来说，情况正好相反：为了能获得 3Bs，球员们并不仅仅需要速度，所以更多的竞争者在联赛中保持领先优势。

图 14.1 和图 14.2 显示了三垒打和 SBs 的双重累积分布，以及 β^* 拟合数据的曲线。双重累积分布有助于描述差异数据，因为它显示了百分之多少的人数占整个结果的百分比。例如，在图 14.1 中，68% 的击球员只打了 20% 的三垒打（这也意味着 32% 的击球员击中了 80% 的三垒打）。在三垒打的实际数字中，80% 的球员达到了两个三垒打或更少。与图 14.2 对比，85% 的跑垒者贡献了 20% 的 SBs（15% 的跑垒者偷了 80% 的垒）。根据实际的 SBs 数据，85% 的跑垒者偷了 6 个或更少的垒。在这里，我们形象地观察到了这些差异，且它与前面的结论相一致。在三垒打的分布中存在更多的差异，所以更多球员在比赛中停留的时间更长。还要注意的是，获得三垒打并不像获得 SBs 那样容易。在 2013 年，联盟冠军打中 11 个三垒打，然而联盟冠军在 SBs 中偷了 52 个垒。一般来说，一项任务越艰巨，总体分布中的均等就越多。因此，图 14.1 和图 14.2 可以用来提出关于总体中个体的问题。例如，一个球队是否应该用一个击中 6 个三垒打的球员和一个偷了 10 个垒的球员进行交易。能够击中 6 个三垒打的球员排在前 2% 的位置（联盟中非常靠前的位置），然而能够击中 10 个 SBs 的球员处于前 8% 的位置（尽管很好，但不属于精英球员）。数据告诉我们，只有 12 名球员击中三垒打的数目多于 6 个，但是多于 75 名球员能够偷多于 10 个垒。所以你会在市场中找到一个类似的偷垒球员，但不太可能找到那种击中三垒打的球员。

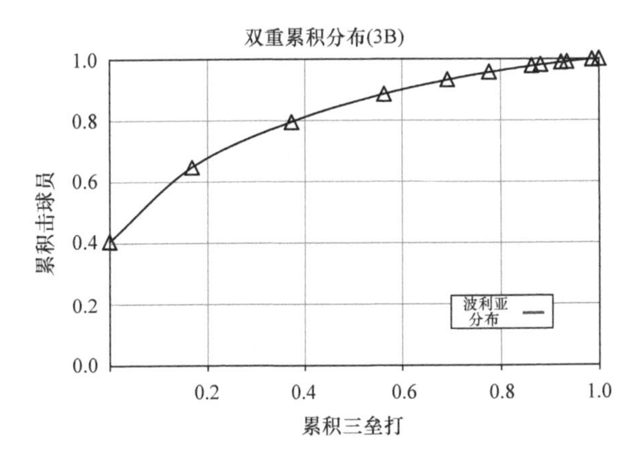

图 14.1 击球员打出三垒打的百分比

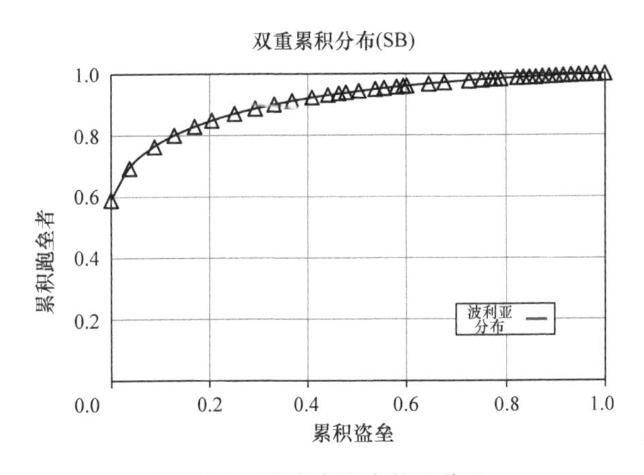

图 14.2 跑垒者盗垒的百分比

在这 34 个统计量中，SBs 的分布具有最多的差异。下一个在差异方面显著的是击球手（$K_{IBB(B)}=-1.14$）制造的故意四坏球（intentional base - on - balls, IBB）上垒，这与投手（$K_{IBB(P)}=0.81$）的统计数据形成鲜明对比。这反映了棒球现状：只有很少击球员太可怕以至于得到大量的 IBBs。然而，即使最好的投手都会被要求在垒上有一个可怕的击球员，以取得从下一个击球员中出局的机会。

当 β^* 和 K 取值非常大时，则会得出一个不同的结果。本章简单地讨论了 aces 模型和劣等模型。在人类比赛中，有些得分数是很难实现的，因为几乎没有人能获得巨大成功，而且大多数人表现得都很差，例如，完投（CGs，$K_{CG}=1.62$）和完封（SHOs，$K_{SHO}=9.08$）。这些都反映了一个事实，作为首发投手，完成一场棒球比赛需要惊人的耐力和技巧。绝大多数的先发投手将会在他们被另一名投手接替之前还没有完成一场比赛的情况下过完整个赛季。对于一个投手来说，不让一个人跑过本垒，就能完成比赛更是罕见。事实上，这两个统计量是相关的：如果一个投手投得很有效的话，大多数的教练会让他投得很晚（也许甚至不会让他投进一球，这甚至比 SHO 更加罕见），但是一旦他们的耐力似乎崩溃了，如果比分接近的话，他们就会被更换。所以一个 SHO 的投手可能接近一个 CG，但是在比赛中以少量出局而两个都输掉。

差异统计量也可以用来研究系统状况随时间的变化。表 14.2 中列出的差异统计量 HRs，$K_{HR}=-0.44$。在过去的几年里，我们观察到，2012 年 $K_{HR}=-0.70$，2011 年 $K_{HR}=-0.65$，2010 年 $K_{HR}=-0.63$，这三个数值是非常一致的。那么，在 2013 年时发生了什么？在这四年时间里，MLB 正处于长达 10 年的努力禁止兴奋剂（PEDs）的最后阶段，并在 2013 年的开始，以非常严厉的处罚而告终（甚至对其中一名大牌球星发布了一项长达一年的禁令）。这一趋势是否朝着绩效均等的方向发展，它是否暗示着一些 PED 滥用者是 HR 差异的来源，且棒球摆脱了 PED 的广泛使用？当然，这与无人驾驶车辆没有直接关系，这是在一个不同的研究领域中提出的一个问题。

诚然，这部分包含了许多有关棒球的讨论，然而这看起来与我们所要的分析问题似乎是不相关的，尽管如此它有助于我们建立 β^* 和 K 的广泛应用以便比较取自竞争性事务中的大量可数测量的人类绩效数据。

14.5.2 职业棒球大联盟的互联绩效

针对多变量均匀波利亚分布，存在 4 个未能很好拟合的统计量：出局（POs）、助攻（A）、失误（E）和双杀（DPs）。其中三种统计量是密切相关的。一个 PO 将被判给这样的一名外野手，如果他直接通过接住空中的一个球，给跑垒者打上标签，或者在跑垒者到达之前成功踏垒。一次助攻将被判给一个外野手，如果他在球触地之前接住球。在一次典型的 DP 中，假设球被当场击向 SS，且在一垒有一个跑垒员。如果 SS 接住该球，并在跑垒员到达之前无误地把球传给二垒，那么双杀被判一次出局，该 SS 将被判给一次助攻，而 2B 则得到一次 PO。若 2B 随后将球无误地传给一垒，则 2B 得到一次助攻，而 1B 记得一次 PO。因此，在连续的比赛中，所有的三名球员都获得了一个单次 DP 得分，其中的两名球员每人得到一个助攻得分，其中的两名球员每人得到一个 PO 得分。

有一些方法可以单独地对 PO 进行记入，这通常发生在一个球在空中被接住。相比之下，助攻的取得通常是由于双方的共同努力（尽管有时多个球员也可以协同得到一次 PO）。显然，双杀由两次连续的 POs 组成。如果我们在棒球中寻找互联绩效，我们会在 PO、A 和 DP 的统计量中发现它。然而，多变量均匀波利亚分布对于这些统计量不是一个好的拟合，这是非常不方便的，这一事实本身告诉我们，个体绩效的性质的确不同于互联绩效。虽然在这里结束对这一结论的分析很诱人（也令人失望），但是将波利亚曲线与 DP 数据结合起来的过程揭示了和直接分析问题有关的一些有趣信息。

再一次回忆起我们的坛子球模型，使我们想起了一些基本原则——坛子和球的重量是均匀的。如果没有数据均匀性这一假设，波利亚分布可能不合适。Bolmarchic 发现，在战斗数据中存在一些常见类型的非均匀性，然而这可能会被我们忽略。在战斗数据中，一些反复出现的非均匀性是在所分析的时间跨度上枪手时机的不同。例如，一名潜艇船长及其船员在战争的最后一个月才加入战争，他并没有像曾经在战区工作多年的人那样有机会表现。在棒球比赛数据中存在非均匀性的类似来源：由规则，投手不会击中半数大联盟棒球赛场，与此同时，有很多近乎准备好的小联盟球员来到大联盟打球（通常在赛季初期或在赛季后期），在他们回到小联盟之前他们只有非常有限的上场时间。

为了弥补均等机会的缺失，Bolmarchic 进行了波利亚分布的双参数拟合，即同时优化两个参数，β 和 N_0（无射杀的射手数目），而不是原先的一个参数 β。假设 N_0 是不可信的，但另一个 N_r 不是，这样我们减少 N_0，直到得到 β 的一个带有新的 N_0 与原先 N_r 的最佳拟合。在原始 N_r 的情况下，我们可以认为新的 N_0 值为没有射杀的射手数的一个“自然”值，对于 38 个统计量中可以得到很好拟合效果的 34 个来说，这是一个常规过程。令人惊讶的是，当这一做法应用于 DP 数据时，在似然值开始收敛于最优值之前，需要将超过 3 万名额外的球员添加到 N_0 中。当统计软件由于浮点溢出错误而失败时，该过程接近收敛于 $\beta^* = 0$，$K = -5.0$。在这种情况下，很难想出一个“自然”的方法来解释这个 N_0。一种假设可能是来自于相互联系的某种外在效应：超过 2500 个外野手高度相互依赖的绩效看起来就像你可能期望的分布，该分布的数量级会有更多的绩效和极端的差异。这是一个耐人寻味的想法，但是另一种思考机会不均匀的自然方式是观察“位置”的非同质性。例如，外场手有较少的 DP 机会，而 SSs 则有更多的 DP 机会。

为了减轻位置的不均匀性，数据基于位置以三种方式进行解析：所有内野手（1B、2BSS、3B）、所有外野手［右外野（RF）、中外场（CF）、左场（LF）］，以及个别的位置［包括投手（P）和捕手（C）所在的所有位置］。虽然之前的尝试未能提供一个良好的拟合效果，但只专注于内场手可以提供更好的拟合适配数据。β^* 为 0.17（仍然是一个非常轻的坛子，比任何个人绩效统计数据都有更强的差异）；K 为 -1.76。N_0 必须增加 300 名内野手，这仍然是令人不满意的，但却留下了某种外在的可能性。将内野手按个体位置分出，结果显示拟合效果得到改善（事实上，随着 K 的增加，拟合效果得到改善），但 N_0 依旧需要在 1B（77 个额外的 1Bs）和 2B（35 个额外的外野手）位置增加一个更大的总体。SS 和 3B 在最初的 N_0 附近（SS 和 3B 都需要 3 个额外的球员）。表 14.3 显示了内野位置的统计数据。

表 14.3 MLB 内野手的差异统计量（2013 年数据）

位置	β^*	K
1B	0.25	-1.39
2B	0.26	-1.33
SS	0.36	-1.03
3B	0.32	-1.13

注意到，与整个内野K（-1.76）相比，1B的K（-1.39）更小（更高的差异）。这可能是因为1B主要是其他球员技能的接受者：他获得了一个良好的DP的信任，即使他只是站在第二个PO的基础上，在SS和2B的特殊技能之后执行一个非常困难的DP。1B几乎总是最不需要技能的防守位置（接球手和3Bs去那里扩展他们的职业生涯，而其他的替补球员通常会先被派去参加一些比赛以从伤病中恢复，而不是从未成年人组中召集一个1B）。这有力地表明，在几乎所有经典的DPs上，都可能确实存在某种“外在性”接收到1B。有时，1B必须启动一个DP，有时，他不得不通过从土里抢出一个糟糕的球来拯救一个DP，但是有一个强有力的论点，那就是1B在菱形区域做的比任何人都少而得到更多的DP、A和PO的荣誉。因此，在一个拥有伟大的SSs和2Bs的球队中，即使是一个普通的1B，也会比他实际表现看起来更加出色。伟大的SSs和2Bs是很难找到的，而且在内野表现中相对差异是由于这些中间的内野手（SS和2B）的表现。在这种情况下，出色的人类表现，不是对任务至关重要的表演者，而是对行动的辅助者。的确，在2013年的赛季中，DPs的顶级联赛领头者都是1Bs。

这是一个与3B不同的情形。他几乎总是一个DP的发起者，而三垒上的DPs要比在二垒附近执行的经典DPs要难得多（3B必须进行更长时间的投掷，经常从他的投掷目标中掉下来，等等）。3B也不经常是DP的终点。对于SS，也可以提出类似的理论。在棒球中，右撇子击球员数目是左撇子击球员的两倍，而惯用右手的击球手往往会打到第二垒的SS那边，所以SS可能发起典型DP的次数大约是2B的两倍。因此，在1B和2B的位置上比在SS或3B中有更多差异的原因可能是，与他们本身能够给别人带来的相比，1B和2B由于在DPs中的表现而能够获得更多的得分。

相比之下，外野手的DPs分布也处于分布的末端，但方向相反：DPs在外场位置上带有极端差异。参数拟合的优良性测试显示，它非常适合波利亚分布，而N_0则需要按照通常的方式进行调整（减少比赛机会时的不均匀性）。外野β^*是18.23，K_{OF}是2.90，表明外野手比内野手拥有更多的DP差异。表14.4显示了每个外野位置的统计数据，显示出每个个体位置差异，而不是作为一个群体的外野。

在任何情况下，外野手都不会因为别人的DP技能而获得得分——他们一直是发起者。在2013年，没有一名外野手参与超过4次的DPs。人们可能会想要找出统计数据从 LF 到 CF 再到 RF 下降的原因。这种情况的一个特点是，即使是一点点的运气或额外的成功，也会戏剧性地改变不平等的统计数字。例如，在 2013 年，没有 CF 参与超过两个 DPs，但如果一个 CF 与两个 DPs 在 182 场赛季比赛中只执行了一个 DP，那么 β^* 将从 11487.57 下降到 6.08，K_{CF} 将从 9.35 下降到 1.81。请再次注意 DPs 的启动与更高均等性之间的关系。

表 14.4　MLB 外野的差异统计量（2013 年数据）

位置	β^*	K
LF	27271.57	10.21
CF	11487.57	9.35
RF	700.76	6.55

最后，我们转向投手和接球手。在 2013 年，给投手的最高 DP 计分是 6 个，这使得他们像外野 DP 一样罕见。然而，获得 DPs 的大部分外场球员都只得到一两个。相比之下，在投手中存在一个更好的 DP 分布，有 1 个到 6 个 DP（11 个球员得到 4 个或更多的 DP），而在外野手中得到 1 个到 4 个 DP。按照通常的方式调整 N_0 考虑机会的不均匀，以更好地匹配。β^* 的值为 1.12，K_P 的值为 0.11（它们开始看起来更像是表 14.2 中的统计量）。投手是奇怪的防守者——有时他们表现得像投手（发起一个打出去/扔出去的 DP），有时就像一个 3B（发起一个 P-2B-1B DP），有时就像一个 1B（因 1B-2B-P DP 而得分）。

接球手看起来更像投手，而不是内野手。他们可以发球（从飞球/ PO，或非常短的地滚球 C-2B-1B DP）或接球（2B-C-1B DP 或打出去/扔出去的 DP）。必须以常规的方法减少 N_0——有趣的是，在任何位置中接球手的数量是最少的（在每个队伍中只有一个先发球员和一个后备球员，就像曲棍球守门员一样）。统计数据显示，这能够很好地匹配，β^* 的值为 2.00（一个的重量是每个球重量的两倍），而 K_C 的值为 0.69。就像投手的那些值一样，更接近表 14.2 中的个体性能统计数据，而不是其他位置 DP 统计数据。

我们仍然面临着将个体统计量与互联统计量进行比较的挑战。在我们的统计量检验中，我们不得不拒绝全部 DP 数据来自于多变量均匀波利亚分布这一假设。一旦数据通过位置进行分离，我们就能得到更好的拟合（除了 1B 和 2B 之外的全体），但我们仍然需要了解更多关于总体的信息。图 14.3 比较了 DP、A、PO（互联比赛）、SBs 和胜利率（个体统计量）的双重累积分布。这张图中选择了盗垒，因为在表 14.2 的所有统计量中它们具有最大的差异。胜利率包括在其中，这是因为它们的分布（以及接球手盗的垒一起）接近于 $\beta^*=1$（和 $K=0$）。

第一个观察的是关于 POs、A 和 DPs 的数据形状，这表明了偏斜分布的一些变化和某种差异。所有的点（除了一个点，零 PO 点是由 16% 的人实现的）远低于双重累积曲线这一事实表明，与大多数个体统计量相比，DP 中的差异处于一个完全不同的机制中。POs 和 A 的不平等程度可以与 SBs 相媲美，但注意到，有一个更小的群体表现得很差（POs 的点和大约 10% 累积成功数据的左边/77% 累积人数的点，低于该范围内的 SBs 分数）。这显示了一个极端差异，不仅有“更肥的尾”，而且还有一个“更瘦的头”。整个 DP 数据集（小于零 DP 的点）位于 SB 数据之上，这显示了 DPs 中的差异是特别极端。

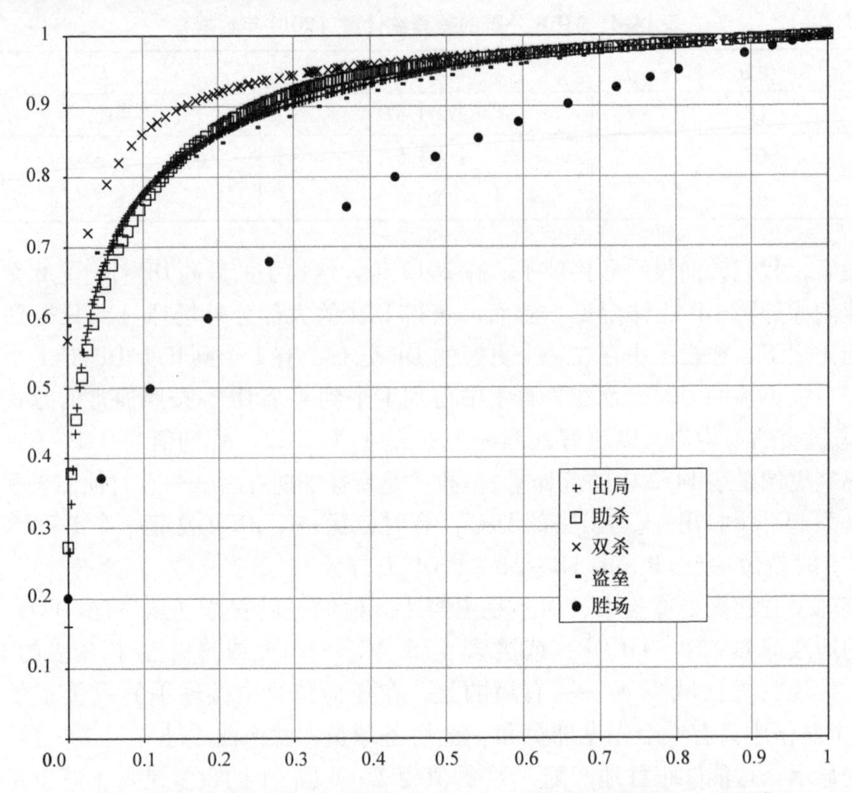

图 14.3　各种统计数据的双重累积分布比较。X 轴表示累积成功的百分比，Y 轴表示累积参与者的百分比

14.6　本章小结

本章试图将组织绩效与个体绩效进行比较，以探索未来战争中网络化绩效和非网络化绩效。因为这只是用棒球作为替代的探索，因此我们必须对推理慎之又慎。毕竟，我们只是在讨论棒球，而向未来战争的扩展必须小心谨慎。但即使这样，我们也可以大胆地制定出一些关于互联作战绩效的有用推测，这仍然要比 NCW 的理论研究或即将到来的机器人时代的研究更加先进。

例如，我们想知道，高绩效员工是否会让低绩效员工变得更好。如果在棒球中互联绩效的数据表现出了这种迹象，那么我们就应该期待在网络战争中会出现 1B

和 2B 的那种“外在性”。通常当人们讨论使所有船只上升的涨潮时，一般都会说，这是指所有船只都上升同样的量。而在棒球比赛中所发生的并不是所有的船都上升（仍然存在 N_0群体），高绩效者并不一定被提升到顶部（在 2013 年，针对 DPs 只有三个 SS 排在前 20 名，分别为第 14、第 18 和第 20 名），而一些有能力的球员被推到顶端（当然是 1B）。同样有趣的是，在绩效分布最顶端的那些人并没有回报对他们的青睐，趋势从分布中间不断上升，而不是从顶部开始。

当然，我们还想知道“劣等者”是否会妨碍“佼佼者”的绩效。如果棒球比赛中互联绩效数据有这样的迹象，那么我们就不得不说这取决于哪个佼佼者或者哪个劣等者。例如，一个非常不称职的 1B 不仅阻挡自己成为一名佼佼者，而且还拉低了内野的其他球员。因此，尽管 2B 或 SS 可能在所有内野位置没有具有联盟领先，但一垒上的一个劣等者将会阻止他们成为 SS 中或 2B 中的佼佼者。关于出现这种外在性，有趣的是，我们在棒球数据中看到的是 SS 或 2B 的劣等者迫使在 1B 中不会出现佼佼者，否则 1B 中可能已经出现一个佼佼者。

进一步研究表明，尽管我们拒绝棒球中互联绩效按照多变量均匀波利亚分布来分配的假设，但我们发现数据同样是偏态的，但是有更肥的尾巴和更瘦的头。这意味着我们不能使用 Bolmarchic 的差异统计量，比如我们可以使用其他统计量中 38 个的 34 个，但它确实意味着我们仍然可以解释双重累积分布，例如用它来比较绩效。然而，我们缺乏对 β 的概念模拟和 K 的直接比较，我们仍然没有解释为什么互联绩效是不同的，为什么它是这样分布的，如果表观外部性实际上是真实的，在作战上是有意义的机制。

当然，这是利用替代数据进行的一种初步理论研究。针对 NCW 基本概念和机器人时代战争（包括在集体中的绩效分配）的严格而权威的研究，早就该进行了。这将需要对不同类型的建模和仿真大量投资，而不仅仅是在国防领域“证明”网络和机器人的价值，否则分析工作者将不得不等待实际的作战数据。考虑到我们对这一话题的理解还很肤浅，仍然不了解派遣部队到战场上这些问题，这将会给运筹学专业带来 21 世纪的失败，这将比 20 世纪的成功更加深刻。

参 考 文 献

1. J. Bolmarchic, “Who Shoots How Many?”, unpublished briefing slides, Quantics Incorporated © 2000, 2003, 2010.
2. Lahman Baseball Database, http://www.seanlahman.com/baseball-archive/statistics/, accessed 20 Dec 2014.

第15章　战斗力分配：齐射理论在无人作战系统中的应用

15.1　概述

美国海军濒海战斗舰（Littoral Combat Ship，LCS）最初是一个可以利用网络和无人驾驶系统的小型平台，它从根本上改变了军舰在一些最苛刻海况下的作战方式，尤其是在近海复杂环境下。早期分析认为切断这种军舰的作战能力与其船体之间的物理联系将成为 LCS 海战中的主要优势。然而，作为一种实战计划，LCS 把重点放在不同功能的平衡点上，虽然无人系统和模块化仍然集成在平台上，但它们并没有像最初设想的那样，与 LCS 卓越的作战能力同等重要。部分原因是针对 LCS 的无人系统技术尚未取得足够的进展以满足这方面的全部要求。但是，随着技术的进步，LCS 仍然有机会成为海战中一种革命性的创新。本章通过引入休斯齐射方程来说明如何在一组 LCS 平台间分配战斗力以极大提高 LCS 在高端反舰导弹作战中的作战能力、生存能力和二次作战能力。除海战外，这些结果可以扩展到任何无人系统的作战概念中，其中主平台控制大量独立的、可分配的无人航行器。

15.2　齐射理论

海战的传统模式是舰炮对攻，这是一场作战人员应用大口径火炮持续射击（战力随着时间而增加）敌人的战斗。舰炮对攻中的主要物理过程是目标船体承载力或持久力的逐渐损耗。舰炮对攻的数学模型早在 100 多年前就已经建立，并且为作战研究分析人员所熟知。

还有其他类型的海军武器，例如撞锤、水雷、鱼雷、炸弹和导弹等，其破坏力瞬间释放并以更大的增量递增。形式从连发火力到单发火力变化。直到第二次世界大战，大口径火炮的连发火力仍占据舞台中心。第二次世界大战见证了作为海军主要进攻能力的大炮的终结。飞机和导弹的空投单发能力成为舰队的关注焦点，但其随附的数学模型却在几十年后才开始萌芽。尽管差不多 30 年前就已经研究出来，但这种“新”模型（休斯齐射方程）对大多数海军作战研究分析人员来说仍然是晦涩难懂的，主要是因为他们偏爱特定战争情景下的概率仿真胜过理论数学推导。然而，本章将说明，应用齐射方程的变体对海军作战进行理论探索，对于识别采用大量无人系统的新时代海战的优势来源非常有用。

15.2.1　齐射方程

齐射方程，即脉冲战实兵对抗方程，描述了在单发武器齐射中一方对另一方造成的毁伤（作为前置齐射火力的一部分），即

$$\frac{\Delta B}{B}=\frac{\alpha A-b_3B}{b_1B},\quad \frac{\Delta A}{A}=\frac{\beta B-a_3A}{a_1A} \tag{15.1}$$

式中　A——火力 A 的单元数；

B——火力 B 的单元数；

α——每个 A 单元发射的导弹数（进攻战力）；

β——每个 B 单元发射的导弹数（进攻战力）；

a_1——使 A 失效所需的 B 导弹命中数（保持战力）；

b_1——使 B 失效所需的 A 导弹命中数（保持战力）；

a_3——每个 A 可以摧毁的来袭导弹数量（防御战力）；

b_3——每个 B 可以摧毁的来袭导弹数量（防御战力）；

ΔA——B 的齐射导致 A 失效的单元数；

ΔB——A 的齐射导致 B 失效的单元数。

注意，要进行一个双向齐射交换（A 方有一个方程，B 方有一个方程）[1]。

考虑两个对抗的三船任务编组，A 方和 B 方。假设这些军舰完全相同，且具有以下特征：$\alpha=\beta=4$，$a_1=b_1=2$，$a_3=b_3=3$。则在单次齐射后，

$$\frac{\Delta B}{B}=\frac{\Delta A}{A}=\frac{4(3)-3(3)}{2(3)}=\frac{12-9}{6}=0.50,\text{或 }50\% \tag{15.2}$$

50% 的毁伤意味着每方将失去一半的战斗力，相当于毁伤 1.5 艘军舰。

或者，如果 B 方只有一艘军舰，而 A 方仍然有 3 艘，则

$$\frac{\Delta B}{B}=\frac{4(3)-3(1)}{2(1)}=\frac{12-3}{2}=4.50,\frac{\Delta A}{A}=\frac{4(1)-3(3)}{2(3)}=\frac{4-9}{6}=-0.83 \tag{15.3}$$

这意味着 B 损失了唯一的军舰（实际上，这艘船可被摧毁 4.5 次），而 A 没有损失（毁伤率为负意味着少于 0% 的军舰被毁伤）。

在持续的战斗中，这些方程可以进行迭代以得到齐射序列。例如，假设 $A=B=3$，$\alpha=3$，$\beta=4$，$a_1=3$，$b_1=2$，$a_3=3$ 和 $b_3=2$。则单次齐射后，

$$\frac{\Delta B}{B}=\frac{3(3)-3(2)}{2(3)}=\frac{9-6}{6}=0.50,\frac{\Delta A}{A}=\frac{4(3)-3(3)}{3(3)}=\frac{12-9}{9}=0.33 \tag{15.4}$$

B 损失了 1.5 艘军舰，A 只损失了 1 艘军舰。如果幸存的军舰相互进行第二次齐射攻击，

$$\frac{\Delta B}{B}=\frac{3(2)-2(1.5)}{2(1.5)}=\frac{6-3}{3}=1.00,\frac{\Delta A}{A}=\frac{4(1.5)-3(1.5)}{3(2)}=\frac{6-4.5}{6}=0.25 \tag{15.5}$$

B 其余的军舰全部损失，而 A 只损失了 0.5 搜军舰（剩余 2 艘军舰的 1/4）。

15.2.2 毁伤解释

上述我们得到的“摧毁4.5次以上”“负毁伤”或“损失半只军舰”这样的结果意味着什么？预测海上毁伤一直是困难的。在舰炮时代，分析师可以计算出摧毁敌方军舰持久战力所需的炮弹命中数，但是也常常出现意想不到的情况，比如说幸运击中弹药库，无法控制的火灾、洪灾或内部通信故障等，这使得作战周期比方程计算的更短。考虑到灾难性的故障发生时炮的战斗力增量比较小，在齐射战争中这些影响甚至更为显著。齐射交换的准确效果是很难预测的。

齐射方程最好用于比较性分析而不是预测性分析。可以从这个角度来探索海上战争非常有用的方面，如战力充裕、齐射规模选择、对抗一定防御的进攻相对强度、部分交换比率等。例如，给予比所需多4.5倍的毁伤是克服实际结果极端变化的一种方法：如此高的过度杀伤要比理想规模的齐射获得的机会更少，原因稍后讨论。但是，这也表明在海战中必须浪费一些导弹以减少不确定性。比较分析可以对这种情况进行定量处理（过度杀伤与无效打击）。

齐射方程进行毁伤评估的常用方法是比例法。例如，在实战中，三艘军舰可能会以各种方式遭受50%的毁伤（一艘半军舰毁伤、三艘军舰各有50%的毁伤、两艘军舰有75%的毁伤和一艘军舰无毁伤等），为了进行比较分析，分析人员不需要做出这样的区分。显然，方程（15.1）说明，当两支部队交替齐射时，每艘军舰的毁伤（$\Delta B/B$ 或 $\Delta A/A$）来自三个因素的相互作用：进攻战力（αA 或 βB）、防御战力（$b_3 B$ 或 $a_3 A$）和持久战力（$b_1 B$ 或 $a_1 A$）。我们用进攻作战单元的数量减掉防御作战单元的数量，直接把其余的进攻战力（如果有的话）应用到持久战力。由于作战力量驻留于舰体中，也可能驻留在管道中、发射器中或弹药库中，持久力的任何降低都会导致战斗力的降低。所以我们假设50%的毁伤不仅仅意味着持久力减少了一半，而且意味着应用进攻战力和防御战力的能力减少了一半。式（15.4）和式（15.5）给出了如何把这种方法应用到比例损伤评估中。

由于分析不是为了预测，因此分析人员必须仔细地按比例给毁伤赋值。实战中，一枚导弹击中一艘拥有两次打击持久力的军舰，很有可能使所有军舰丧失作战能力，但船体动力可能仍然存在；或者，一次命中可能使军舰在水中不再运转，但军舰仍保持完整的战斗力。导弹击中船体或船体建筑的某些地方，带来具体的破坏，但是由于每个齐射武器都有相当大的破坏力，很少的命中数就可以使相当多的船失去作用。因此，一旦军舰被多次击中，比较分析和预测分析的结果将趋于一致。

15.3 无人系统的齐射战争

无人系统提供了一个前所未有的再次改变海战性质的机遇，在不久的将来

（在某种程度上已经成为现实），军舰能够把作战能力部署在自主式离舰飞行器上。我们已经看到传感器技术如何应用在无人机中，很快，反舰导弹和反导导弹将通过类似方式部署在空中、地面，甚至地下。美国海军已经演示了协同作战能力是如何让一艘军舰控制另一军舰的防空导弹的，并且定期进行平台之间无人机的换防。我们希望这些功能的发展将允许进行更广泛的军舰 - 无人机的交互、平台之间更多的切换以及军队内战斗力的重新配置。简而言之，无人机的自主性将会增强，因为无人机将更加独立于它们的母机平台（或许“母机平台”的概念已经过时了）。

接下来，我们研究另外一种顺序齐射交替以探索分配战斗力的方式使之成为现代战争中的杠杆点。假设有一个两组三船的任务组，A 方和 B 方。这些军舰具有以下特征：$\alpha=\beta=4$，$a_1=b_1=2$，$a_3=b_3=3$。然而，A 方能够在舰外自主飞行器间分配其进攻战力和防御战力，而船体只保留支持、指挥和控制功能。因此，A 方不易受到比例毁伤，而 B 方则以常用方式配置。第一次齐射打击后，

$$\frac{\Delta B}{B}=\frac{4(3)-3(3)}{2(3)}=\frac{12-9}{6}=0.50,\frac{\Delta A}{A}=\frac{4(3)-3(3)}{2(3)}=\frac{12-9}{6}=0.50 \quad (15.6)$$

B 方损失了一艘半军舰（比例损失）。A 方的作战力量在其持久力减半时不会减少，所以 A 方的一艘半军舰现在相当于三艘军舰进行战斗（当然不包括持久战力）。第二次齐射打击后，

$$\frac{\Delta B}{B}=\frac{4(3)-3(1.5)}{2(1.5)}=\frac{12-4.5}{3}=2.50,\frac{\Delta A}{A}=\frac{4(1.5)-3(3)}{2(1.5)}=\frac{6-9}{3}=-1.00 \quad (15.7)$$

A 方没有毁伤，而 B 方全军覆没。

15.4　齐射交换集和战斗熵

第 15.2.2 节介绍了无效齐射交换的概念。为了更好地理解无效齐射交换的来源和效果，有必要研究单方面齐射的结果集。可以看出，齐射方程是齐射结果的一个理论上限。齐射交换集和战斗熵这两个概念将说明作战人员如何变得更糟（而在第 15.3 节的“交换”中，B 方表现得更糟）。

齐射交换集描述了齐射交换可能的不同结果。定义为

$$S\equiv\{(H\cap D)\cup(H\cap D')\cup(H'\cap D)\cup(H'\cap D')\} \quad (15.8)$$

式中　H——攻击武器准确瞄准并将要击中目标的事件；

D——成功防御并摧毁来袭武器的事件。

武器在使用时才具有作战潜力，在一个完美高效的系统中作战潜力应该等于武器使用所造成的毁伤。如果齐射交换是完美而高效的，则齐射交换集的唯一一项是 $(H\cap D)$。因为其他三项的例子比比皆是，所以系统显然不是完美高效的。这种效率损失被称为战斗熵。齐射交换集所产生的四个子集定义如下，并简要讨论了每个

子集对战斗熵的贡献。

子集 1. $H\cap D$：防御方反击正确目标的攻击。

这是最有效的情况。

子集 2. $H\cap D'$：防御方没有反击正确目标的攻击。

战斗力被反火力失败的费用而浪费。更糟糕的是，会产生失败的“双重夹击”。

子集 3. $H'\cap D$：防御方反击不正确目标的攻击。

作战力量由于无效目标和非威胁情况下反火力的费用而损失。更糟糕的是，可能会发生不必要的双重夹击。

子集 4. $H'\cap D'$：防御方没有反击不正确目标的射击。

战斗力由于无效的目标攻击和无效的反火力而损失。除了简单的错失目标，还有两种效应，即“武器槽效应”（一些目标被多于其比例的武器命中而另外一些目标未获得足够的命中）和“过度杀伤”（将多于所需的武器分配给所有的目标）在这种情况下通常是有效的。

上面定义的战斗熵是齐射交换物理学的结果，例如雷达的误差或战斗力的无效。完全随机的齐射交换也引起战斗熵。甚至一个“简单”的场景，其中 B 方的三个作战单元每一个向 A 方的一个单元发射四枚导弹将会产生4^{12}（近 1700 万）个可能的结果。实验表明，在这种“简单”交换中，多达 30% 的作战潜力可能与熵无关。

战斗熵随着射手和目标数量的增加而增加。从这个角度来看，重新审视第 15.3 节的齐射交换，我们看到 B 方的目标挑战比 A 方要复杂得多。而 A 方只需要考虑在三个目标间分配进攻战力的复杂性，B 方可以在多达 21∶3 的船体（每个击中两次）的情况下进行射击，另外还有 12 架舰外飞机每架携带一枚攻击导弹，并且还有 6 架舰外飞机每架携带一枚防御导弹。这种组合当然意味着 B 方的瞄准和协调问题不是相差七倍，但是许多组合的数量级更复杂，增加一个杠杆点使得战斗力分配更有利于 A 方。

15.5 战术考量

假设 B 方现在有 21 个目标要考虑（如果 B 方除攻击船体外还攻击了舰外无人机，在第一次齐射之后可能还有 15 个左右的目标），B 方的 β 值必须携带常规的大型反舰导弹。另外，B 方的海军也可以投入更小型的武器，这种武器专门设计用来攻击较小的舰外无人机。假设 B 方可以克服 21 个目标同步攻击的艰难搜索和目标挑战，战力分配和重新配置使得 A 方能够适应各种战术，这是有指导意义的，军队的另一个杠杆点是可以通过无人机实现高度的独立。

第 15.3 节概述了基准战术案例。B 方利用传统的反舰导弹攻击 A 方。正如我们所看到的，A 方可以依靠切换和重新配置来打败 B 方的第二次齐射攻击。假设 B 方集中攻击携带小型导弹的无人机会怎么样呢？在这种情况下，A 方分散于三个独立的组中是明智的，所以 B 方同时只能发现三分之一的目标。即使这三分之一目标损失，A 方仍然有三分之二的作战力量自由地向 B 方开火，其位置将由 A 方已定位的三分之一作战火力确定。A 方所有导弹现在可以比 B 方发现剩余失踪敌方军队更快地进行攻击。

假如 B 方集中打击船体和舰外无人机，发展出一种能够电子干扰 A 方控制频率（或链路）的能力会怎么样？在这种情况下，A 方可以集中船体，用短距定向链接来控制其舰外平台，类似于今天舰载直升机使用的无阻碍的视线链接。再次受挫于这种非动力学尝试，B 方将退而求其次，再次攻击船体或无人机，并且应对攻击 21 个目标进攻火力的所有挑战。

齐射战争的一个方面是侦察效能［没有在方程（15.1）中说明，但是包括在其他版本的齐射方程中］，它能够发现和定位敌人以进行有效的进攻射击。虽然传统的军舰甚至拥有舰外搜索飞机（最明显的是舰载直升机），但与这些平台相比，比例毁伤与这些平台上的侦察效能以同样的方式起作用，如同进攻战力和防御战力一样。一些直升机的“互相着舰”是可能的，但是舰上飞行甲板的空间非常有限。此外，当军舰遭受打击时，布置在舰体外围的雷达和传感器将被破坏。相反，在现代海战中，军队可以分配或重新配置搜索资源，并且在瞄准第二次齐射打击以及另一个杠杆点时将有一个明显的优势。

15.6　本章小结

本章为分析发生在传统部队与拥有大量独立的无人舰外飞行器部队之间的战争提供了理论依据。描述了齐射方程用于确定拥有无人系统的部队战术的优势，以及今天部队战力组成所固有的脆弱性。概述中表明，这种方法能够为 LCS 的战斗能力带来革命性的变化。当然，这需要自主性、网络化和控制的发展，然而这些都还没有实现；另外，还需要高级海军领导在思想和投资上的根本转变。

当然，本章也假设美国海军在思想和投资方面有这样的根本性转变，那么其他人也会跟着这样做。LCS 的问题不是对抗传统军队，而是对抗更像自己的敌人。尽管已经分析了一些方案，但是仍然没有人准确地知道一支分布式、网络化的部队如何与另一个分布式、网络化的部队作战。美国不是唯一追求先进的自主性、网络化和控制的国家，所以不能保证美国是发展这些能力的领导者。如果美国没有这样做，就像它已经拥有 LCS 一样，当 LCS 不能在传统或未来海战中作战时，这确实是相当讽刺的。

参考文献

1. Wayne P. Hughes, Jr., “A Salvo Model of Warships in Missile Combat Used to Evaluate Their Staying Power”, Naval Research Logistics, Vol. 42, pp. 267–289 (1995).
2. Jeffrey R. Cares, “The Fundamentals of Salvo Warfare,” pp. 31–41, Naval Postgraduate School Masters Thesis, Monterey, CA (1990).

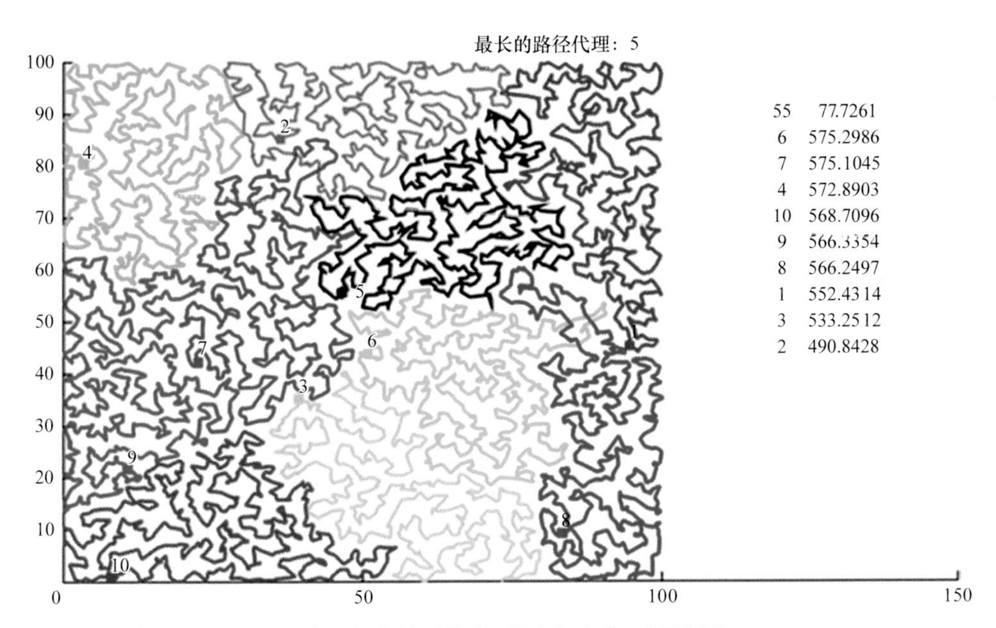

图 3.6 10 架 UAVs 和 5000 个目标点的“最小 - 最大”方案 . 在配置为 i7、3.4GHz CPU、16GB RAM 的计算机上运行时间约为 12000s

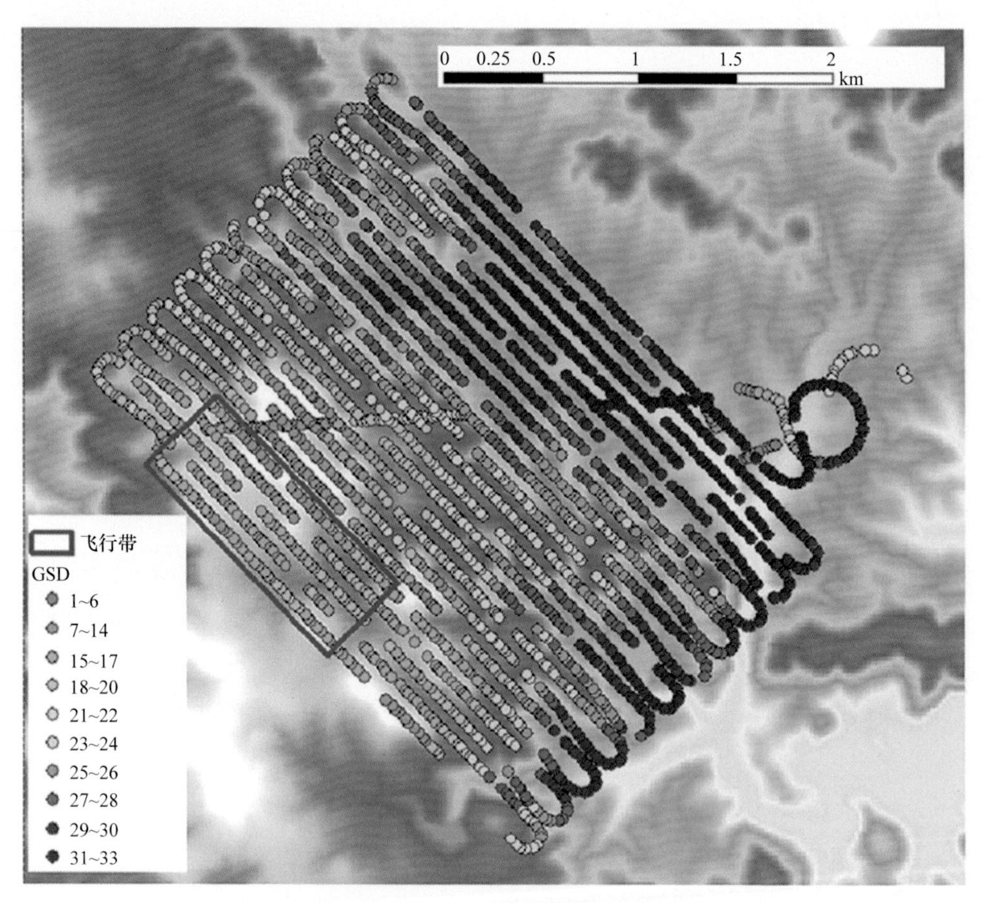

图 5.5　像素大小 (cm) 分析对照的结果。导航区域的位置标记为蓝色

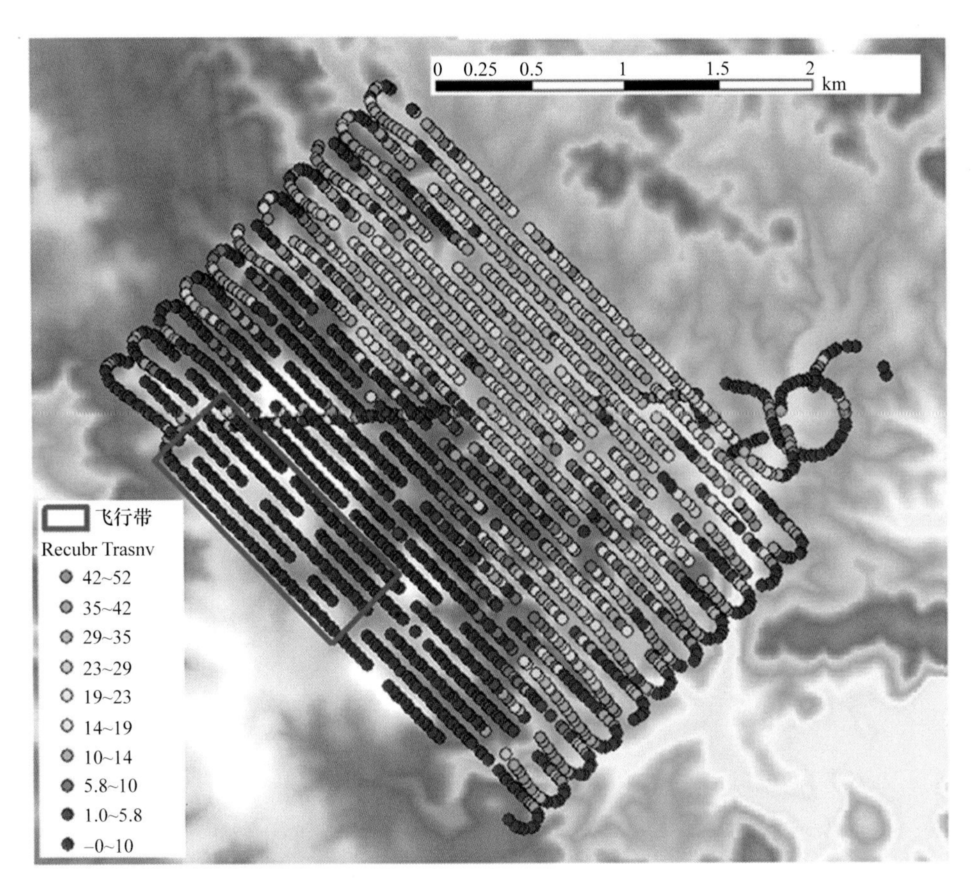

图 5.6　飞行路径重叠的分析结果

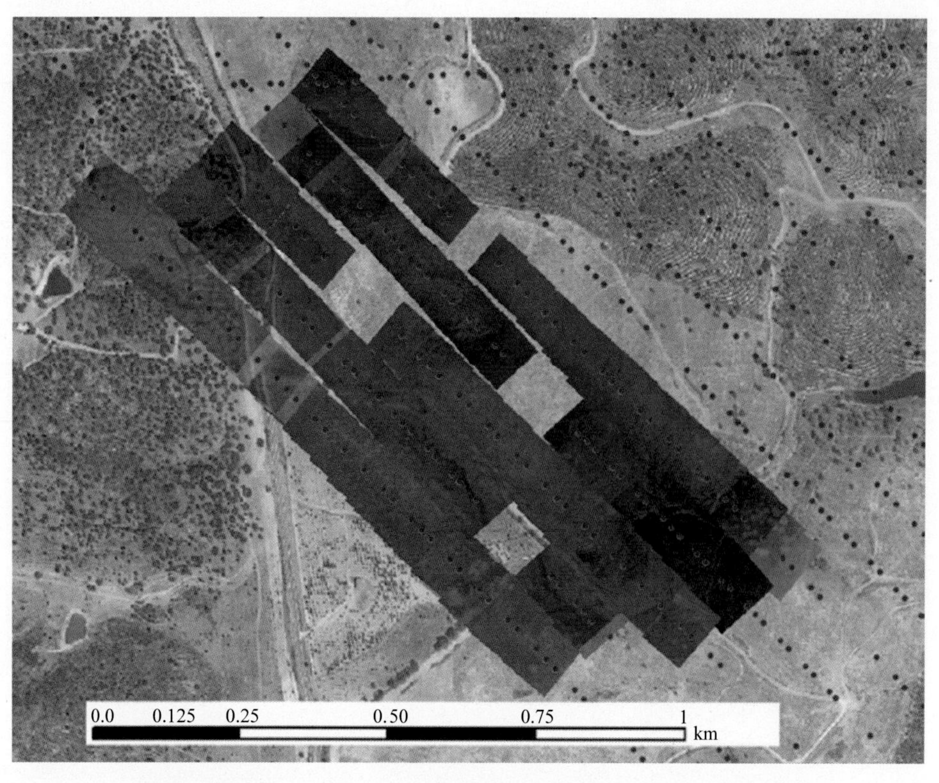

图 5.7 试验区域图像拼接（来自五个飞行路线的 153 张图像，PNOA 正射投影）

图 5.8 定位图像（红色）与 PNOA 正射投影（绿色）之间的位置差异和几何限制

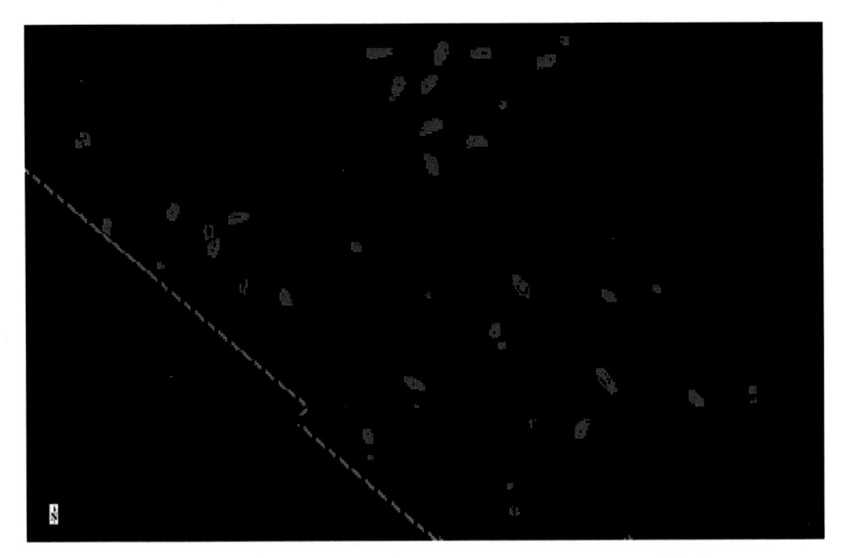

图 5.9　试验拼接的成像结果。通过数字处理和分类检测目标（动物）

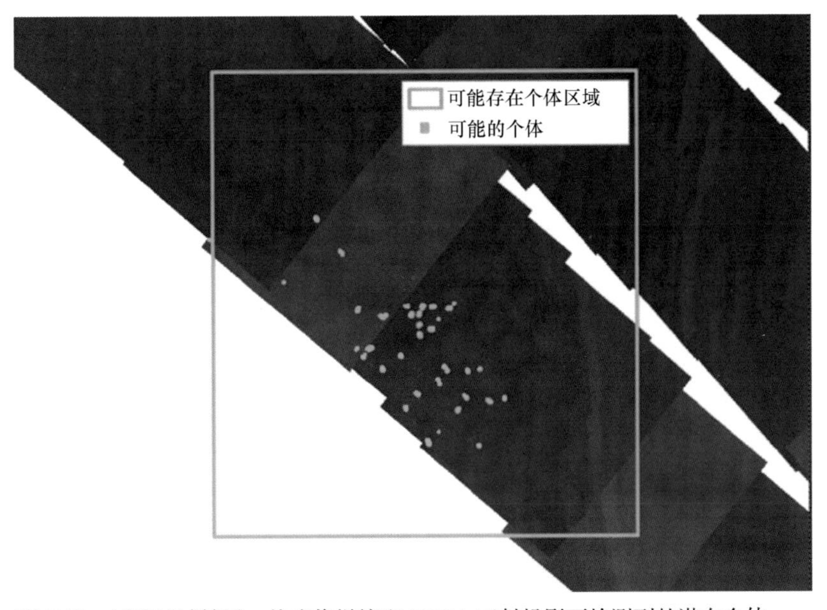

图 5.10　试验区域结果。热成像拼接和 PNOA 正射投影下检测到的潜在个体

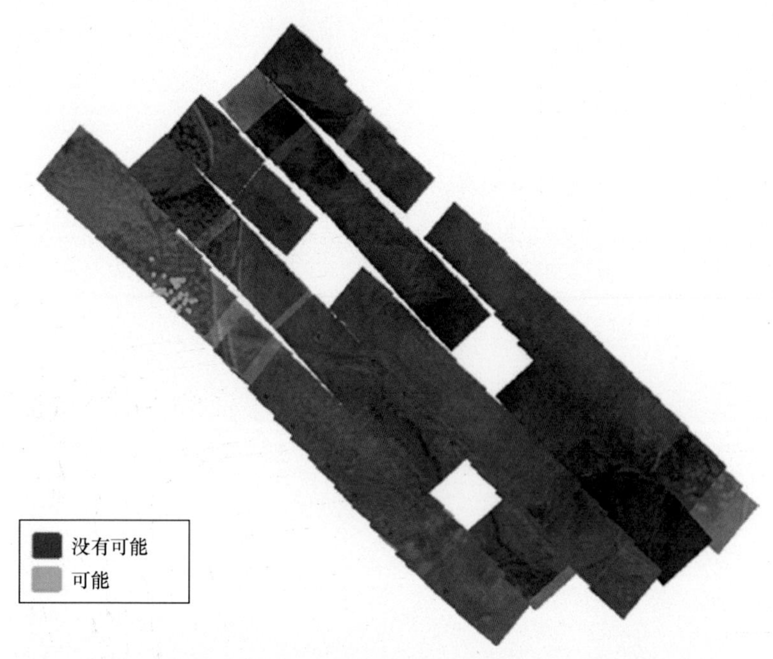

图 5.11 实验区域可能存在动物个体（绿色）和不可能存在动物个体（红色）的图像定位拼接结果（精简向量化）

图 5.12 图像分类、处理和判读后可能存在动物的区域位置

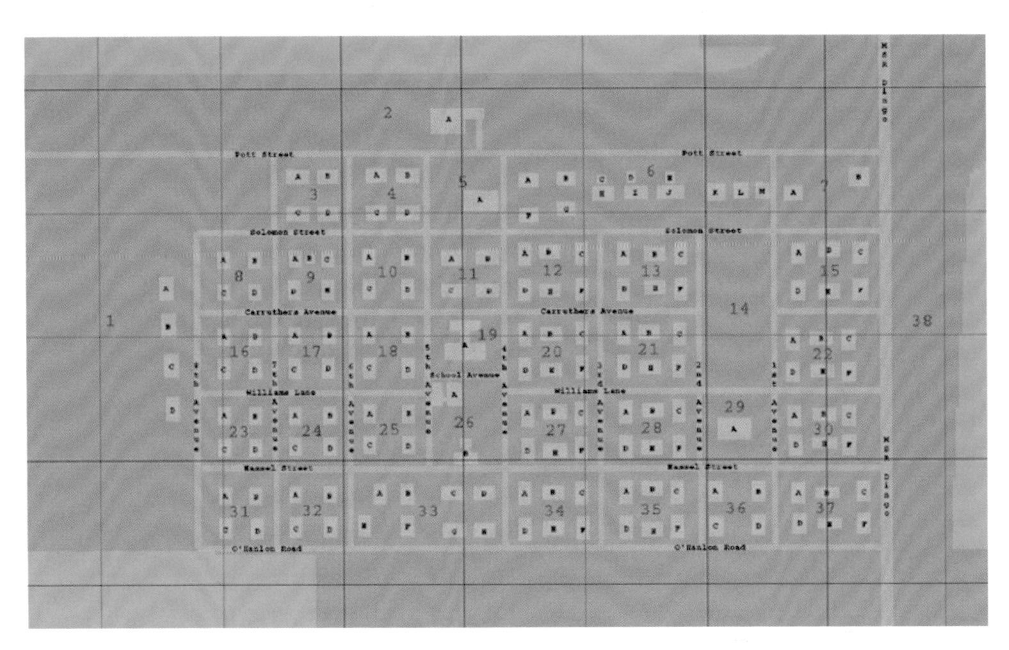
Pott Street
Solomon Street
Carruthers Avenue
School Avenue
Williams Lane
O'Hanlon Road
7th Avenue
6th Avenue
5th Avenue
4th Avenue
3rd Avenue
2nd Avenue
1st Avenue
1
2
3
4
5
6
7
8
9
10
11
12
13
14
15
16
17
18
19
20
21
22
23
24
25
26
27
28
29
30
31
32
33
34
35
36
37
38

图 7.1　低密度城市环境

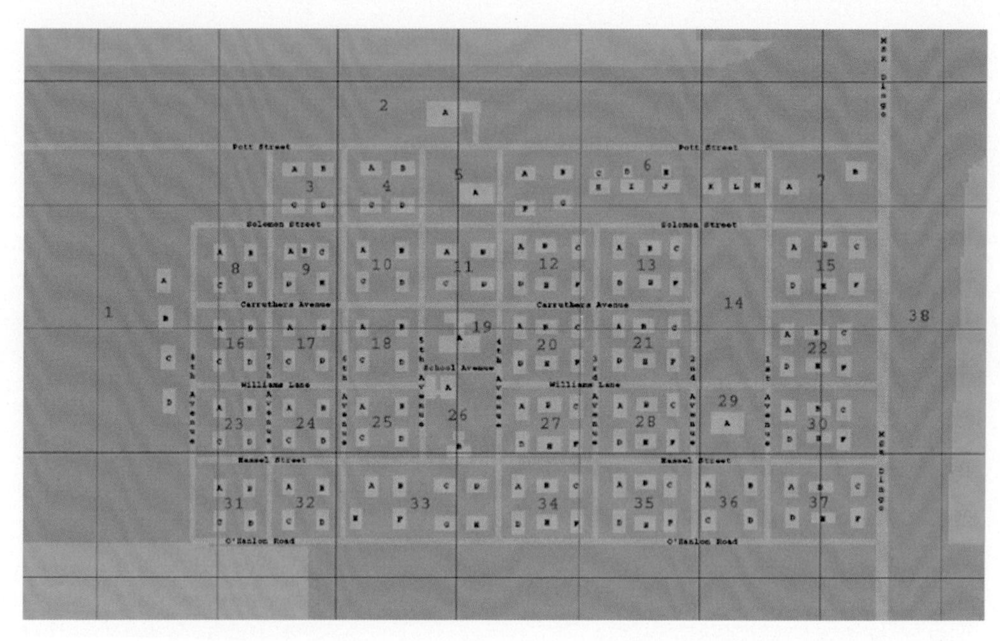
Pott Street
Solomon Street
Carruthers Avenue
School Avenue
Williams Lane
O'Hanlon Road
8th Avenue
7th Avenue
6th Avenue
5th Avenue
4th Avenue
3rd Avenue
2nd Avenue
1st Avenue
1
2
3
4
5
6
7
8
9
10
11
12
13
14
15
16
17
18
19
20
21
22
23
24
25
26
27
28
29
30
31
32
33
34
35
36
37
38

图 7.2 高密度城市环境